ESSAI

SUR

LA THÉORIE

DES TORRENS ET DES RIVIÈRES.

ESSAI

SUR

LA THÉORIE

ESSAI

SUR

LA THÉORIE

DES TORRENS ET DES RIVIÈRES,

CONTENANT

Les moyens les plus fimples d'en empêcher les ravages, d'en rétrécir le lit & d'en faciliter la Navigation, le Hallage & la Flottaifon.

Accompagné d'une difcuffion fur la Navigation intérieure de la France ;

Et terminé par le projet de rendre Paris, Port maritime, en faifant remonter à la voile, par la Seine, les Navires qui s'arrêtent à Rouen.

Ouvrage mis à la portée de tout le monde.

A l'ufage des Ingénieurs & des Élèves des Ponts & Chauffées.

PAR LE CITOYEN FABRE,

Ingénieur en chef des Ponts & Chauffées, au Département du Var. *C^{ll} n° 60.*

A PARIS,

Chez B I D A U L T, Libraire, rue Haute-feuille, n°. 10, au coin de la rue Serpente.

AN V. — 1797.

DISCOURS PRÉLIMINAIRE.

Parmi les objets confiés aux soins des ingénieurs des Ponts & Chauffées, il n'y en a peut-être aucun qui mérite autant de fixer l'attention du Gouvernement que la partie des torrens & des rivières, foit qu'on les confidère relativement à leurs ravages dans le tems des crues, aux moyens d'y remédier & à l'étendue immenfe de terreins infiniment précieux qu'on peut conquérir aux dépens de leur lit, foit qu'on les envifage relativement aux avantages qu'on en peut retirer en y facilitant, ou en augmentant la navigation, le hallage & la flottaifon. Comme le fujet eft des plus importans, pour éclairer nos lecteurs, avant d'expofer le plan de notre ouvrage, nous allons entrer dans quelques détails préliminaires, d'après lefquels on fe convaincra de la vérité de notre affertion. Commençons d'abord par fixer les idées fur la nature des torrens & des rivières.

Les eaux pluviales, en tombant fur le penchant des maffes primitives des montagnes, y ont creufé, en s'écoulant, des vallées plus ou moins profondes, fuivant l'époque plus ou moins reculée où elles ont commencé d'agir, & fuivant le degré de tenacité des matières qui compofent l'intérieur de ces maffes. Ces vallées étant aujourd'hui les endroits les plus bas des montagnes, reçoivent pendant les pluies toutes les eaux qui s'écoulent superficiellement & les conduisent aux rivières les plus voisines. Par où l'on voit, qu'à l'exception de quelques eaux de sources dont les conduites souterraines sont coupées & interceptées par ces mêmes vallées, les torrens ne sont guères alimentés que par les eaux pluviales superficielles des montagnes, & que hors le tems des pluies, ils sont presque à sec.

Les rivières au contraire, dans leur état habituel & ordinaire, ne se forment que des eaux de sources qui se rendent dans leur lit par la voie des torrens. D'où il suit, que dans tous les tems, les rivières ont un certain volume d'eau plus ou moins considérable, selon qu'on s'éloigne plus ou moins de leur origine. C'est la première différence qu'il y a entre le torrent & la rivière.

Le lit du torrent sur le penchant de la montagne où il prend son origine, forme une courbe convexe; & parvenu au pied, il change de direction & s'établit sur un plan plus ou moins incliné; tandis que le lit de la rivière forme, dans toute l'étendue de son cours, une courbe assymptotique sans interruption, dont les élémens s'approchent d'autant plus de la ligne de niveau, qu'ils s'éloignent davantage de la source. C'est-là une seconde différence entre le torrent & la rivière.

Le lit du torrent arrivé au pied de la montagne où il prend son origine, éprouve diverses alternatives dans sa hauteur. Il s'exhausse si la crue est courte, &

il s'abaiſſe ſi la crue eſt longue. Dans la rivière au contraire, le lit eſt toujours ſenſiblement à la même hauteur, quelle que ſoit la longueur de la crue. Il ne s'exhauſſe qu'en s'élargiſſant, & ne s'abaiſſe qu'en ſe rétréciſſant. Troiſième différence entre le torrent & la rivière.

Le lit du torrent au bas de la montagne ſur laquelle il ſe forme, a toujours beaucoup plus de pente que celui de la rivière qui le reçoit : ce qui conſtitue une quatrième différence entre le torrent & la rivière.

Le gravier du torrent n'eſt compoſé que de pierres brutes & anguleuſes, telles qu'elles deſcendent de la montagne. Celui de la rivière au contraire, ne contient que des galets polis par le frottement & arrondis par la ro-tation : cinquième différence entre le torrent & la rivière.

Le torrent enfin dans la plaine, ſort quelquefois de ſon lit pour ſe jetter ſur les domaines adjacens qui ſont ordinairement plus bas. Mais la rivière corrode les bords & ne les franchit que pour inonder momen-tanément les propriétés riveraines. C'eſt la ſixième différence entre le torrent & la rivière.

Bien des gens ſont dans l'uſage de confondre avec le torrent une rivière, lorſqu'elle a beaucoup de pente & de rapidité. On voit, par ce que nous venons d'expoſer, que c'eſt à tort, & qu'il y a des caractères de diffé-rence très-bien prononcés entre l'un & l'autre de ces deux courans.

Mais divers torrens ne forment pas tout de
suite une rivière. Il y a un état intermédiaire où le
courant n'est plus torrent & n'est pas encore rivière.
Dans cet état, qui pour l'ordinaire est de quelques
lieues d'étendue, le courant participe tout à-la-fois de
la nature du torrent & de celle de la rivière, & il
tient plus ou moins de l'une ou de l'autre selon qu'il
s'approche davantage du torrent ou de la rivière. C'est
pour cette raison qu'on doit l'appeller *torrent-rivière*.

Ainsi, on voit que dans la nature on doit distinguer trois sortes de courants réellement distincts les uns
des autres ; savoir : le torrent proprement dit, la rivière, & le torrent - rivière.

Les ravages des torrens sont d'autant plus désastreux,
qu'une fois opérés, on ne peut plus y remédier. En
effet ; lorsque ces ravages s'exercent sur le penchant
d'une montagne, il en résulte que la couche de terre
végétale est entraînée, & qu'il n'y reste plus que le
rocher nud & aride. Lorsqu'ils ont lieu dans la plaine
située au pied de la montagne, ils s'opèrent à la vérité
d'une autre manière, mais qui n'est pas moins désas-
treuse : car alors, si le torrent n'est pas contenu, il
se porte sur les domaines voisins, & les couvre de gravier dont l'enlèvement coûteroit souvent beaucoup plus
que la valeur de la propriété dévastée. C'est ainsi que
dans les pays de montagnes, on voit journellement
disparoître sous des masses énormes de gravier, les domaines les plus précieux.

Les torrens-rivières ayant ordinairement, ainsi que les torrens, un lit supérieur aux domaines adjacens, en sortent aussi fort souvent pour se porter sur ces domaines qu'ils couvrent pareillement de gravier ; & si l'on observe que dans les pays de montagnes les propriétés les plus précieuses sont toujours le long de ces courants, on sentira combien il est malheureux pour ces contrées d'être exposées à de pareils fléaux.

Les rivières prises dans les parties de leur cours où elles charient du gravier, ne sont pas moins désastreuses. La destruction de nos forêts & les défrichemens fort mal-à-propos opérés sur nos montagnes, en permettant aux eaux pluviales de s'écouler dans un intervalle de tems beaucoup plus court qu'autrefois, ont augmenté à proportion le volume d'eau des rivières pendant les crues. Depuis ce tems, les fertiles domaines situés sur leurs bords ont été corrodés & emportés en grande partie.

Le lit s'élargissant par l'effet de ces corrosions s'est en même tems exhaussé ; tandis que les bords étant devenus par-là même inférieurs, ont attiré le courant & ont provoqué les progrès du mal.

Tel est l'état de toutes les rivières à fond de gravier. La dévastation se manifeste par-tout sur les domaines riverains. On peut s'en convaincre particulièrement dans les contrées montueuses où ces rivières se trouvent toujours, & en particulier sur la Durance, dans les

départemens des Baſſes - Alpes & des Bouches-du-
Rhône , où il n'eſt pas rare de rencontrer des endroits
de plus de 1000 toiſes de largeur occupés par cette
rivière , tandis que moins de 150 toiſes ſuffiroient
au paſſage de ſes eaux dans le tems des plus grandes
crues.

Ce n'eſt pas aux pays de montagnes que ſe. bornent
les ravages des rivières: Arrivées dans les pays de plaines,
elles rallentiſſent à la vérité leur cours , & ceſſent de
charier du gravier ; mais par - là même , leurs eaux
s'enflant davantage, menacent à chaque crue d'inonder
les plaines adjacentes. Souvent même les turcies deviennent inſuffiſantes pour les contenir dans leur lit.

Ce n'eſt pas tout ; ſi ces rivières s'évacuent dans la
Méditerranée , elles y produiſent des bancs & des iſles
qui détruiſent le ſeul avantage qu'on en pourroit retirer ;
ſavoir , la navigation : le Rhône nous en fournit un
exemple. Cet inconvénient eſt moins ſenſible aux embouchures dans l'océan , à cauſe que dans la haute
marée ces bancs ſont toujours ſurmontés d'une certaine
profondeur d'eau.

On ſent d'après cela , combien il eſt intéreſſant
pour l'état de trouver des moyens ſimples & peu coûteux d'arrêter ces ravages lorſqu'il y a poſſibilité. On
préſerveroit de la fureur des torrens & des rivières , des
domaines précieux qui font la ſeule reſſource des pays
de montagnes. En réduiſant les rivières à une largeur

convenable , on gagneroit beaucoup de terreins à l'agriculture. Ces terreins formés des dépôts de limon dans
le tems des crues feroient , par-là même , d'une nature
fupérieure ; & ce qui les rendroit encore plus précieux,
c'eft que par leur pofition , ils feroient très-fufcepti-
bles d'irrigation. Or , fi l'on fe donnoit la peine de
faire le relevé de tous les terreins qu'on pourroit ainfi
gagner fur les rivières de la France , on verroit qu'ils formeroient une étendue immenfe.

D'un autre côté , on comprend affez que l'on ne
peut conquérir ces terreins fur les rivières, fans en rétrécir le cours, & que par-là même , leurs eaux acqué-
rant plus de profondeur , la navigation , le hallage
& la flottaifon ne pourroient qu'y gagner. Or , ces
objets font une partie effentielle de la navigation intérieure , projet depuis long-tems propofé , & dont l'exécution rendroit la France l'état le plus floriffant de
l'univers.

Si l'on en excepte les torrens tels que nous les avons
décrits , & fur lefquels on n'a jamais rien dit , il n'y
a peut-être aucune partie de l'hydraulique fur laquelle
on ait autant écrit que fur les rivières , & fans contredit
il n'y en a aucune au fujet de laquelle nous ayons
acquis moins de connoiffances. Pour s'en convaincre,
on n'a qu'a faire attention qu'en mettant à contribution tout ce qui a été publié à cet égard , on n'a pas
encore pu en déduire un mode fimple & général de

réduire le lit des rivières , & de faciliter la navigation ,
de quelque nature qu'elle soit d'ailleurs. Il y a même
des auteurs, tels que Bélidor, qui ont prétendu que
les rivières qui charient du gravier, doivent être regardées comme *presque indomptables*.

Deux causes ont contribué au défaut de progrès
dans cette partie.

La première cause est que divers auteurs ont voulu
y appliquer le calcul algébrique, & exprimer par des
équations générales, les loix que les eaux suivent dans
leur cours. Qu'une pareille application ait lieu dans
un courant contenu dans un ouvrage fait de main
d'homme, où l'art l'a soumis à un cours régulier, &
où, comme par exemple dans un canal, il y a une
loi de continuité & d'uniformité, soit dans les mouvemens, soit dans les variations, on sent que dans ce cas
la chose ne peut être qu'utile, & qu'il est infiniment
avantageux de pouvoir lire dans une équation, modifiée
si l'on veut par les résultats de l'expérience, la théorie
d'un pareil courant. Mais qu'on fasse une pareille application sur les rivières dont les variations sont multipliées à l'infini, & s'opèrent à chaque pas d'une manière différente suivant le volume des eaux, la nature
& la position des obstacles, &c. ; il est visible que
c'est alors abuser du calcul, & que la théorie qu'on
aura par cette voie ne sera qu'une théorie purement
hypothétique qui se rapportera aux rivières telles qu'on
les

les aura imaginées , mais qui fera tout-à-fait étrangère aux rivières exiftantes dans la nature.

Cependant on fent qu'en cherchant à établir la
théorie des rivières , on doit les figurer telles qu'elles
font dans la nature , avec toutes les modifications qui
les affectent , & non telles qu'elles feroient d'après la
fimple théorie ou d'après des hypothèfes quelconques
dénuées de fondement. Si à l'imitation de Pitot , dans
les mémoires de l'Académie des Sciences , on fuppofe,
par exemple , qu'une rivière fe meuve fur un plan
uniformément incliné , & que de-là on infère que
cette rivière éprouvant de la part de la mer une réfiftance qui détruit la moitié de fa vîteffe , doit fe
mouvoir d'un mouvement uniforme fur les trois derniers quarts de la longueur de fon cours ; ce réfultat
eft parfaitement analogue à la manière dont cet auteur
envifageoit les rivières ; mais il eft complettement dé-
menti par l'expérience, qui ne prouve rien de pareil,
ni rien d'approchant. Telle eft cependant la marche
qu'ont fuivie beaucoup d'auteurs ; l'on comprend fans
peine qu'une pareille méthode n'étoit pas faite pour
nous éclairer fur la théorie des rivières.

La deuxième caufe eft , que la plupart des auteurs
qui ont fait des obfervations fur le cours des rivières,
n'ont jamais eu un point de vue fixe & déterminé
auquel ils puffent conftamment les rapporter. De-là
cette multitude d'obfervations le plus fouvent oifeufes

& de pure curiofité , & prefque toujours difparates &
incohérentes. Si au contraire ils s'étoient formé un
plan préliminaire , par exemple , celui d'utilifer les
rivières en réduifant leur lit de la manière la plus
fimple , & qu'ils fe fuffent bornés à étudier leur cours
fous ce rapport , fans jamais dévier de la ligne qui
conduifoit à ce but , on auroit confidérablement diminué le nombre d'obfervations ; elles auroient été
faites avec fuite & intelligence , & l'enfemble n'eût
pas manqué de fixer une théorie au moins approximative qui nous eût mis à portée de contenir nos
rivières dans de juftes bornes , de gagner beaucoup
de terrein au profit de l'agriculture , & de faciliter
confidérablement la navigation.

Nous avions été chargés , il y a environ vingt ans ,
par l'adminiftration du ci-devant pays de Provence ,
de vifiter les diverfes rivières de fon reffort , & de
faire toutes les obfervations néceffaires pour fimplifier
les travaux qu'on étoit habituellement obligé d'exécuter
pour les contenir dans leur lit. Les courfes que nous
fîmes à ce fujet & les réflexions qu'elles nous fuggérèrent,
nous firent fentir l'infuffifance de la théorie confignée
dans les ouvrages connus , & la néceffité d'en créer
une qui s'adaptât parfaitement aux befoins de la fociété.
En conféquence , nous fîmes un recueil d'obfervations
relatives à la folution de ce problême : *trouver les moyens
les plus fimples & les moins difpendieux d'empêcher les*

ravages des torrens & des rivières des pays de montagnes. C'est d'après ce recueil que nous composâmes un traité intitulé : *Essai sur la théorie des torrens & des rivières des pays de montagnes.* Nous le présentâmes le 2 décembre 1780 à l'Académie des Sciences, qui en porta un jugement favorable le 4 avril 1781.

Sur la fin de l'année 1780 , ayant été nommé ingénieur des ci-devant États de Provence pour la partie hydraulique , cette place nous a mis à portée de faire une infinité de nouvelles observations & des expériences directes sur les diverses branches de l'hydraulique , & en particulier sur les torrens & les rivières. Nous avons même poussé ces observations jusqu'à l'embouchure des rivières dans la mer : c'est pour cette raison que nous n'avons jamais publié l'ouvrage dont nous venons de parler : car nous le regardions comme incomplet & susceptible d'un supplément essentiel.

Dans le mois de fructidor de l'an 4 , l'assemblée des Ponts & Chaussées ayant pris connoissance de cet ouvrage , jugea qu'il seroit utile aux ingénieurs & aux élèves , & opina pour qu'il fût imprimé aux frais du Gouvernement. En conséquence , jaloux de répondre à la confiance de l'assemblée , nous crûmes devoir le refondre & en généraliser la théorie d'après nos expériences & nos nouvelles observations. Le traité que nous publions aujourd'hui est le résultat de ce travail.

L'objet que nous nous proposons dans ce traité est

b ij

de donner une théorie, d'après laquelle on puiffe ,
par des moyens fimples & peu coûteux, arrêter les
ravages des torrens , des rivières , & des torrens-rivières ,
depuis la formation des torrens fur les montagnes jufqu'à l'embouchure des rivières dans la mer ; réduire
par les mêmes moyens leur lit à de juftes bornes &
y procurer ou y faciliter la navigation, le hallage &
la flottaifon lorfque la chofe eft poffible & utile. En
conféquence , nous avons écarté toute obfervation &
tout principe qui s'éloignoit de l'utilité publique, &
qui ne fe rapportoit pas aux travaux du reffort des Ponts
& Chauffées. Ainfi , on ne trouvera rien de fuperflu
dans cet ouvrage.

C'eft dans la même vue , & d'après ce que nous
avons dit précédemment , que nous en avons exclu
les calculs fcientifiques. On n'en trouvera qu'un dont
l'expérience même indique l'inutilité. Par conféquent,
on peut regarder cet ouvrage comme à la portée de
tout le monde.

Ceux qui font accoutumés à écrire d'après leurs
propres idées & leurs obfervations, favent combien on
eft gêné , fur-tout dans un fujet tel que celui-ci , quand
on compulfe les ouvrages dont les principes influencent
fouvent notre opinion fans que nous nous en apper-
cevions , & ne manquent jamais de mettre l'efprit aux
entraves. Ainfi , c'eft pour n'être pas fubjugué dans la
nôtre par des autorités d'ailleurs très - refpeétables , &

pour pouvoir suivre en toute liberté le plan que nous
nous étions formé ; que nous n'avons uniquement puisé
que dans nos idées & dans notre mémoire. Cette considération nous fera trouver grace aux yeux des lecteurs instruits, dans le cas où ils rencontreroient quelquefois des idées qui leur paroîtroient extraordinaires. ——
D'ailleurs, nous n'écrivons que pour reculer les bornes
des connoissances dans cette partie pour le plus grand
bien de la chose publique. Or, comment pourroit-
on y réussir si l'on se copioit mutuellement, & si l'on
marchoit constamment sur les traces les uns des autres.

Ainsi, nous prévenons le public que ce n'est point
par dédain ni par indifférence pour les auteurs qui
ont couru la même carrière, que nous n'avons pas mis
leurs ouvrages à contribution. Nous savons qu'on y
trouve d'excellentes recherches qui peuvent d'ailleurs
être très-utiles dans diverses circonstances ; mais elles
n'entroient pas dans notre plan.

Cet ouvrage est divisé en trois parties.

La première partie traite de la théorie des torrens,
des rivières, & des torrens-rivières ; elle se divise en cinq
sections.

La première section ne contient que des notions
préliminaires pour l'intelligence des sections suivantes
& du reste de l'ouvrage. Nous y parlons d'abord de
l'abaissement progressif du niveau des eaux de la mer,
de l'origine des montagnes, & des fondrières qui en

ont dégradé les penchans & dont nous faisons connoître la caufe , la direction , les limites & l'égard
qu'on doit y avoir dans les travaux publics. Nous
expofons enfuite très - fuccinctement , & néanmoins
d'une manière complette , les principes de l'aérométrie
relatifs à l'évaporation des eaux & à la formation des
nuages & des pluies , les obfervations météorologiques
fur la quantité de pluie & d'évaporation , & l'origine
des fources & des rivières. Enfin , après un certain
détail fur le volume d'eau des rivières & fes variations
par les pluies & par la fécherefse , nous établiffons la
différence qui règne entre les torrens , les rivières &
les torrens-rivières , & nous démontrons que , dans l'impoffibilité d'atteindre à une théorie rigoureufe , on
doit fe borner à une théorie approximative.

La deuxième fection traite de la théorie des torrens.
Nous y examinons d'abord les torrens fur les montagnes où ils prennent leur origine, la manière dont
ils fe forment , la convexité de la ligne de fond de
leur lit & les fciffions qu'ils opèrent fur les chaînes de
montagnes ; d'où nous tirons quelques conjectures fur
la formation des détroits & fur l'anéantiffement futur
des lacs traverfés par des rivières. Nous fuivons enfuite
ces mêmes torrens depuis le pied des montagnes jufqu'aux rivières ou torrens - rivières où ils fe rendent ,
& nous trouvons que dans cette partie leur direction
change totalement ; que leur pente y diminue ; qu'elle

y eſt , en raiſon de la groſſièreté des matières du fond ,
& que le lit s'abaiſſera au commencement d'une crue ,
& s'exhauſſera à la fin.

Nous examinons après cela le cas où il y a une
plaine entre la montagne & la rivière qui reçoit le
torrent. Nous démontrons qu'alors le lit du torrent ſera
aſſez généralement ſupérieur aux terreins adjacens ; combien il eſt intéreſſant de le conduire à ſon embouchure par la voie la plus courte , & combien il eſt
eſſentiel de le reſſerrer le plus poſſible. Enfin , nous
terminons cette ſection par l'examen des cauſes qui
produiſent les torrens , & des maux incalculables qui
en réſultent. Ce ſujet eſt abſolument neuf , & il eſt
de la plus haute importance pour tous les pays de
montagnes.

Dans la troiſième ſection , nous traitons de la théorie
des rivières que nous diviſons en deux claſſes , ſavoir :
1°. les rivières dont le fond eſt gravier , 2°. celles dont
le fond eſt ſable ou limon.

Dans les rivières à fond de gravier , nous examinons d'abord la nature & la pente du lit ; nous faiſons
voir que le gravier tire ſon origine des montagnes
adjacentes , & qu'il ſera plus ou moins abondant &
plus ou moins groſſier , ſuivant que ces montagnes ſeront
plus ou moins hautes , plus ou moins rapides & plus
ou moins proches de la rivière : d'où nous concluons
que dans les pays de plaines les rivières ne charieront

point de gravier. Nous examinons pareillement la forme
des galets du gravier, la cause de leur arrondissement,
& les raisons pour lesquelles le lit des rivières s'abaisse
nonobstant la prodigieuse quantité de pierres que les
torrens ne cessent d'y transporter.

Nous considérons ensuite les rivières prises dans l'état
où les eaux se mettent en équilibre avec les matières
du fond. Le volume d'eau, la pente du lit & la
grossièreté des matières du fond, sont les seuls élémens
qui entrent dans cet examen, & c'est de leur com-
binaison que nous déduisons toutes les variations du
fond & les loix qu'il doit suivre. D'où nous concluons
que le lit d'une rivière doit former une courbe assymptotique. Cette théorie nous fournit l'occasion de parler
des déversoirs de barrage & des rétrécissemens des rivières, ainsi que des effets qui résultent des uns & des
autres.

De-là nous passons à l'examen de la corrosion que
les eaux exercent sur le fond, & aux moyens de la
provoquer & de la modifier à volonté : nous faisons voir
que l'équilibre entre l'action des eaux & la résistance du
fond exige, que par intervalle il se creuse des gouffres
avec contre-pente qui détruisent l'effet de l'accélération,
que la profondeur de ces gouffres dépend de celle du
courant & du degré de pente, & que leur distance est en
raison inverse de la pente ; nous discutons toutes les variations que les rétrécissemens produisent sur le fond

par

par la corrosion dont les effets peuvent être modifiés par des radiers , & nous en concluons ce grand principe qui sert de bâse à la réduction du lit des rivières , savoir : qu'*il suffit de les resserrer par intervalles pour les réduire*.

Nous examinons enfin les variations des rivières & leur action sur les bords. Après avoir prouvé qu'un lit trop large doit s'exhausser & porter le courant sur les bords , nous suivons son action sur ces mêmes bords dans toutes les hypothêses relatives , soit à leur nature , soit à leur direction , & nous démontrons que la propriété des berges obliques & incorrosibles est d'attirer le courant à elles sans le réfléchir. Nous terminons ce sujet par l'examen des causes qui divisent les rivières en plusieurs branches. A la suite de cet examen , nous indiquons le seul & unique moyen de détruire toutes ces causes.

Dans les rivières à fond de sable & de limon , nous suivons le même ordre que dans celles à fond de gravier. Nous démontrons d'abord qu'elles ont moins de pente ; que leur vîtesse est uniforme, & qu'elles sont moins variables que les autres. Ensuite , après avoir prouvé qu'il ne s'y creusera aucun gouffre d'équilibre , nous les envisageons dans le cas où on les rétréciroit , & nous en déduisons toutes les conséquences qui se rapportent aux rétrécissemens sur les rivières à fond de gravier. Nous parlons de la manière dont les isles se forment dans leur lit, de l'action du courant sur les bords & des causes qui en produisent la division. Enfin, nous traitons des dépôts qui se forment à l'embouchure dans la mer, & des inconvéniens qui en résultent, sur-tout dans la Méditerranée, où ils occasionnent nécessairement des marais & des plages très-dangereuses.

La quatrième section a pour objet la théorie des torrens-rivières. On sent bien que cette théorie est mixte ; qu'elle se compose de celle des torrens & de celle des rivières, & qu'elle tient plus ou moins de l'une ou de l'autre, suivant que le torrent-rivière se rapprochera davantage du torrent ou de la rivière. Ainsi, ce que nous en avons à dire se réduit à prouver, que le torrent-rivière aura plus de pente que la rivière qui le reçoit, & à quelques réflexions relatives, soit aux gouffres requis par l'équilibre, soit à l'exhaussement & à l'abaissement alternatif du lit par l'effet des crues.

Dans la cinquième & dernière section de cette partie de notre ouvrage, nous parlons des confluens des torrens, des rivières & des torrens-rivières. Après quelques observations générales, dans lesquelles nous faisons voir entr'autres choses l'impossibilité de déterminer ailleurs que sur un milieu très-peu résistant, tel que la surface de la mer, la direction de la résultance de deux courans qui se réunissent, nous examinons successivement les variations qui ont lieu par l'effet du confluent de deux torrens, d'un torrent & d'une rivière ou d'un torrent-rivière, d'une rivière & d'un torrent-rivière, de deux rivières & de deux torrens-rivières ; variations que nous déduisons des principes établis dans les sections précédentes.

La deuxième partie de notre ouvrage traite des moyens d'empêcher les ravages des torrens, des rivières & des torrens-rivières. Son objet, comme l'on voit, est des plus intéressans, & il mérite d'être discuté avec le plus grand soin. Nous divisons cette partie en trois sections.

Dans la première section nous exposons les moyens d'empêcher la formation & les ravages des torrens. La formation des torrens n'ayant lieu que sur le penchant des montagnes, on sent d'abord que le premier moyen de les prévenir est d'empêcher la destruction des forêts, & d'assigner un mode qui arrête l'arbitraire des défrichemens. Nous donnons sur ce dernier objet des idées & un plan dont nous croyons l'exécution très-utile à la chose publique. Nous laissons même à nos lecteurs le soin de juger si ce plan ne mérite pas de fixer l'attention du corps législatif, & s'il ne seroit pas à propos de le sanctionner par une loi qui manque jusqu'à présent à notre code rural. Nous parlons ensuite des moyens de détruire les torrens déjà formés, & des cas où cette destruction est impossible.

Arrivés au bas des montagnes où ils se font formés,

c ij

les torrens exigent des moyens particuliers pour être contenus dans leur lit & conduits jufqu'à la rivière deftinée à les recevoir. Nous expofons ces moyens , ainfi que l'ufage qu'on peut faire des radiers , lorfqu'on emploie des murailles.

La deuxième feċtion traite des moyens de contenir dans leur lit les rivières & les torrens - rivières ; elle fe divife en deux chapitres.

Le premier chapitre ne parle uniquement que des digues à employer pour remplir l'objet dont il s'agit.

Nous confidérons d'abord les digues par rapport à leur direċtion. L'objet des digues eft de détourner le courant de l'endroit qu'on veut garantir ; & pour cela elles doivent y produire des attériffemens qui rendent cet endroit plus élevé que le refte du lit de la rivière. Or, les attériffemens ne peuvent être formés que par des eaux mortes & ftagnantes , ou qui du moins aient fort peu de vîteffe. D'où il fuit que la direċtion à adopter pour les digues , eft celle qui détruira le plus exaċtement la vîteffe du courant. Nous faifons voir , & tout le monde fent, que la digue parallèle ne dé-truifant aucune partie de la vîteffe , n'eft pas propre à cet objet ; qu'il en eft de même des dĩgues obliques , puifque leur propriété eft d'attirer le courant au lieu de l'éloigner , & qu'elles doivent fpécialement être employées à établir la prife d'eau des canaux de dé-rivation. D'où nous concluons qu'il n'y a que les digues perpendiculaires , qui , détruifant complettement la vîteffe du courant , aient la propriété demandée. Mais en même tems nous obfervons que ces digues exigent d'être accompagnées à leur à-bout d'un éperon qui leur foit perpendiculaire , & dont la plus grande longueur foit du côté d'amont. Nous prouvons que cet éperon produira au-devant de la digue , une digue d'eaux mortes qui la mettra à couvert de l'action du courant, & qui permettra de n'employer à fa conftruction que de la terre & du gravier. Le réfultat de cette forme de digue eft, qu'elles peuvent être conftruites avec la plus grande économie ; qu'il fe formera des attériffe-mens en amont & en aval ; que ces attériffemens for-tifieront la digue perpendiculaire ; qu'ils auront lieu dès la première crue de la rivière ; qu'ils ne pourront pas être en gravier , mais feulement en limon ; & qu'enfin on pourra fous très-peu de tems les rendre à l'agriculture.

Nous paffons enfuite aux diverfes efpèces de digues dont nous examinons le profil , les matériaux , la conf-truction & les cas où l'on doit les employer.

Nous commençons par les digues perpendiculaires qui , par le moyen de l'éperon de leur à-bout , ne feront qu'en terre ou gravier , & dont nous développons la conftruction hors de l'eau & dans l'eau.

Viennent enfuite les digues à *pérés* , qu'on fait n'être que des levées en terre ou en gravier , & dont le talus expofé à l'action des eaux eft garni en pierres. Nous diftinguons trois fortes de pérés , favoir : 1°. le péré en pierres d'appareil , en ufage fur la Durance , & que nous nommons *péré en dalles* ; 2°. le péré en blocs , que nous appellons *péré en blocaille* ; 3°. le péré en pierres de moyenne ou de petite groffeur , auquel nous donnons le nom de *petit péré*.

Comme il eft effentiel que dans les digues à pérés le talus foit toujours à l'abri de l'action des eaux ; nous prefcrivons ce qu'il y a à faire dans tous les cas pour remplir cet objet , foit par la difpofition des pierres compofant les pérés , foit par le moyen des bermes dont nous donnons la defcription & les dimenfions.

Les digues à pierres sèches fuccèdent aux digues à pérés. Après avoir donné la defcription de celles ufitées dans la ci-devant Provence , nous indiquons les vices qu'elles renferment & la réforme qu'il convient d'y introduire.

Nous parlons enfuite des digues en mâçonnerie. Mais comme la conftruction de ces digues eft extrême-ment coûteufe , & qu'à raifon de cela elles ne peuvent guères entrer dans notre plan , dont le but principal eft l'économie à introduire dans les travaux , nous n'en difons qu'un mot en paffant.

Après les digues en mâçonnerie , nous traitons des digues en gabions. On fait que les gabions font des

cônes en clayonnage remplis de pierres ou de gravier.
Nous faifons voir les avantages & les inconvéniens de
ce genre de digues.

Nous paffons après cela à une forte de digues très-
peu connue & cependant très-efficace. Ce font les digues
par encaiffement à claire-voie, ufitées fur les torrens-
rivières dans le département des Baffes-Alpes, & dans
quelques autres départemens des pays de montagnes.
Après en avoir donné la defcription & démontré la
folidité, nous indiquons la manière d'en généralifer
l'ufage.

Nous ne paffons pas fous filence les digues en bois.
Elles ont d'autant plus de mérite qu'elles font plus
fimples, & qu'il eft rare qu'elles ne produifent pas
leur effet. Dans cette claffe font : 1°. les arbres branchus coupés à demi ou arrêtés folidement avec des
liens, & jettés fur une berge corrodée. 2°. Les paliffades avec des arbres ramés aux paremens, & dont
les pieux font joints entr'eux avec des liernes ; 3°. les
digues en clayonnage ; 4°. les *chevrettes* ou *chevalets*.
Nous donnons la defcription & les avantages de toutes
ces fortes de digues, & fur-tout de celles à *chevalets*
au fujet defquelles nous indiquons des réformes bien
effentielles.

Les levées ou turcies en ufage le long des grandes
rivières pour en contenir les hautes eaux, occupent
auffi une place parmi nos digues. Après en avoir expliqué

la conftruction , nous donnons nos idées fur les moyens de les fortifier & d'empêcher qu'elles ne foient percées.

Nous terminons ce chapitre par le réfumé général de toutes les digues dont nous avons parlé , & en indiquant les cas où on doit refpectivement les employer.

Dans le deuxième chapitre nous appliquons l'ufage de ces digues à la réduction du lit des torrens-rivières & des rivières à fond de gravier. Cette réduction devient , d'après les principes précédens, de l'exécution la plus fimple. Que par intervalles on rétréciffe le courant en employant des digues perpendiculaires accompagnées de leur éperon, on les forcera à creufer leur lit d'un rétréciffement à l'autre , & d'exhauffer en même tems leurs bords par des dépôts de limon qu'on pourra bientôt mettre en culture. Nous donnons à ce fujet tous les développemens dont il eft fufceptible.

Ce moyen s'applique auffi aux rivières à fond de fable & de limon. Mais comme affez généralement ces rivières ne préfentent pas de terrein à gagner , & qu'on ne les réduit que relativement à la navigation , nous renvoyons cet objet à la troifième partie.

Enfin , dans la troifième fection nous parlons de l'ufage qu'on peut faire des digues perpendiculaires accompagnées d'éperons pour fimplifier les travaux relatifs à la conftruction des ponts fur les rivières à

fond

fond de gravier , & dont la largeur eft fort confidérable , comme par exemple , fur la Durance.

La troifième partie a pour objet la navigation, le hallage
& la flottaifon des rivières, & elle fe divife en cinq fections.

Dans la première fection nous parlons de la navigation des rivières. Après avoir prouvé que, pourvu
qu'il y ait profondeur d'eau , toute rivière à fond de
fable ou de limon eft navigable à la voile , & qu'il
en eft de même des rivières à fond de gravier , lorfque
la pente n'excédera pas 3 pouces 6 lignes fur 100
toifes , nous faifons connoître les obftacles qui y gênent
la navigation , foit à leur embouchure , foit fur leur
cours. Les dépôts qui fe forment aux embouchures font
moins nuifibles aux navires fur l'Océan, à caufe des
marées. Mais fur la Méditerranée ils néceffitent impérieufement la conftruction de canaux particuliers.
Nous citons à ce fujet l'embouchure du Rhône ,
l'ancien canal conftruit par Marius , & le projet d'un
nouveau canal deftiné à joindre le Rhône pris à la
hauteur d'Arles avec le port de Bouc.

Nous faifons voir enfuite qu'il faut réduire une
rivière pour lui donner plus de profondeur d'eau, &
que pour la forcer à creufer fon lit , il n'y a qu'à la
rétrécir par intervalles , ainfi que nous l'avons déjà
prefcrit pour les rivières à fond de gravier.

Nous indiquons les matériaux à employer & la forme
à donner aux ouvrages , la manière de garantir , des

d

effets de la corrofion des eaux, les ouvrages d'art qui font fur ces rivières, & celle d'éviter les ponts. Enfin, nous faifons connoître les avantages qui pourroient en réfulter pour l'état.

La deuxième fection traite du hallage des rivières. Nous donnons d'abord l'équation générale relative au hallage, foit de remonte, foit de defcente; d'où nous tirons toutes les formules y relatives que nous traduifons en langage ordinaire. Cette équation nous donne la raifon pour laquelle les rivières des pays de montagnes ne font pas hallables, tandis que celles des pays de plaines le font toujours. Nous examinons le cas où, à raifon de la trop grande rapidité des eaux, il faut renoncer au hallage, & fubftituer des canaux latéraux aux rivières, ainfi que celui où l'on peut en barrer le lit pour les rendre hallables. Enfin, nous indiquons ce qu'il convient de faire pour augmenter la profondeur d'eau des rivières dont la pente eft relative au hallage.

La troifième fection a pour objet la flottaifon des rivières. Après avoir expliqué la flottaifon par radeaux, & à pièces perdues, & avoir établi en principe que *tout corps ou fyftême de corps flottant ne doit jamais toucher le fond*, nous examinons les obftacles qui s'oppofent à la flottaifon, & nous en concluons, que pour l'établir il faut: 1°. réduire le lit des rivières; 2°. atténuer les gros quartiers de pierres qui peuvent s'y trouver; 3°. détruire les cataractes, s'il y en a.

Dans la quatrième section nous traitons de la navigation intérieure de la France ; projet depuis long-tems agité , & au sujet duquel les bâses ne sont pas encore convenues. Après une discussion préliminaire sur les facilités qu'a la France à cet égard , sur les rivières considérées sous leurs rapports commerciaux , sur les grandes vallées , & sur les cas où l'état doit se charger de l'exécution des projets en général , nous fixons les idées sur ce qu'on doit réellement entendre par ce projet. Nous en traçons la route , & nous indiquons les ouvrages d'absolue nécessité à exécuter pour l'effectuer. A cette occasion nous parlons des canaux de communication à construire entre les grandes vallées contiguës ; ce qui nous conduit à quelques réflexions sur les canaux souterrains , & en particulier sur celui ci-devant de Picardie.

Enfin , l'objet de la cinquième section est la navigation à la voile par la Seine jusqu'à Paris , c'est-à-dire , de rendre Paris port maritime , en y faisant aborder les vaisseaux qui s'arrêtent aujourd'hui à Rouen. Il n'y a personne qui ne sente toute l'importance de ce projet , tant pour Paris pris individuellement , que pour le gouvernement dont elle est le centre. Mais en même tems on sent qu'il ne faut absolument rien donner au hasard , & qu'en décidant son exécution , non-seulement on doit être physiquement assuré de sa réussite , mais encore qu'on doit connoître avec une très-grande approximation les frais qui en réfulteront, frais, d'ailleurs, qui doivent être les moindres poffibles. Or, nos principes rempliffent toutes ces vues.

En effet, nous démontrons que la Seine a le degré de pente relatif à la navigation à la voile, & que les nombreufes finuofités, la multiplicité de fes ifles & les divers ponts conftruits fur fon cours, ne font pas des obftacles qui puiffent s'y oppofer. Mais elle n'a pas la profondeur d'eau néceffaire, & c'eft cette profondeur qu'il faut lui procurer, en employant les moyens les plus fimples & les moins difpendieux.

Après avoir examiné fuccinctement divers projets relatifs au même objet, & démontré les inconvéniens défaftreux qui réfulteroient du redreffement du lit de la rivière, nous fixons ce projet à la folution du problême fuivant : *Forcer la rivière par les moyens les plus fimples & les plus économiques à creufer fon lit, & à prendre la profondeur d'eau néceffaire pour que dans le tems même des plus baffes eaux les vaiffeaux qui arrivent à Rouen puiffent remonter à la voile jufqu'à Paris.* Or, ce problême eft réfolu par les principes déjà propofés pour la réduction des rivières à fond de gravier & de fable ou de limon.

Ainfi, il ne s'agit que de rétrécir le lit de la rivière par intervalles, pour la forcer à creufer à volonté tout le long de fon cours ; & de venir à fon fecours aux endroits où le fond feroit incorrofible.

Nous exposons succinctement tout ce qui est relatif à la largeur & à la distance des rétrécissemens, à la nature & à la forme des ouvrages, aux précautions à prendre relativement aux digues de barrage, à la sûreté des édifices & au passage des ponts sur la rivière. Nous fixons le terme de la navigation en aval du pont de la Révolution. Nous indiquons pour port un grand canal à construire depuis l'Arsenal, ou à-peu-près, jusqu'à la barrière de la Conférence, en passant par les marais des fauxbourgs Saint-Martin, Saint-Denis, &c. Enfin, nous prouvons que ce procédé résout complétement le problême, & nous terminons ce sujet par des observations qui lèvent généralement toutes les difficultés.

Tel est le plan de l'ouvrage que nous publions. La théorie qu'il renferme, & qu'on peut réellement regarder comme la théorie usuelle, & par-là véritablement utile à la société, est, comme l'on voit, très-circonscrite & fort simple, & néanmoins elle satisfait à tout ce qui se rapporte aux travaux sur les torrens & les rivières, soit relativement à la réduction de leur lit pour gagner du terrein, soit relativement à la navigation, au hallage & à la flottaison. Un seul principe sert de base à l'application de cette théorie pour les rivières : c'est que, quelque soit l'objet qu'on se propose, il faut réduire leur lit ; que pour cela il suffit de le resserrer par intervalles, & qu'il faut en général employer à ces rétrécissemens des digues perpendiculaires accompagnées d'éperons parallèles à la direction qu'on doit donner au courant.

Cette théorie nous paroît neuve à bien des égards ; car fi l'on parcourt les divers traités que nous avons fur les rivières , on s'appercevra facilement, comme nous l'avons déjà obfervé plus haut , qu'il feroit impoffible d'en déduire un fyftême de réduction auffi fimple & auffi général. On doit remarquer d'ailleurs que tout y eft vérifié par des expériences directes ou par des obfervations.

En 1791 , le citoyen Béraud , profeffeur de mathématiques & de phyfique expérimentale au collège de Marfeille , publia un ouvrage intitulé : *Mémoire fur la manière de refferrer le lit des torrens & des rivières.* Comme dans cet ouvrage il eft queftion des digues perpendiculaires avec des éperons d'accompagnement, & que les journaux du tems en avoient fait mention, nous croyons en devoir dire un mot en paffant.

Étant liés d'amitié avec le citoyen Béraud , nous lui communiquâmes en 1785 notre premier manufcrit fur cet objet. Lorfque la révolution furvint , il crut , pour des raifons d'avancement , devoir mettre au jour les idées qu'il avoit puifées dans cet ouvrage , mais qu'il n'avoit pas pu concevoir bien nettement. Du refte , cette production eft informe & inapplicable à la pratique par la manière dont l'auteur y a traité les chofes. Nous lui avons même prouvé dans des obfervations imprimées

en 1793 , que son ouvrage ne contenoit que des affer-
tions fausses ou des faits dénaturés , & qu'il n'avoit
jamais conçu l'objet sur lequel il avoit voulu écrire.

Au reste, quoique notre théorie satisfasse à la réduction du lit des torrens & des rivières , ainsi qu'à la
navigation , au hallage & à la flottaison , nous ne
devons pas cependant nous dissimuler qu'elle peut être
perfectionnée par des observations & des expériences
plus nombreuses, & faites sur des courans multipliés
qui diffèrent entr'eux par la pente & le volume d'eau.
Mais pour cela il seroit essentiel que ces observations
& ces expériences se fissent en un grand nombre
d'endroits & d'après un plan suivi. En conséquence ,
nous croyons qu'il seroit à propos que le conseil des
Ponts & Chaussées fît imprimer à cet égard un programme qui contiendroit le tableau des observations
demandées , & la marche qu'on devroit suivre pour
les faire. Ce programme seroit envoyé à tous les ingénieurs de département , avec recommandation de
faire parvenir tous les ans au conseil, le résultat de
leur travail sur cet objet. Par ce moyen on parviendroit
bientôt à avoir une masse d'observations qui, rapprochées
les unes des autres , nous feroient connoître les loix les
plus approximatives de la véritable théorie des torrens
& des rivières.

Nos lecteurs voudront bien observer que cet ouvrage a été entièrement rédigé pendant notre séjour

à Paris, qu'obligés de nous rendre à notre poſte, ce ſéjour n'a pas été auſſi long que nous l'aurions deſiré pour la perfection de cet eſſai, & qu'il eſt poſſible qu'il s'y rencontre quelques inexactitudes que nous pouvons néanmoins donner comme très-légères, & que nous eſpérons qu'on aura l'indulgence de nous pardonner.

Au ſurplus, comme il reſte encore beaucoup à faire & à découvrir dans cette partie, nous n'avons pas la témérité de croire que notre ouvrage ne laiſſe rien à deſirer. Mais nous nous flattons néanmoins, qu'en attendant que nous ſoyons éclairés par un plus grand nombre d'expériences, on pourra employer avec avantage la théorie que nous donnons au public.

ESSAI

ESSAI

SUR LA THÉORIE

DES TORRENS ET DES RIVIÈRES.

1. **N**ous diviferons cet ouvrage en trois parties. Divifion de l'ouvrage.

Dans la première partie, nous traiterons de la théorie des torrens, des rivières & des torrens-rivières.

Dans la feconde, nous expoferons les moyens de les réduire & d'en empêcher les ravages.

Dans la troifième, nous parlerons de la navigation, du hallage & de la floraifon dont elles font fufceptibles.

PREMIÈRE PARTIE.

De la théorie des Torrens & des Rivières.

2. **D**ans cette partie, après avoir établi les notions préli-minaires pour l'intelligence & la fuite de cet ouvrage, nous traiterons fucceffivement des objets fuivans; favoir : Divifion de la première partie.

1°. De la théorie des torrens.

2°. De celle des rivières jufqu'à la mer.

3°. De celle des torrens-rivières.

4°. Enfin, des effets produits aux confluens des tor-rens, des rivières, & des torrens-rivières.

A

SECTION I.

Notions préliminaires.

§. I.

Obfervations fur les Montagnes.

L'étude des rivières exige la connoiffance de la configuration des parties du globe.

3. LES divers élémens qui entrent dans la théorie des torrens & des rivières, dépendent effentiellement de la hauteur & de la nature des montagnes des pays parcourus dans leur cours ; par conféquent il convient avant tout d'examiner la forme & la configuration de la partie de notre globe qui fe trouve au-deffus du niveau des mers dont elle eft entourée, ainfi que les révolutions qui paroiffent y avoir eu lieu de la part des eaux ; pour cela nous avons befoin de remonter à l'époque de la création de notre planète, & de confulter les monumens de la nature qu'on rencontre à chaque pas. Ce fera en fuivant cette route que nous nous éclairerons fur cet objet.

Du refte, nous ne nous propofons pas de donner ici un traité de géologie, nous laiffons ce foin aux favans naturaliftes qui voudront traiter ce fujet, *ex profeffo*. Quant à nous, il nous fuffira de recueillir diverfes obfervations, defquelles nous tirerons des inductions analogues à notre objet.

Abaiffement du niveau des eaux de la mer d'environ 230 toifes.

4. Il eft conftant que, parmi les pierres connues fous le nom général de *pierres tendres*, dans la claffe des pierres calcaires, la plupart ne font qu'un affemblage d'une infinité de petits coquillages, parmi lefquels fe trouvent affez fréquemment mêlées des coquilles d'huître & d'autres productions marines. Nous pourrions en citer un grand nombre

d'exemples, mais nous nous contenterons d'indiquer la barre qui traverse le chemin d'Aix à Apt, au haut de la montagne entre Cadenet & Lourmarin, dans le département de Vaucluse. L'on fent bien que la formation d'un amas auffi confidérable de pareils coquillages a exigé que la mer y féjournât pendant un très-long efpace de tems : car il eft vifible que la chofe n'auroit pas pu s'effectuer pendant le court intervalle que l'hiftoire de Moïfe accorde au déluge. Or, les plus hautes carrières de cette nature que nous avons rencontrées ne font qu'à environ 230 toifes au-deffus du niveau actuel de la mer. Donc, la mer a couvert pendant long-tems toutes les terres qui font aujourd'hui à 230 toifes au-deffus de fon niveau, & puifque fupérieurement à ce terme il ne fe rencontre aucun amas pareil de dépouilles marines, mais feulement quelques pétrifications ifolées & éparfes çà & là, il s'enfuit qu'on doit regarder la hauteur de 230 toifes ou environ, comme le point au-delà duquel les eaux de la mer n'ont fait qu'un féjour de peu de durée à la fuite de quelque grand bouleverfement dans l'ordre de la nature.

5. L'obfervation fuivante prouve pareillement que dans un tems le niveau des eaux de la mer étoit beaucoup plus élevé qu'il n'eft aujourd'hui. En parcourant les vallées au fond defquelles fe trouvent des rivières qui charrient du gravier, on trouve ordinairement des cailloux roulés, & fouvent le gravier pur de ces rivières, a une très-grande hauteur au-deffus de leur lit actuel. Il a donc exifté une époque où le lit de ces rivières étoit beaucoup plus élevé qu'il n'eft aujourd'hui. Or, on verra par la fuite de cet ouvrage que, toutes chofes fuppofées égales, la hauteur de l'embouchure des rivières fixe celle de tous les points de leur cours. D'ailleurs, quiconque eft obfervateur aura pu remarquer, & nous le démontrerons plus bas, qu'en barrant le lit d'une rivière par un *déverfoir*,

ce lit s'exhauſſe en amont à proportion de la hauteur de ce déverſoir, & qu'au contraire il s'abaiſſe ſi ce déverſoir eſt détruit. D'où l'on concluera évidemment qu'on aura le même effet en ſubſtituant la mer au déverſoir. Donc, puiſque le lit de toutes les rivières a été autrefois beaucoup plus élevé qu'il n'eſt à préſent, il s'enſuit que dans un tems les eaux de la mer s'élevoient beaucoup au-deſſus de leur niveau actuel.

6. Nous n'entreprendrons pas d'examiner quelle eſt la cauſe de l'abaiſſement des eaux de la mer. Cette queſtion eſt bien plus du reſſort de l'hiſtoire naturelle que de l'hydraulique. Il nous ſuffit d'avoir expoſé le fait & d'en avoir rapporté les preuves. Quant aux cauſes, nous les regardons comme étrangères à notre objet, & nous en abandonnons la recherche à ceux qui auront la curioſité de s'en occuper.

Diſcuſſion ſur l'o-
rigine des monta-
gnes.

7. Si les plus hautes montagnes de notre globe n'avoient pas au-delà de 230 toiſes de hauteur perpendiculaire au-deſſus du niveau actuel des eaux de la mer, nous pourrions conclure, avec certitude, que lors de la création, ces eaux couvroient abſolument toute la ſuperficie de la terre; mais nous trouvons répandues par-tout des maſſes énormes de montagnes dont les ſommets s'élèvent à une bien plus grande hauteur. Telles ſont entr'autres dans l'ancien continent les Pyrénées, les Alpes, & leurs ramifications; le Caucaſe, le mont Atlas, &c.; & dans le nouveau, les Cordillières, les Apalaches, &c. Les cordillières, par exemple, dans le Pérou, ont au-delà de 3,000 toiſes. Ces montagnes, aujourd'hui diviſées en une infinité de pics & de pointes exceſſivement variées, accompagnées de déchiremens, & de précipices ſans nombre, qui ne préſentent preſque par-tout que l'image du déſordre & du bouleverſement; ces montagnes, diſons-nous, étoient-elles dans l'origine telles que nous les trouvons à préſent? C'eſt une queſtion que nous allons tâcher de réſoudre; queſtion

qu'on ne doit pas regarder comme oiseuse & de pure curiosité; car nous verrons par la suite que sa solution se lie avec la théorie des torrens & des rivières.

8. Il est naturel de croire que dans l'origine des choses le créateur a consolidé la charpente de son édifice par un degré de stabilité au-delà du terme de l'équilibre. Il a donc dû donner un pareil degré de solidité aux montagnes pour empêcher qu'elles ne s'écroulassent d'elles-mêmes. Ce degré de solidité dans les montagnes dépend essentiellement de l'empâtement de leur base, ou ce qui est la même chose, de l'inclinaison de leur talus relativement à l'horison ou à la ligne du niveau; or, l'angle d'équilibre pour les terres est de 45 degrés, & il est moindre pour les sables. Donc puisque les observations nous prouvent que dans une infinité de cas les rochers qui couronnent nos montagnes portent sur des matières terrestres, il s'ensuit que dans l'origine le penchant des montagnes devoit former avec l'horison un angle moindre que 45 degrés; mais il est très-rare que les montagnes prises dans leur état actuel, n'aient pas quelqu'une de leurs faces dont la déclivité ne soit plus ardue, & ne fasse avec la ligne de niveau un angle sensiblement plus grand que 45 degrés; donc un pareil état de choses n'a pas été primordialement établi par le créateur.

D'autre part, il est constant par l'expérience journalière que ces dégradations sont habituellement produites par les pluies, les avalanches, le gel & dégel, &c.; & il n'y a personne d'un certain âge qui ne se soit apperçu des progrès des désordres produits par ces causes; donc, puisque ces effets augmentent journellement, il est visible qu'en rétrogradant vers l'époque de la création, ils doivent toujours décroître. Donc, lors de la création, ces causes n'ayant pas encore agi, ces effets ne devoient pas subsister.

Ainsi, il paroît démontré de toutes les manières, que

lors de la création les montagnes n'étoient point dégradées
ni féparées par des vallées comme elles le font aujourd'hui,
puifque tous ces effets ont été produits par des caufes qui
n'ont pu agir que poftérieurement à cette époque , & que
d'ailleurs dans une infinité d'endroits les pentes exiftantes
font même incompatibles avec la ftabilité.

9. Puis donc qu'il n'y avoit alors dans les chaînes de
montagnes ni dégradation ni divifion par des gorges ou vallées,
il eft bien naturel de croire que chacune de ces chaînes ne
formoit qu'une feule et même maffe plus ou moins convexe,
mais fupérieure à la mer , & que cette convexité fe pro-
pageoit dans tous les fens par une pente plus ou moins forte
jufqu'à la fuperficie des eaux qui couvroient la partie reftante du globe. L'obfervation fuivante le prouve d'ailleurs
affez.

En effet, qu'on prenne la crête ou ligne culminante de
toutes les chaînes de montagnes , on verra que tant d'un
côté que de l'autre il fe trouve une infinité d'autres montagnes moins élevées que celles de la crête, dont le fommet
décroît continuellement de hauteur , ou s'abaiffe progreffivement à mefure qu'on s'avance de toutes parts vers la mer,
ou qu'on s'éloigne de la partie culminante du noyau ; d'où
l'on concluera, qu'avant que ces maffes fuffent déchirées &
fillonnées par les profondes vallées que nous y remarquons,
les divers plans dont l'affemblage formoit leur convexité primitive , paffoient à-peu-près par les fommets des différentes
montagnes partielles réfultantes de toutes les dégradations &
de tous les déchiremens qui ont eu lieu depuis l'époque de
la création : plans qui par conféquent étoient tous inclinés
vers la mer.

10. Si l'abaiffement total du niveau des eaux de la mer
s'étoit opéré tout à la fois , ou du moins dans un très-court
intervalle de tems , on auroit fans doute remarqué que la

superficie des terres abandonnées par cette retraite des eaux, formoit à-peu-près la suite des plans inclinés qui terminoient primordialement la convexité des maffes de chaînes de montagnes. Mais cet abaiffement ne s'étant opéré que progreffivement & par degrés infenfibles, les caufes qui ont dégradé la convexité de ces maffes ont dû néceffairement agir fur les délaiffemens de la mer à mefure qu'ils fe découvroient, & c'eft auffi ce que les obfervations nous prouvent.

11. L'on voit donc que par l'abaiffement progreffif du niveau des eaux de la mer, l'étendue des continens doit habituellement s'accroître, nonobftant la corrofion que ces eaux exercent en plufieurs endroits fur les côtes; car les corrofions fe manifeftent toujours par des efcarpemens qui n'ont guères lieu qu'aux endroits élevés, et où les progrès de la mer s'opèrent très-lentement. Mais cet abaiffement du niveau des eaux n'eft pas la feule caufe qui produife un pareil effet. Il y en a deux autres qui agiffent d'une manière bien plus fenfible.

Accroiffement de la furface des continens.

La première de ces caufes eft l'action de la marée, qui en plufieurs contrées, fuivant la difpofition des lieux et la direction, foit des vents, foit des courans, éjecte continuellement fur les côtes, des fables, des galets, &c. Ces matières étrangères accumulées, exhauffent infenfiblement la grève, qui à l'aide, foit de l'induftrie humaine, foit des caufes qui agiffent naturellement fur la partie fèche des continens, devient enfin fupérieure aux fubmerfions maritimes. Nous en avons l'exemple en plufieurs endroits des côtes de France fur l'Océan.

La feconde de ces caufes confifte dans l'action des fleuves et des rivières à leur embouchure dans la mer. On fait que dans les pluies, les eaux des fleuves et des rivières perdent leur limpidité, & que cet effet eft occafionné par le mélange des terres qu'elles détachent des montagnes et de tous les endroits en pente. Ces matières font donc charriées par

les eaux qui les tiennent en diffolution par leur mouvement, & qui les pouffent à leur embouchure vers l'intérieur
de la mer. Mais d'un autre côté, la mer, par fon agitation
continuelle & par fa réaction, tend à les repouffer & à les
rejetter vers la côte. Elles feront donc dépofées à l'endroit
où il y aura équilibre entre la force du courant du fleuve et
la réaction des eaux de la mer ; & c'eft-là qu'elles formeront des barres ou des ifles, fuivant les circonftances & les
localités.

L'embouchure du Rhône nous offre un exemple bien remarquable de la rapidité de ce genre d'attériffemens. On fait
qu'il y a environ quatre - vingt - cinq ans ce fleuve abandonna fon ancien lit appellé *Bras de Fer*, pour fe jetter dans
le canal des Lônes, où il s'eft maintenu jufqu'aujourd'hui.
A cette époque, on conftruifit à fon embouchure même la
tour Saint-Louis. Or, depuis lors, cette embouchure s'eft
avancée dans la mer jufqu'à environ 3000 toifes au-delà de
cette tour qui peut conftamment fervir de terme de comparaifon pour connoître les progrès des attériffemens fur cette
plage.

Degré de pente de
ces accroiffemens.

12. Les terres qui compofant la convexité des maffes primitives des montagnes, ont été dès l'origine fupérieures au
niveau des eaux de la mer, & celles que ces eaux ont laiffées
à fec en s'abaiffant, ont toutes un degré de déclivité bien
fenfible ; & ce degré eft plus ou moins confidérable fuivant
la hauteur des montagnes primitives & leur diftance aux côtes.
Mais il n'en eft pas de même des attériffemens dont nous
venons de parler (11). Ces attériffemens ont en général très-
peu de pente. Il arrive même fouvent que non - feulement
ils n'en ont point du tout, mais même qu'il y a contre-pente.
Dans ce dernier cas, il doit s'y former des marais, & c'eft
ce qui a particulièrement lieu dans les attériffemens produits
par la première caufe, ainfi que l'expérience ne le prouve

que

que trop fur les côtes occidentales de la France. Lorfqu'au contraire ces attériffemens ne font pas en nature de marais, & que par conféquent ils ont une certaine pente, cette pente eft relative aux alluvions des fleuves & des rivières qui en ont produit l'exhauffement par des dépôts de limon. Mais les eaux de ces fleuves ou rivières en ayant elles-mêmes très-peu en ces endroits, il eft vifible que par leurs dépôts elles ne peuvent en donner qu'à proportion de la leur, aux attériffe-mens dont nous parlons.

13. Nous verrons dans le courant de cet ouvrage de quelle manière les eaux des terres & des rivières ont dégradé les maffes primitives, ainfi que les montagnes partielles qui en font réfultées. Mais cette caufe n'eft ni la feule ni la princi-pale qui ait produit les grandes dégradations. Ces dégradations proviennent ordinairement des fondrières qui forment ces précipices affreux dont les flancs des montagnes font fi fou-vent déchirés; & ces fondrières réfultent communément du gel & du dégel, ainfi que des avalanches qui en font la fuite.

Dégradation des montagnes par les fondrières.

En effet, fuppofons qu'une montagne déjà affez ardue par l'action des eaux pluviales foit couverte d'une couche de neige d'une certaine épaiffeur, & qu'aux approches du prin-tems, la neige fuperficielle fonde par l'action du foleil, les eaux qui proviendront de cette fonte pénétrant jufqu'à la furface du terrein, détruiront l'adhéfion qui exiftoit entre la terre & la neige, & faifant les fonctions de rouleaux qu'on met fous les grands fardeaux pour les faire mouvoir, elles provoqueront la chûte de la neige fur le penchant de la montagne. Or, on fent que dans cette chûte la maffe de la neige s'accroît continuellement : qu'il en eft de même de la vîteffe & de la quantité de fon mouvement qu'on fait être le produit de la maffe par la vîteffe, & que par cette prodigieufe augmentation de force une partie des terres, & même des pierres & des rochers de la montagne doit en être détachée

B

pour être entraînée pêle-mêle avec les neiges de l'avalanche : ce qui est parfaitement conforme à l'expérience.

Cause des fon-
drières.

14. Il n'est pas même nécessaire dans bien des cas que les montagnes se couvrent de neige pour être ainsi dégradées. La simple action du gel & du dégel suffit. On fait que le gel & le dégel rendent les terres extrêmement friables, qu'ils attaquent même les pierres, les fendillent & les atténuent. Que, dans cet état de choses, il survienne une forte pluie, il est visible que les eaux entraîneront tout ce qui sera détaché de la masse & dégraderont la montagne par-tout où le gel & le dégel auront exercé leur action. Or le dégel depend, ainsi que les avalanches, de l'action plus ou moins forte du soleil, & cette action étant, toutes choses d'ailleurs égales, proportionnelle à sa durée, on sent bien qu'elle dépend, par là-même, de l'exposition & de la direction du penchant de la montagne qui la reçoit. Il nous reste donc à fixer cette exposition & cette direction.

Quelles sont les
limites des fondriè-
res.

Fig. 1re.

15. La fonte des neiges s'opérant sur les montagnes, parti-culièrement aux environs de l'équinoxe du printems, c'est sur-tout dans cette saison qu'arrivent les éboulemens & les ava-lanches. Or, à cette époque, l'atmosphère étant encore refroi-die par les frimats de l'hiver, cette fonte ne peut guères s'opérer efficacement que par l'action continue du soleil pendant huit ou neuf heures. Tirons donc dans le cercle E S O N (*fig.* 1re.) les deux diamètres O E & N S qui, se coupant à angles droits, sont supposés se diriger respectivement vers les quatre points cardinaux est, ouest, nord & sud, désignés sur la figure par leurs lettres initiales respectives. Le soleil sera censé se lever en E & se coucher en O. Soient C A & C B les directions ex-trêmes des faces des montagnes à l'est & à l'ouest qui pourront recevoir, sans interruption, l'action des rayons solaires, pen-dant huit heures ou environ, dans le courant de la journée. Comme il n'est question ici que d'une approximation, même fort grossière, il seroit ridicule d'employer l'échafaudage des

calculs de la trigonométrie fphérique pour déterminer la valeur des arcs horaires pris à l'horifon E S O N. Nous fuppofe-
rons donc fimplement que ces arcs font les mêmes que leurs
correfpondans fur l'équateur, c'eft-à-dire, chacun de 15 degrés.

Le foleil fe levant à fix heures, arrivera à dix heures au point F
& à deux heures du foir au point D. Les arcs E D & F O feront
donc chacun de huit heures. Par conféquent, pour que les faces
tournées du côté du foleil puiffent recevoir fes rayons pendant
cet efpace de tems, il faut que C D & C F foient refpectivement les prolongemens de C A & C B. Il ne s'agit donc plus que
d'évaluer, d'après cela, les angles N C A & N C B formés par
ces deux lignes & par la ligne N C dirigée nord & fud.

Les arcs ED & FO étant chacun de huit heures, vaudront
chacun 120 degrés. Donc, les arcs AE & BO qui font leurs
fupplémens, vaudront chacun 60 degrés; mais ces deux derniers ont pour complémens les arcs AN & BN refpectivement. Donc les angles N C A & N C B feront chacun de 30
degrés.

Donc fi l'on a une montagne dont la crête finueufe forme
une portion quelconque de polygone, *toutes les faces tournées
du côté du foleil & correfpondantes aux portions de la crête
qui feront avec la ligne nord & fud des angles au-delà de 30
degrés, feront fujettes aux dégradations que produifent les avalanches & les éboulemens; & elles ne feront qu'accidentellement
dans ce cas, lorfque cet angle fera au-deffous de 30 degrés.*

16. De-là nous concluerons que les penchans des montagnes poftérieurs & oppofés à ceux dont nous venons de
parler, ne feront que cafuellement fujets à ces dégradations.
Car pour cela, devant éprouver l'action du foleil pendant environ huit heures, il faudroit que cet aftre reftât au moins
feize heures fur l'horifon; & fi la montagne étoit dirigée
fuivant O E, il faudroit qu'il y reftât vingt-quatre heures;
ce qui n'eft pas poffible. Il eft vrai que dans ce cas le foleil

B 2

peut éclairer pendant affez long-tems les revers de ces montagnes. Mais comme ce n'eft qu'en les effleurant & d'une manière très-oblique , l'action de ces rayons y devient à-peu-près nulle.

Toutes les montagnes font en pente douce du côté du nord.

17. Nous pouvons donc dire en général , que les montagnes qui nous paroiffent les plus ardues , ont toujours au moins une de leurs faces qui eft en pente douce , & que cette face eft conftamment tournée du côté du nord & oppofée au foleil. C'eft ce que nous avons toujours remarqué dans la partie des Alpes comprife dans la ci - devant Provence. Ceux qui ont parcouru les montagnes de la Suiffe , des Pyrénées , &c. peuvent auffi avoir fait de femblables obfervations.

Les ouvrages publics doivent être conftruits fur les faces qui regardent le nord.

18. Suppofons à préfent qu'une rivière bordée de chaque côté par une chaîne de montagnes qui ne laiffent à-peu-près que l'efpace néceffaire au paffage des eaux , ait fa direction du nord-eft au fud-oueft , & qu'il faille de néceffité placer un ouvrage d'utilité publique , tel , par exemple , qu'un chemin , dans cette vallée , ainfi que la chofe arrive journellement dans les pays de montagnes. L'angle formé par cette direction & par la ligne nord & fud excédant 30 degrés , on peut être perfuadé (15) que la face de cette vallée qui regarde le foleil fera affez généralement dégradée ; tandis qu'il n'en fera pas de même de celle qui fera du côté du nord (16). Or dans ce cas , on voit évidemment que fi l'on place l'ouvrage à conftruire fur la première face , il fera expofé à être fréquemment ruiné , & qu'on ne courra pas les mêmes rifques en l'établiffant fur la face qui regarde le nord.

Utilité de ces obfervations pour la tactique.

19. Ces obfervations peuvent être auffi de la plus grande utilité dans la tactique. Qu'il s'agiffe , par exemple , d'aller attaquer l'ennemi retranché au haut d'une montagne qui n'offre que des précipices , on doit être affuré , par tout ce que nous avons dit à ce fujet , que la face du nord fera

acceſſible , & que c'eſt de ce côté qu'il faudroit diriger l'attaque.

20. Ces mêmes obſervations peuvent auſſi faciliter dans une infinité de cas la dreſſe des projets des ingénieurs, & diriger d'une manière aſſez ſûre le jugement des Adminiſtrations , car il ne faut avoir pour cela qu'une carte bien détaillée , qui préſente exactement les montagnes & les vallées des localités ; en comparant la direction de ces montagnes avec la ligne nord & ſud, on pourra , ſans ſe porter ſur les lieux, prévoir & préjuger les obſtacles & les facilités , du moins juſqu'à un certain point.

Et pour faire connoître les projets aux Adminiſtrations.

21. Nous avons dit (15 & 16) qu'il étoit poſſible que caſuellement & accidentellement les penchans à l'abri des dégradations ſolaires par leur direction , & leur poſition vers le nord n'en fuſſent pas quelquefois exempts. Suppoſons en effet d'une part, que par l'action d'une rivière qui en corrodera la baſe, & à la ſuite de défrichemens mal entendus , ces penchans ſoient parvenus à un certain degré de déclivité ; & de l'autre, qu'il y ait en divers endroits des filtrations de ſources, il eſt viſible que dans ce cas ces penchans ſeroient dans la claſſe de ceux dont nous avons parlé (13), avec cette différence que les éboulemens toujours occaſionnés par les eaux , ſeront de terre & non de neige , & qu'ils auront ſurtout lieu après les longues pluies. Mais ce cas eſt particulier, & ne peut être regardé comme une preuve contraire à ce que nous avons dit.

Exception à la règle ſur les limites des fondrières.

22. Quoique les fondrières ne ſe rapportent pas directement aux dégradations qui ont été produites ſur les maſſes de montagnes , par les torrens & les rivières ; cependant, comme cet objet tient à la déclivité des montagnes ; que cette déclivité eſt un des élémens de la théorie des torrens & des rivières ; que d'ailleurs, ce même objet a un très-grand rapport avec les travaux du reſſort du génie , & que perſonne,

que nous fachions, n'en a parlé jufqu'à préfent, nous avons cru, d'après ces motifs, devoir l'expofer dans cet ouvrage, comme pouvant être utile dans un grand nombre de cas, & fur-tout, lorfqu'il s'agit de la conftruction de ohemins dans les pays de montagnes.

Nous allons à préfent parler de l'origine des fources & des fontaines, dont les eaux réunies forment les fleuves & les rivières.

§. I I.

De l'origine des Sources & des Rivières.

L'air & la chaleur font les principaux agens des fources.

23. Ce fujet a déjà été traité fort au long & dans le plus grand détail, par un grand nombre d'auteurs, parmi lefquels on diftingue fur-tout Mariotte : ainfi, nous n'en dirons que deux mots en faveur de ceux de nos lecteurs qui n'auront pas encore des connoiffances exactes à cet égard.

L'air & la chaleur étant les deux agens principaux qui coopèrent à la formation des fources, il eft effentiel d'établir, avant tout, quelques principes qui s'y rapportent, & qui fervent de bafe à cet objet.

L'air eft effentiel-lement néceffaire à la vie.

24. *L'air eft effentiellement néceffaire à la vie.* Les expériences multipliées qu'on a faites, par le moyen de la machine pneumatique, ne laiffent aucun doute à cet égard. Qu'on mette un oifeau, ou tout autre animal, fous le récipient, & qu'on faffe enfuite le vuide, on verra bientôt cet animal expirer.

L'air enveloppe tout le globe.

25. *L'air eft répandu tout autour du globe terreftre.* Car les voyageurs font montés au fommet des plus hautes montagnes ; donc (24) il y avoit de l'air. D'ailleurs, la même chofe eft prouvée par les voyageurs aériens, qui, de nos jours, fe font élevés à de très-grandes hauteurs, par le moyen des aéroftats.

L'air, ainfi répandu autour de la terre, forme ce que nous appellons l'*atmofphère.*

26. *L'air est un fluide compressible & élastique.* Les ballons à jouer en sont une preuve à la portée de tout le monde. On sait que ces sortes de ballons sont remplis d'air comprimé, & l'on voit qu'en tombant à terre, ils se relèvent à plusieurs reprises.

L'air est compressible & élastique.

27. *Le poids d'une colonne d'air de l'atmosphère est égal à celui d'une colonne d'eau de même base & de 32 pieds de hauteur.* La preuve en est, que dans les pompes aspirantes, l'eau qui monte par la seule pression de l'air, ne s'élève que jusqu'à cette hauteur.

Poids d'une colonne d'air.

28. D'où il suit que *l'air est un fluide pesant.* Car (27) si la colonne entière a un poids, les parties intégrantes doivent aussi en avoir un, puisque le poids du tout se compose de celui des parties.

Donc l'air est un fluide pesant.

29. L'expérience prouve que le poids de l'air, pris à la surface de la terre, n'est qu'environ que la huit centième partie de celui de l'eau : d'où on conclut que le pied cube d'eau pesant soixante-dix livres, *le pied cube d'air pèse à-peu-près 1,4 onces.*

Poids d'un pied cube d'air à la surface de la terre.

30. *La densité de l'air décroît en s'élevant au-dessus de la surface de la terre.* Soient ABCD (*fig. 2.*) la surface de la terre, & A'B'C'D' la surface présumée de l'atmosphère. Partageons l'air de l'atmosphère en une infinité de couches concentriques à la terre, & désignées par les nombres naturels 1 2 3 4, &c. chaque couche sera chargée du poids de toutes les couches supérieures. Donc la couche 1 sera plus chargée que la couche 2 ; celle-ci plus que la couche 3, & ainsi de suite. Mais (26) l'air est compressible. Donc, plus il sera chargé, plus il sera comprimé, & plus il aura de densité : donc les couches inférieures seront plus denses que les couches supérieures, & par conséquent la densité de l'air doit continuellement décroître en s'élevant au-dessus de la surface de la terre.

La densité de l'air décroît en s'élevant au-dessus de la surface du globe.

Fig. 2e.

L'expérience vient à l'appui de cette démonstration. Ceux qui sont montés au sommet des plus hautes montagnes, ou qui

fe font élevés à une très-grande hauteur par le moyen des
aéroftats, fe font apperçus que leur refpiration y étoit gênée;
ce qui ne pouvoit avoir lieu que par un excès de rareté dans
l'air.

Conféquence qui
en réfulte pour l'af-
cenfion des corps lé-
gers,

31. Donc, *fi un corps eft fpécifiquement plus léger que la cou-*
che d'air dans laquelle il fe trouve, il s'élevera jufqu'à ce qu'il foit
parvenu à la couche de même denfité. La chofe eft démontrée par
les principes d'hydroftatique. En effet, un corps plongé dans un
fluide, perd autant de fon poids que pèfe le volume de fluide
déplacé. Donc, fi le corps pèfe moins qu'un pareil volume de
fluide, il fera pouffé de bas en haut par le fluide, avec une force
égale à la différence des poids : donc le corps ne s'arrêtera que
lorfque cette différence fera nulle; c'eft-à-dire, lorfqu'il fera
parvenu à une couche de même pefanteur fpécifique.

La chofe eft d'ailleurs prouvée par l'afcenfion des ballons
aéroftatiques qui s'élèvent par l'action du feu. Ces ballons mon-
tent jufqu'à la hauteur des couches d'air, dont la denfité eft
telle que le volume déplacé pèfe autant que le fyftême; mais ils
defcendent à mefure que la chaleur diminuant, l'air entre dans
la machine, & le fyftême devient plus pefant,

La chaleur con-
vertit l'eau en va-
peurs.

32. *L'action du feu ou la chaleur convertit l'eau en vapeur,*
On fait, en effet, par expérience, que la chaleur dilate tous les
corps; elle doit donc produire, & elle produit réellement le
même effet fur l'eau,

C'eft auffi ce qui eft amplement prouvé par toutes les opérations chimiques. Mais comme ces opérations ne font pas connues
de tout le monde, & que nous voulons nous mettre à la portée
de tous nos lecteurs, nous allons citer un exemple qui n'eft
ignoré de perfonne.

Qu'on mette fur le feu un vafe avec de l'eau, & qu'on couvre
ce vafe d'un couvercle, auffi-tôt que la chaleur commence à fe
faire fentir à l'eau, on s'appercevra que le deffous du couvercle
devient

devient humide : or, cette humidité ne peut provenir que de l'eau contenue dans le vase, & qui s'élève en vapeur.

33. *Si l'eau contenue dans le vase est mêlée avec des parties hétérogènes, ces dernières resteront dans le vase, & l'eau seule s'évaporera.* C'est ce qu'on voit évidemment, dans le cas où le vase dont nous venons de parler seroit une casserolle contenant un ragoût quelconque : l'eau seule s'attache à son couvercle.

L'eau s'évapore sans mélange de parties hétérogènes.

34. *L'action du soleil produit sur l'eau le même effet que celle du feu.* Car les rayons solaires sont toujours accompagnés d'une certaine chaleur. Cette chaleur doit donc opérer le même effet que celle du feu, dont nous venons de parler (32 & 33).

L'action du soleil convertit l'eau en vapeurs.

On peut d'ailleurs s'en convaincre par l'expérience. Qu'on expose au soleil un vase avec de l'eau , on s'appercevra que le volume de cette eau diminuera d'autant plus que la chaleur du soleil sera plus grande.

35. *L'eau convertie en vapeurs, peut occuper un volume* 14000 *fois plus grand que dans son état naturel.* La chose est démontrée par des expériences qu'on trouve dans tous les ouvrages de physique. Nous observerons seulement ici que le volume de l'eau convertie en vapeur est d'autant plus grand , que la chaleur est plus forte ; ce qui est naturel , les effets étant toujours proportionnels aux causes qui les produisent.

Volume de l'eau convertie en vapeurs.

36. Nous avons dit ci-dessus (19) que la pesanteur spécifique de l'eau prise dans son état naturel est à celle de l'air prise à la surface de la terre :: 1 : 800 ou à-peu-près donc :

L'eau convertie en vapeur s'élève dans l'athmosphère.

1°. Si l'eau convertie en vapeur prend un volume de 800 fois plus grand que celui qu'elle a dans son état naturel , elle sera, dans ce nouvel état, de même densité que l'air ambiant avec lequel elle se mêlera alors nécessairement : car telle est la propriété de deux fluides de même densité.

2°. Si cette eau prend par l'évaporation un volume plus considérable , elle doit s'élever à travers les couches d'air qui seront plus denses de la même manière , que l'huile , par

C

exemple , s'élève à travers l'eau ; & elle montera jusqu'à la hauteur de la couche qui sera de même densité (30 & 31).

La moindre cha-leur suffit pour l'é-vaporation de l'eau.

37. *L'eau n'a besoin que d'un très-petit degré de chaleur pour prendre le volume relatif à l'évaporation.* C'est encore une obser-vation que tout le monde peut faire. On verra que dans le vase mentionné ci-dessus (32) l'humidité se manifeste au-dessous du couvercle avant que l'eau soit parvenue à l'état de tiédeur.

L'action du vent produit aussi l'évapo-ration de l'eau.

38. *L'action du vent produit aussi l'évaporation de l'eau.* Pour le démontrer , supposons une superficie déterminée couverte d'eau. Le vent n'étant autre chose que l'agitation de l'at-mosphère , renouvellera continuellement la colonne d'air qui répond à cette superficie , & en même tems il atténuera & divisera les parties d'eau les plus exposées à son action. Ces particules ainsi atténuées deviendront plus légères que la couche d'air contigu , & s'élèveront dans l'atmosphère.

Si l'on veut s'en assurer par l'expérience , qu'on expose au vent un vase découvert & plein d'eau ; on ne tardera pas de s'appercevoir de l'évaporation , par l'abaissement de la superficie de cette eau.

D'autre part, qu'on jette les yeux sur l'horizon ; on le verra bien plus chargé de vapeurs par un tems couvert, que par un tems calme.

L'évaporation des eaux sur la surface du globe forme les nuages & les pluies.

39. Ces principes préliminaires posés , il nous sera aisé d'expliquer l'origine des eaux qui alimentent nos sources & nos rivières.

Les eaux couvrent la plus grande partie de la surface de notre globe , soit par la mer, soit par les lacs , les étangs, & les marais ; soit enfin par les fleuves & les rivières. Les parties superficielles de ces eaux étant immédiatement exposées à l'action des rayons solaires & des vents , sont converties en vapeurs , (34 , 37 & 38) & elles s'élèvent à une certaine hauteur dans l'atmosphère (36 2°.) sans aucun mélange de parties salines

ni étrangères quelconques (33). C'est-là que suivant la nature & la direction des vents qui règnent dans cette région
de l'air, ces vapeurs se condensent, forment des nuages,
& devenant plus pesantes que l'air, tombent sur la surface
de la terre, tantôt sous la forme de pluie douce, tantôt par
averse, et sous la forme d'orage, selon les circonstances
& l'état de l'atmosphère. Telle est l'origine des eaux pluviales. Or, ce sont ces eaux qui alimentent nos sources &
nos rivières, ainsi que nous allons voir.

40. Il tombe moyennement & annuellement en France
une couche d'eau pluviale de 20 pouces ou environ d'épaisseur. Sur le reste de la surface du globe, il y a quelque pays
où il en tombe moins. Mais en compensation, il y en a
plusieurs où il en tombe une beaucoup plus grande quantité. Il
y en a même quelques-uns où il en tombe près de 100 pouces.
Ces variations, dans la quantité d'eau pluviale, dépendent de
la direction des vents qui poussent les nuages, de la position, ainsi que de la hauteur des chaînes de montagnes qui
les arrêtent, &c. Nous ne pouvons pas dire que la quantité
moyenne d'eau pluviale qui tombe annuellement en France
soit la quantité moyenne qui tombe sur le globe : car la
plupart des autres pays, tant du nord que du midi, ayant
des pluies beaucoup plus abondantes que nous, tout nous
indique au contraire que cette quantité moyenne doit être
au-dessus de 20 pouces pour toute la surface de la terre.
Mais comme les observations météorologiques nous manquent
à cet égard, nous ne pouvons pas assigner cette quantité
d'une manière aussi précise que pour la France. Il s'agit de
savoir à présent si l'évaporation seule peut suffire à une aussi
grande quantité d'eau.

Quelle est la quantité d'eau pluviale qui tombe dans une an- née.

41. Dans la partie méridionale de la France, l'évaporation annuelle sur la surface des lacs, & des étangs, est ordinairement de 36 pouces, lorsqu'il règne beaucoup de vents,

Quelle est l'évapo- ration annuelle.

ou des grandes chaleurs, elle va jufqu'à 40 pouces, & en
général c'eft-là fon *maximum*. Quelquefois auffi elle eft moindre que 36 pouces ; & cela par la raifon contraire. Mais 36
*pouces doivent être regardés comme le terme moyen de l'évapo-
ration annuelle dans tout le midi de la France.*

42. On fent facilement que cette évaporation doit être plus
grande dans les pays plus voifins de l'équateur, & qu'elle doit
être moindre dans ceux plus voifins des pôles ; les premiers
étant plus chauds & les feconds plus froids. Cependant comme
la partie méridionale de la France eft fous la latitude moyenne
de 45 degrés, nous pouvons regarder l'évaporation moyenne
qui y a lieu, comme l'évaporation moyenne fur toute la furface du globe. Ainfi *l'évaporation moyenne & annuelle qui a lieu
fur les mers, les lacs, les étangs, les marais, les fleuves & les rivières, fur toute la furface du globe, doit être préfumée d'environ
36 pouces.*

L'évaporation an-
nuelle fuffit ample-
ment pour fournir
aux pluies.

43. D'où il eft aifé de conclure (40) que *l'évaporation qui a
lieu fur les eaux dimiffénées fur la fuperficie du globe, fuffit amplement pour fournir aux pluies.*

Voyons à préfent quel eft le mécanifme dont la providence fe
fert pour alimenter les fources & les rivières par le moyen des
pluies.

Divifion des eaux
pluviales en diverfes
claffes.

44. Parmi les eaux pluviales, les unes s'écoulent fuperficiellement à mefure qu'elles tombent, & elles fe rendent directement & immédiatement aux torrens & aux rivières dont elles
forment les crues. C'eft ce qui arrive fur-tout par les orages &
les *averfes* ; parce que, dans ce cas, les eaux n'ont pas le tems
de filtrer à travers les terres. Les autres, au contraire, & ce font
celles qui réfultent des pluies douces ou de la fonte infenfible
des neiges ; les autres, difons-nous, pénètrent infenfiblement
& s'infinuent dans la terre. Ces dernières doivent être divifées
en trois claffes.

Les eaux de la première claffe font celles qui, humectant

les terres fuperficielles, font enlevées de nouveau par l'évaporation produite par l'action, foit du vent, foit du foleil; on le
voit évidemment dans les campagnes. Peu après une pluie, la
couche de terre de la fuperficie eft tout-à-fait sèche, tandis
que les couches inférieures confervent leur humidité.

Les eaux de la feconde claffe font celles qui font employées
à la végétation de toutes les plantes.

Enfin, les eaux de la troifième claffe font celles qui après
avoir plus ou moins filtré dans l'intérieur de la terre, re-
viennent à la furface & forment les fources & les fontaines.
Nous allons voir de quelle manière elles rempliffent cet
objet.

45. Les fondrières des montagnes, en nous préfentant des
flancs tout-à-fait dégradés & prefque taillés à pic, nous dé-
couvrent une infinité de couches de différentes matières,
telles que de pierre, d'argile, &c. Ces couches font ordinairement parallèles entr'elles : rarement elles font horizontales
ou de niveau, & prefque toujours elles font plus ou moins
inclinées. Or, ce n'eft pas-là feulement la contexture des
montagnes. Les pays en plaine nous offrent la même confor-
mation intérieure, ainfi qu'on s'en eft convaincu par les profondes excavations qui ont été faites en divers endroits.

D'autre part, en parcourant les montagnes dont la fuperficie
a fubi des dégradations tant foit peu confidérables, nous rencontrons à chaque pas des cavernes plus ou moins grandes;
fur le nombre, on en voit plufieurs d'une capacité immenfe,
& dont on n'a jamais pu trouver la fin. Dans prefque toutes
on remarque des filtrations d'eau qui s'amaffent au fond, & y
forment des réfervoirs; d'où l'on peut conclure qu'il y en a
une infinité d'occultes, & qui néanmoins ont les mêmes
propriétés que celles qui font acceffibles.

Cela pofé, fi les eaux pluviales de la troifième claffe (44),

Comment les eaux
pluviales forment les
fources.

après avoir plus ou moins filtré, rencontrent une couche im-
perméable, telle, par exemple, qu'une couche d'argile, de
pierres fans gerçures, &c.; elles fuivront cette couche dans
le fens de fa pente, jufqu'à ce qu'elles arrivent à la furface
du terrein où elles paroîtront en plus ou moins grande quantité, fuivant l'étendue de la fuperficie dont les eaux, ainfi
filtrées, auront été interceptées par cette même couche. Ces
exemples font très-fréquens dans les montagnes à fondrières
où l'on peut s'affurer du fait à chaque pas.

Si cette couche, qui intercepte les eaux filtrées aboutit à
une caverne, les eaux s'y amafferont au fond, & parvenues
à un certain point d'élévation, elles fe feront jour par la charge
ou preffion, & s'évacueront en fuivant quelque autre couche
d'argile ou de rocher. C'eft de-là que nous viennent les fources
tant foit peu abondantes.

Preuve qui conf-
tate que les fources
proviennent des eaux
pluviales.

46. L'obfervation fuivante prouve d'une manière bien fenfible, que c'eft aux eaux pluviales de la troifième claffe (44)
que nous devons les fources dont nous venons de parler. Ces
fources augmentent toujours après les pluies longues & douces,
& leur augmentation eft d'autant plus grande, que ces pluies
durent plus long-tems; au contraire, elles diminuent par un
tems de féchereffe; quelquefois même elles tariffent, lorfque
la féchereffe eft fort longue. Donc, puifque les variations des
fources font conftamment proportionnelles à celles des pluies,
il eft vifible, par ce rapport, que les fources proviennent des
eaux pluviales, ainfi que nous l'avons dit (45).

47. Nous avons dit (45), que les cavernes nous donnoient
les fources tant foit peu confidérables; en effet, on fent au
premier abord, qu'une caverne doit couper un grand nombre
de couches, & fur une étendue proportionnelle à fa capacité.
Elle recevra donc une quantité d'eau d'autant plus grande à
proportion. Il peut même arriver qu'elle intercepte les écoule-

mens d'autres cavernes ; ce qui augmentera d'autant plus le volume de ses eaux.

48. Comme une rivière reçoit dans son lit un plus ou moins grand nombre de torrens & de rivières, suivant la longueur de son cours, & que son volume d'eau se groffit à proportion par les eaux de tous ces affluens ; de même auffi, un écoulement souterrain peut en recevoir plufieurs autres sur sa route intérieure, & former ainsi, suivant les circonstances, une source plus ou moins volumineuse. C'est ainsi, sans doute, que se forme entr'autres la fameuse fontaine de Vauclufe, en ramaffant sur sa route une partie des eaux de la chaîne de montagnes du *Léberon*.

Comment se forment les grandes sources telles que celle de Vauclufe.

49. Il peut arriver que la couche conductrice aboutiffe au-deffous du niveau des eaux de la mer. Dans ce cas, l'évacuation se fait immédiatement dans le sein même de la mer, & alors elle est invifible.

Les sources des pays de plaine se perdent fouvent au-deffous du niveau des eaux de la mer.

C'est ce qui doit arriver, fur-tout, aux eaux pluviales des pays en plaine. Dans ces pays, les eaux pluviales de la troifième claffe (44), font beaucoup plus abondantes que dans les pays de montagnes, dont la déclivité s'oppose à la filtration. Il devroit donc y avoir plus de sources dans les pays de plaine que dans ceux de montagnes, & cependant c'est le contraire ; par conséquent, ces eaux ne peuvent s'évacuer en grande partie qu'au-deffous du niveau de la mer.

50. Mariotte avoit comparé la dépense d'eau de la Seine, prife à Paris, avec la quantité d'eau pluviale qui tombe fur les pays qui fourniffent tant à cette rivière qu'à ses affluens. Des auteurs italiens ont fait la même comparaifon entre la dépense du Pò, en Lombardie, & les eaux pluviales des pays qui alimentent ce fleuve & les rivières qu'il reçoit. Les uns & les autres se font convaincus par les résultats de leur comparaifon que l'origine des fontaines & des rivières n'est due qu'aux eaux pluviales, ainfi que nous l'avons démontré.

Conclusion de la
discussion sur l'ori-
gine des sources.

51. Nous pourrions entrer ici dans un grand nombre de
détails aussi curieux qu'intéressans : car on sent que le champ
est fort vaste. Mais nous ne nous sommes proposés que de
faire connoître l'origine & la cause des sources & des rivières.
Nous croyons avoir rempli cette tâche, par ce que nous venons de dire à cet égard, ainsi nous ne pousserons pas plus
loin ce sujet.

Nous concluerons seulement, en terminant ce paragraphe,
que, d'après tout ce que nous avons dit sur cet objet :

1°. Les eaux des sources se rendant aux torrens & aux
rivières, comme aux endroits les plus bas, alimentent ces
torrens & ces rivières dans leur état habituel.

2°. Les eaux des sources devenant plus ou moins abondantes
suivant les pluies ou la sécheresse (46), les torrens & les rivières participent à cette augmentation ou à cette diminution.

3°. Les eaux pluviales qui s'écoulent sur la surface de la terre
sans aucune espèce de filtration, sont celles qui occasionnent
les crues des torrens & des rivières, ainsi qu'il a été dit (44).
C'est dans ce dernier état que ces courans sont pernicieux, &
qu'ils méritent de fixer notre attention pour en prévenir les
ravages.

§. I I I.

Observations générales sur les Torrens & les Rivières.

52. Nous avons dit (8) que l'expérience journalière prou-
voit que les eaux pluviales étoient la principale cause de la division des masses totales primitives (9) en une infinité de
montagnes partielles ; nous exposerons, dans les sections suivantes, les loix d'après lesquelles cette cause a agi. Mais, en
attendant, il convient d'entrer ici dans quelques détails préliminaires à ce sujet.

53. Si l'on jette les yeux fur un pays montueux, on verra 1°. que les montagnes n'ont pas de penchans unis & continus, & , qu'outre les fondrières & les précipices dont nous avons parlé (13), ces penchans font fillonnés en général d'une infinité de bas-fonds & de ravins où les eaux pluviales fe rendent comme aux endroits les plus bas, & par où elles s'écoulent ; 2°. que tous ces ravins fe réuniffent enfuite fucceffivement dans des vallons qui fe forment au bas des montagnes & qui féparent ces mêmes montagnes les unes d'avec les autres ; 3°. Enfin que ces vallons fe réuniffent, de la même manière, dans des vallées encore plus baffes & qui féparent non feulement les montagnes, mais encore les chaînes des montagnes & leurs ramifications.

Les maffes de montagnes font fillonnées de vallées de divers ordres.

54. Tous ces déchiremens des maffes primitives ont été produits par les eaux pluviales, ainfi qu'on va voir.

Ces vallées ont été formées par les eaux pluviales.

Suppofons qu'un orage foit tombé fur une des maffes primitives : les eaux de cet orage étant trop abondantes pour être abforbées par la terre à mefure qu'elles tomboient, une partie aura commencé à s'écouler fur le penchant, comme fur un plan incliné le long duquel fa vîteffe fe fera continuellement accélérée. D'autre part, fon volume, en defcendant, fe fera auffi continuellement accrû. La force augmentant donc, à chaque inftant, par l'augmentation du volume & de la vîteffe, cette partie des eaux non abforbées aura agi fur le penchant, & aura commencé à le fillonner de ravins dont la pofition & la direction auront été relatives aux circonftances & aux localités.

Le cours des eaux fuperficielles augmentant, ces ravins partiels fe feront réunis fucceffivement, & le volume d'eau qu'ils auront fourni s'augmentant ainfi continuellement, aura creufé un ravin commun du fecond ordre, beaucoup plus confidérable que les ravins partiels & primitifs ou du premier ordre.

Les ravins du fecond ordre venant pareillement à fe réunir entr'eux, auront formé des ravins d'un ordre fupérieur dont le

D

volume d'eau & les dimensions auront été d'autant plus considérables, qu'ils s'éloignoient davantage du point culminant de la masse primitive.

Que dans la suite il soit survenu d'autres orages, le lit de tous ces ravins se sera toujours plus agrandi & plus approfondi, jusqu'à ce qu'il ait pu prendre un degré de pente relatif au volume d'eau, à l'éloignement de la mer & à la hauteur de la masse sillonnée.

On sent, au premier abord, que ces ravins de tous les ordres devenant toujours plus profonds, & les terres des masses primitives étant continuellement emportées par ces eaux d'orage, ces mêmes masses auront dû se partager en une infinité de montagnes partielles, telles que celles qui forment le grouppe des Alpes, des Pyrénées, des Cordillières, &c.

On sent aussi facilement que tous ces ravins de différens ordres ont dû produire pareillement des vallées plus ou moins grandes & plus ou moins étendues proportionnellement au volume des eaux qu'ils recevoient; vallées qu'on doit aussi, par la même raison, distinguer par ordres.

On sent enfin que toutes ces vallées devant être nécessairement séparées entr'elles par des chaînes de montagnes, il en est résulté que les grouppes se sont partagés en une infinité de ramifications plus ou moins étendues, suivant les lieux & les circonstances.

La raison nous dit assez que telle a été, sans contredit, l'origine de toutes les vallées qui sillonnent les continens & les isles.

Plus un pays est montueux, plus on y trouve des sources.

55. Nous avons remarqué (45) que les montagnes étoient composées de couches de diverses matières; d'où l'on doit conclure que telle étoit aussi la contexture intérieure des masses primitives supérieures au niveau de la mer. Ces couches des masses primitives ont donc été coupées & interrompues par la formation des vallées. Et puisque, d'après ce nous avons dit au

même n. 45, ces mêmes couches font les conducteurs des eaux de fource; il s'enfuit que ces eaux font aujourd'hui interceptées en très-grande partie par les vallées où elles doivent néceffairement fe rendre comme aux endroits les plus bas, ainfi qu'il a déja été dit (51 1°.); & c'eft la raifon pour laquelle plus un pays eft montueux, plus on trouve de fources.

56. Les eaux de ces fources tombent d'abord dans les ravins & les fondrières, dont les torrens & les avalanches ont fillonné nos montagnes. C'eft par cette voie qu'elles fe rendent enfuite aux vallées des ordres fupérieurs, pour former & alimenter les fleuves & les rivières dans leur état ordinaire.

La réunion des eaux des fources forme les fleuves & les rivières.

57. Nous avons obfervé (46), que le volume des fources varioit fuivant les tems; qu'il augmentoit par une pluie longue & douce, & qu'il diminuoit par la fécherelfe. D'où il fuit que les rivières doivent éprouver les mêmes viciffitudes dans les mêmes circonftances; c'eft-à-dire, qu'abftraction faite des eaux pluviales qui s'écoulent fur la fuperficie de la terre, fans filtrer dans l'intérieur, leur volume augmentera par une pluie longue & douce, & qu'il diminuera par la fécherelfe; ce qui eft conforme à l'expérience journalière.

Le volume d'eau des rivières augmente par les pluies, & diminue par la fécherelfe.

58. Les eaux de fource provenant des eaux pluviales, & étant, en général, affez uniformément interceptées par les vallées, on peut dire qu'affez ordinairement le volume réuni de ces eaux, doit être à-peu-près en proportion avec la fuperficie qui les fournit, toutes chofes d'ailleurs fuppofées égales. Donc, puifque (56) ce font ces eaux qui forment les rivières dans leur état ordinaire, l'on peut dire que le *volume des eaux de deux rivières qui prennent leurs fources dans des pays de montagnes, eft à-peu-près proportionnel à la fuperficie du terrein qui les alimente.*

Rapport des volumes d'eau de deux rivières.

La même comparaifon aura pareillement lieu entre les volumes ordinaires d'eau de deux rivières en pays de plaine, puifqu'elles font auffi formées par les eaux de fources. Mais on

ne pourroit pas établir une pareille comparaison entre deux rivières, dont l'une seroit en pays de plaine, & l'autre en pays de
montagnes; car nous avons vu (55) que plus un pays est montueux, plus il y a de sources.

Utilité de ce rap-
port dans le génie
civil & militaire.

59. Ce que nous venons de dire (58), peut être très-utile
pour l'organisation de plusieurs projets, sur-tout relativement
à la navigation & à la flottaison des rivières, ainsi qu'à la dérivation des canaux d'arrosage, où l'on a essentiellement besoin de
connoître, du moins à-peu-près, le volume d'eau ordinaire des
rivières sur lesquelles on a à opérer. En effet, si l'on connoissoit
le volume d'eau ordinaire d'une rivière, & la superficie du terrein qui le fournit, il est visible que par le moyen d'une carte
bien exacte, on pourroit, avant de se porter sur les lieux, déterminer, à quelque chose près, par comparaison, celui de la
rivière dont il s'agit.

La même chose peut aussi être très-avantageuse dans beaucoup de circonstances, pour les opérations militaires en pays
ennemi; car, pour tenter, par exemple, le passage d'une rivière, il importe beaucoup de connoître, entr'autres choses, la
masse ordinaire de ses eaux.

Dans l'un & l'autre cas, la chose mérite d'être prise en considération avec d'autant plus de raison, que les Administrations
pourroient, en quelque façon, juger, soit des projets, soit des
opérations qui s'y rapportent, sans se transporter sur les lieux;
& que, pour cela, une carte bien exacte & amplement détaillée
leur suffiroit.

60. Du n. 58 il suit que le volume ordinaire des eaux d'une
rivière, augmente ou diminue d'autant plus qu'on s'éloigne ou
qu'on s'approche davantage de son origine,

Car 1°. plus on s'éloigne de son origine, plus l'étendue du
terrein dont les sources l'alimentent devient considérable, &
par conséquent toutes choses d'ailleurs égales, plus il y aura
de sources qui se rendront dans son lit.

2°. Au contraire, plus on remontera vers son origine, plus cette étendue de terrein diminuera : il en sera de même du nombre des sources qui l'alimentent.

61. Les rivières, prises dans leur état ordinaire, ont toujours leurs eaux claires & limpides, puisque les eaux de sources sont constamment telles ; si les eaux se troublent, on doit conclure qu'elles ne sont pas toutes des eaux des sources nourricières, & qu'il y en a d'étrangères qui s'y sont mêlées & y ont transporté des matières hérérogènes & terrestres ; à moins que quelque cause particulière, telle, par exemple, que le vent, n'y eût porté du sable & du limon, des bords ou des environs, ce qui pourroit produire le même effet, sans aucun mélange d'eaux étrangères. Par conséquent, ce cas excepté, on peut conclure que *toutes les fois que les eaux d'une rivière sont troubles, elles ne sont plus dans leur état ordinaire, & que leur volume est augmenté.*

Les troubles des rivières indiquent une augmentation dans le volume de leurs eaux.

62. Les troubles, dans les rivières, proviennent ordinairement de l'adjonction des eaux pluviales qui, par un orage ou une averse, s'écoulent superficiellement, sans filtrer dans la terre. Ces eaux, dans leur cours, sur le penchant des terreins en pente, se chargent de matières terrestres, qu'elles tiennent en dissolution & qu'elles transportent, par la voie des torrens, dans les rivières, dont elles troublent alors la limpidité. Ce sont ces eaux qui, comme nous l'avons déjà dit (44 & 51. 3°.), occasionnent les crues ; ainsi, *les crues ne sont autre chose que l'augmentation du volume des eaux d'un torrent ou d'une rivière, produite par les eaux pluviales qui s'écoulent superficiellement & sans filtration.*

D'où proviennent les troubles des rivières.

63. *Si une pluie est générale, la crue d'eau sera d'autant plus forte, & la durée d'autant plus longue, que le pays d'où les eaux viennent sera plus étendu, toutes choses d'ailleurs égales.*

Loi des crues des rivières par une pluie générale.

1°. Les eaux pluviales qui forment la crue, partent de tous les points de la surface qui fournit. Donc en regardant chacun de ces points, comme une source extrêmement petite, dont les eaux fe rendent au torrent ou à la rivière, il y aura d'autant plus de fources nourricières, que la furface qui fournit fera plus étendue. Donc (58) plus cette furface fera étendue, plus elle fournira; & par conféquent plus la crue fera forte.

2°. La crue n'étant autre chofe que l'écoulement des eaux qui la forment, fa durée fe mefurera par celle de cet écoulement. Elle ne finira donc qu'à l'arrivée des eaux pluviales qui font tombées vers la fource du torrent ou de la rivière, & aux points les plus éloignés de celui qu'on prend, fur la longueur du cours, pour terme de comparaifon : car il eft vifible que la pluie finie, ces eaux arriveront les dernières. Or, elles arriveront d'autant plus tard, qu'elles viendront de plus loin, ou que le pays dont il s'agit fera plus étendu.

Au furplus, nous avons fuppofé que tout, d'ailleurs, étoit égal, c'eft-à-dire que le pays étoit uniformément montueux, les montagnes uniformément ardues, uniformément couvertes de bois, &c.; car on fent bien que toutes ces variétés doivent influer fur les crues; mais comme la chofe n'a jamais exactement lieu, & que les localités font variées à l'infini, il s'en fuit qu'on ne doit regarder cette démonftration que comne approximative, & non comme rigoureufe ni géométrique. Cependant, elle fuffit pour notre objet; car, dans cette partie, on ne peut atteindre qu'à des à-peu-près, ainfi qu'on doit le fentir.

Conditions pour le maximum des crues. 64. *La crue d'eau, par une pluie générale, fera la plus forte, dont le torrent foit fufceptible, lorfque les eaux des points les plus éloignés arriveront au point de comparaifon pris fur le cours du torrent ou de la rivière, avant la fin de l'écoulement des eaux des points les plus proches.*

La chofe eft évidente, puifque, dans ce cas, les eaux de tous les points de la fuperficie qui fournit, pafferont en mêmetems au terme de comparaifon.

65. Il fuit de-là, que *fi les eaux les plus éloignées n'arrivent*

qu'après l'entier écoulement des plus proches, la crue ne parviendra pas au *MAXIMUM*. La chose arrivera lorsque la pluie ne durera pas assez long-tems pour donner aux eaux, les plus éloignées, le tems d'arriver avant la fin de l'écoulement des eaux les plus proches.

66. Par conséquent, *pour la crue la plus forte possible, la pluie doit être d'autant plus longue, que le pays arrosé par la rivière sera plus étendu.*

67. *La fonte de la neige, par un vent chaud, équivaut à une pluie générale.* La chose est évidente. On peut même ajouter qu'une pareille fonte étant uniforme, doit donner plus d'exactitude & de précision à la démonstration de la proposition du n. 63.

68. *Toutes choses d'ailleurs égales, les crues sont d'autant plus fortes que les pays sont plus montueux :* car, la déclivité facilite l'écoulement superficiel des eaux pluviales, & est un obstacle à la filtration à travers la terre. Donc, plus le pays est montueux, plus le volume d'eau qui s'écoulera superficiellement sera considérable. Donc aussi, plus la crue sera forte.

Les crues seront plus fortes dans les pays de montagnes.

69. Il suit de cette proposition, *que dans les pays de plaines, les crues des rivières seront moins fortes que dans les pays de montagnes, toutes choses d'ailleurs égales;* car par les raisons inverses du nombre précédent, le terrein ayant peu de déclivité, l'écoulement superficiel des eaux pluviales y sera moindre que dans les pays de montagnes.

Elles seront moins fortes dans les pays de plaines.

70. *Toutes choses d'ailleurs égales, dans les pays montueux, les crues seront d'autant plus grandes que les montagnes seront moins boisées & plus décharnées.*

Elles seront d'autant plus fortes, que les montagnes seront moins boisées & plus décharnées.

1°. Les arbres & les arbustes interceptent par leurs branches & leurs feuilles, les gouttes d'eau qui tombant ensuite par intervalles, ont le tems de filtrer à travers la terre; par conséquent, cela ne pouvant pas avoir lieu quand les montagnes ne font pas boifées, il eft vifible qu'une grande partie de ces eaux doit alors s'écouler fuperficiellement, & groffir d'autant les crues.

2°. Plus une montagne eft nue & décharnée, moins il y a d'eaux qui filtrent pendant les pluies. Donc les eaux qui s'écoulent fuperficiellement étant plus abondantes, les crues deviennent plus fortes.

Dans ce cas les crues feront plus courtes. 71. Il fuit de-là, que *dans ce cas, les crues doivent être plus courtes ;* car les eaux éprouvant moins de difficultés par la nudité des montagnes, s'écouleront dans moins de tems.

Dans quel cas la crue n'eft que partielle. 72. Si la pluie n'eft pas générale & qu'elle ne tombe que fur une partie quelconque de la fuperficie qui alimente le torrent ou la rivière, la crue qui en réfultera ne fera que partielle. Telle eft, par exemple, la pluie d'orage : car il eft inouï qu'un orage dévafte au-delà d'une certaine étendue.

Conditions pour le *maximum* **d'une crue partielle.** 73. *La crue réfultante d'une pluie partielle fera parvenue à fon MAXIMUM, lorfque l'écoulement des eaux les plus éloignées arrivera au terme de comparaifon avant la fin de l'écoulement des eaux les plus proches ;* car, dans ce cas, toutes les parties fur lefquelles la pluie tombe, fourniront à-la-fois leurs eaux d'écoulement au terme de comparaifon. Donc ce terme recevra dans ce moment tout ce qu'il peut recevoir.

Les crues d'orage font plus fortes que les crues des pluies ordinaires. 74. *Toutes chofes d'ailleurs égales, les crues, par orages, font plus fortes que celles par pluies ordinaires ;* & cela pour deux raifons ; la première, eft que les eaux d'orage taffent la terre, en bouchent les pores, & empêchant par-là la filtration, facilitent l'écoulement fuperficiel ; la feconde, eft que la pluie étant plus forte, produit un plus grand volume d'eau à cet écoulement.

Le volume & la durée de la crue augmenteront en s'éloignant de la fource. 75. *A partir de l'origine du torrent ou de la rivière, plus on defcendra, plus la crue augmentera, ainfi que fa durée.* Cela eft évident, d'après ce que nous avons dit (63).

76.

76. D'où l'on doit conclure, d'après le même principe, que *la crue diminuera, ainsi que sa durée, à mesure qu'on remontera vers l'origine du torrent ou de la rivière.*

Au contraire ils diminueront en s'en approchant.

77. Les eaux troubles des crues prennent toujours la couleur du terrein de la contrée d'où elles viennent. Par conséquent, si le pays qui alimente une rivière est composé de divers quartiers, où les terres diffèrent de couleur, à l'aspect de la teinte des eaux troubles, on pourra toujours connoître le quartier d'où elles viennent. C'est sur quoi les habitans riverains ne se trompent jamais, lors des crues produites par des orages ou par des pluies partielles.

La couleur des troubles fait connoître le pays d'où ils viennent.

78. L'on voit, par tout ce que nous venons de dire, que les élémens qui entrent dans la formation des crues, sont beaucoup plus multipliés & plus variés que ceux qui se rapportent aux sources; c'est-à-dire, à la cause qui alimente les rivières dans leur état ordinaire : aussi seroit-il impossible, par le moyen de la carte la plus exacte, de juger du volume d'eau dans les crues, comme nous avons dit (59) qu'on pouvoit juger de celui des eaux ordinaires.

79. *L'écoulement des eaux superficielles ne cesse pas avec la pluie.* Car ces eaux imbibent plus ou moins les terres de la superficie qui, semblables à des éponges, les rendent ensuite peu-à-peu, & par-là font continuer l'écoulement superficiel pendant quelques jours après la pluie. C'est un fait que nous avons remarqué constamment, & dont tout le monde peut s'assurer.

L'écoulement des eaux superficielles ne cesse pas avec la pluie.

80. Il arrive de-là, que les crues ne cessent pas avec l'écoulement des eaux pendant la pluie. Ces crues continuent avec les écoulemens *secondaires* & superficiels (79), & diminuent avec eux. Pendant le tems de la diminution, les eaux se clarifient peu-à-peu, jusqu'à ce que le torrent ou la rivière ne reçoive plus que les eaux de source.

Conséquence qui en résulte.

81. Ainsi la grande crue & les troubles qui l'accompagnent, ne durent que jusqu'à l'arrivée des dernières eaux superficielles

A quelle époque les troubles diminuent.

E

qui font parties des points les plus éloignés , au moment où la pluie ou la fonte des neiges y a ceffé. Depuis cet inftant, la crue décroît en s'alimentant d'eaux , pour ainfi dire , à demi-filtrées (79), lefquelles fe clarifiant peu-à-peu, produifent une diminution continuelle dans les troubles.

81. **Toutes chofes d'ailleurs égales , *le volume, & la durée des écoulemens fecondaires feront d'autant plus confidérables , que la furface du pays qui les forme fera plus étendue.***

En effet, 1°. tous les points de la furface qui fournit, devant alors être confidérés comme tout autant de fources extrêmement petites (63 1°.), il eft vifible que le nombre de ces fources, & par conféquent, le volume habituel d'eau qu'elles fourniront à la rivière, fera proportionnel à cette furface.

2°. Plus la furface du terrein qui fournit fera étendue , plus les eaux les plus éloignées emploieront de tems pour arriver au terme de comparaifon.

83. Pendant tout le tems que la pluie ou l'orage dure , le torrent détache des terres & des pierres, de la montagne où il prend fa fource ; il charrie pêle-mêle toutes ces matières qui font alors dans une efpèce de liquéfaction. On peut s'en convaincre aifément par les dépôts que les torrens ne laiffent que trop fouvent dans les plaines. On verra que ces dépôts ne font qu'un amalgame & un mêlange de pierres & de terre.

Mais lorfque ces matières font arrivées au confluent de quelqu'autre torrent dans la plaine , ou qu'en général le volume d'eau eft affez confidérable pour les noyer , la violence du mouvement diffout en très-peu de tems la terre qui , fe mêlant avec l'eau, forme les troubles. Les pierres manquant alors de cette efpèce de ciment , fe féparent, & fe répandant fur le fond du lit , y forment des couches de gravier.

On fent bien que pendant la durée de la crue principale , ces pierres doivent être en mouvement , tant dans les tor-

rens que dans les rivières, & l'on peut s'en affurer facilement,
foit en entrant dans le courant, foit en prêtant attentivement
l'oreille. La chofe eft d'ailleurs naturelle; car la crue n'eft
qu'un mouvement violent, & une force extraordinaire. Or,
toute force extraordinaire rompt l'équilibre préexiftant.

Cependant comme tout dans la nature tend à l'équilibre, &
comme cet équilibre ne peut fe rétablir que par la ceffation de la
force extraordinaire qui l'avoit détruit, & par une certaine uniformité d'action modérée & d'une certaine durée; comme la crue
principale, outre qu'elle n'exerce pas cette uniformité d'action
modérée, dure d'ailleurs, en général, affez peu de tems; tandis
qu'au contraire, l'écoulement fubféquent & fecondaire dont
nous avons parlé au n. 79, dure pendant quelques jours
après la pluie, & qu'enfin, cet écoulement pouvant être affi-
milé à celui des fources, réunit toutes les conditions d'action
modérée & de certaine durée, pour établir l'équilibre; il s'enfuit que ce ne peut-être qu'après la crue principale, & pendant l'écoulement fecondaire des eaux pluviales (79), que
l'équilibre s'établira entre l'action du courant & la réfiftance
des matières du fond.

84. C'eft ce volume d'eau que nous appellerons *volume d'eau
d'équilibre*; il fe compofe, comme l'on voit, de celui des
eaux des fources qui alimentent les rivières dans leur état
ordinaire, & de celui des écoulemens fecondaires (79) des
eaux pluviales; par conféquent, il tient le milieu entre le
volume d'eau des crues principales & celui de la rivière,
prife dans fon état naturel & ordinaire. C'eft particulièrement de ce volume & de fa durée que dépend la diftinction
entre un *torrent* & une *rivière*. En effet, le courant fera véritablement une *rivière* à l'endroit où le volume dont nous venons de parler, & fa durée feront affez confidérables pour
donner une confiftance au fond & fe mettre en équilibre avec
lui. Si, au contraire, cela n'a pas lieu, ce fera un *torrent*. Or

Différence entre les
torrens & les rivières.

E ij

(60 & 81), plus on s'éloignera de l'origine du courant, plus le volume des eaux augmentera, ainsi que sa durée ; au lieu que plus on s'en approchera, plus ces deux grandeurs diminueront. Donc, *ce ne sera qu'à une certaine distance de la source que les torrens deviendront de véritables rivières, dont on pourra connoître les loix.* Il s'agit à présent de déterminer cette distance.

Conditions pour les torrens & pour les rivières.

85. Par la multiplicité des élémens qui entrent dans cette question, on juge bien qu'elle est irrésoluble par la théorie. Si l'on consulte l'expérience, on verra que la propriété dont nous venons de parler (84), & qui différencie le torrent de la rivière, devant produire dans la rivière une pente constante, dans un endroit déterminé, & un état sensiblement permanent dans le lit, ainsi que nous le verrons plus bas ; on verra, disons-nous, que le torrent sera presque toujours *rivière parfaite*, à quelques lieues en aval de sa source. En amont de ce point qui sert de limite, la rivière sera *torrent*. Mais comme tout se fait par nuances dans la nature, à partir du point de séparation, le torrent tiendra d'abord beaucoup de la rivière : ensuite, en remontant, les propriétés communes diminueront toujours de plus en plus, jusqu'à ce qu'on soit parvenu assez près de la source, pour que le torrent soit *torrent proprement dit*; c'est-à-dire, pour que sa pente y soit irrégulière, & le lit sujet à plusieurs révolutions, par la courte durée des crues.

86. On voit, par ce que nous venons de dire (84 & 85). qu'un torrent arrivé dans une vallée peut être remarqué en trois endroits particuliers, savoir : 1°. un peu au-dessous du pied même de la montagne de laquelle il descend ; 2°. à quelques lieues en aval de cet endroit ; & 3°. enfin, dans l'entre-deux. Dans la partie en amont du premier point, le torrent est *torrent proprement dit.* Dans la partie en aval du second, le torrent est une *rivière proprement dite* ; & dans

l'entre-deux, c'est un torrent qui tient de la nature de la rivière, & que nous appellerons *torrent-rivière*.

87. *Concluons donc de tout ce que nous venons de dire à ce sujet ; 1°. que le torrent est une eau qui ne coule en quantité, que pendant les orages ou les grosses pluies, & toujours avec une grande violence, & dont le lit est sujet à beaucoup de variations & d'irrégularités par la courte durée des crues.*

Définition du torrent, de la rivière & du torrent-rivière.

2°. Que *la rivière est une eau qui coule dans tout les tems, & dont le volume, après les crues, est assez considérable, & a assez de durée pour donner au lit une pente réglée pour chaque point respectivement, & un état sensiblement permanent.*

3°. Enfin, que *le torrent-rivière est un courant qui tient le milieu entre le torrent & la rivière, & qui, suivant les divers endroits de son cours, participe plus ou moins aux propriétés de l'un & de l'autre.*

88. Il étoit essentiel de définir d'une manière précise le torrent & la rivière : car, en consultant les auteurs hydrauliques, on voit qu'on n'a jamais été d'accord sur cette définition. En effet, les uns prétendent que ce qui différencie le torrent de la rivière, c'est que la rivière doit avoir de l'eau dans tous les tems; au lieu que le torrent ne doit en avoir que lors des pluies & des orages. Mais il y a beaucoup de torrens qui ont aussi de l'eau dans tous les tems, parce qu'ils reçoivent plusieurs sources dans leur lit, ainsi qu'il a été dit (55). D'autres considèrent comme torrens, toutes les rivières qui ont beaucoup de pente ; dans ce cas il n'y auroit aucune rivière, mais seulement .... de ces rivières, telles pays de montagnes. Ce....... Isère, la Haute-Loire, l'Allier & la Haute-que la D.... Garonne, prises dans le pays des montagnes, ont assez d'eau pour être flottables, & l'on sent qu'il seroit absurde de les confondre avec les torrens, avec lesquels elles n'ont de commun que la grande vîtesse de leurs eaux ; ce qui ne peut pas être une raison caractéristique.

Ainfi nous le répétons, ce qui caractérife particulièrement la rivière & la différencie du torrent, eft (84) que la rivière doit avoir, tout le long de fon cours, un lit d'une pente déterminée & qui, quoique différente pour chaque point, comme nous le verrons plus bas, foit pourtant, conftamment la même au même endroit ; au lieu que dans le torrent, cette pente varie continuellement. Or cette propriété dépend effentiellement du volume d'eau & de la durée de fon action, lorfqu'il fe met en équilibre avec le fond après les crues ; & ce font ces conditions qui manquent dans les torrens, tandis qu'elles fe réuniffent dans les rivières, ainfi que nous l'avons vu (60 & 82).

Définition du volume des eaux dans les divers états des rivières.

89. D'après tout ce que nous avons dit dans ce paragraphe, on voit que le volume d'eau des rivières eft fujet à beaucoup de variations fuivant le tems & les circonftances. Pour la parfaite intelligence de ce qui fuit, il faut donc fixer nos idées & nos dénominations fur ce volume, dans chaque variation.

1°. Nous avons vu (63 & 76) que la grandeur des crues dépend de la généralité ou de la partialité des pluies, de leur intenfité, de leur durée, de l'étendue du pays fur lequel elles tombent, de fa déclivité, de la nudité & du décharnement des lieux. En conféquence, il paroît que nous devons diftinguer trois claffes de crues, favoir : *la grande crue*, *la crue moyenne & la petite crue.*

2°. Nous avons pareillement vu (79 & 80) que l'écoulement pluie. Comme terres de la fuperficie, continue la crue après la eaux d'écoulement fecondaire qui nous avons dit (83), ce font ces crues, & rétabliffent l'équilibre entre l'action du lit après les réfiftance des matières du fond, & que ce rétabliffement doit particulièrement s'effectuer par leur volume moyen, nous l'appellerons *volume d'équilibre*, ainfi que nous l'avons déjà dit (84).

3°. L'écoulement des eaux dont les terres fuperficielles s'étoient imbibées pendant la pluie étant fini, la rivière ne fera

plus alimentée que par les eaux de fource. Mais (46) le volume
des eaux de fource augmente par les pluies, & diminue par
la fécherefle : donc il en fera de même du volume des eaux des
rivières prifes hors des crues, & dans leur état naturel. Or, ces
variations dans les fources, font diftinguer leurs eaux en *hautes
eaux , baffes eaux & eaux moyennes* : par conféquent on doit
faire la même diftinction dans les eaux des rivières prifes dans
leur état naturel & ordinaire.

90. Les torrens & les rivières fort rapides, étendent confidérablement leur lit, lorfque rien ne s'oppofe à leur action fur les
bords; fouvent même ce lit eft fi large, qu'il arrive rarement
que dans les grandes crues il foit couvert par les eaux ; &
encore moins l'eft-il dans les crues ordinaires ; par conféquent,
on doit y diftinguer deux lits, favoir: celui qu'occupent les
eaux ordinaires , & celui qu'occupent ou que peuvent occuper
les eaux des grandes crues. Ce dernier eft donc compofé du premier & de tout le gravier adjacent, fur lequel les eaux des
grandes crues peuvent fe porter ; c'eft pour cela que nous le
nommerons *lit majeur;* au lieu que le premier fera appellé *lit
mineur.* Ces deux lits feront les mêmes lorfqu'il n'y aura point
de gravier fuperflu au lit mineur , ainfi que la chofe a lieu lorfqu'une rivière eft refferrée par des digues , ou par des berges
quelconques.

Définition du lit majeur & du lit mineur.

91. *Suppofons que l'eau en fortant par l'orifice BC (fig. 3) du
baffin ACDE conftamment entretenu plein , foit reçu dans un canal
rectangulaire parfaitement poli dans fon intérieur , & dont la fection
verticale & longitudicale eft repréfentée par BCFG. Si fur la verticale AC , comme axe , nous conftruifons une parabole ordinaire
AM , dont le fommet foit en A & le paramètre = 60 pieds , les ordonnées PM de cette parabole exprimeront la vîteffe des particules
placées fur leur prolongement HH.*

Loi fondamentale fur l'écoulement des eaux.

Fig. 3e.

La chofe eft démontrée par les principes d'hydraulique. Voyez
l'hydrodinamique du C. Boffut.

Cas où le fond &
les côtés du canal sont
raboteux.

91. Si le fond & les côtés du canal sont raboteux & hérissés d'inégalités, les particules correspondantes perdront une grande partie de leur vîtesse, & elles ne pourront se mouvoir avec le reste de la masse, sans recouvrer, de la part des particules voisines, une partie de la vîtesse qu'elles auront perdu. La vîtesse de celles-ci diminuera donc aussi, mais moins que celle des premières. Il en sera de même de la vîtesse des particules intérieures suivantes, c'est-à-dire, que cette perte formera une série décroissante quelconque. Or, dans la nature il n'y a point de plan parfaitement poli & exempt de frottement. Donc la loi dont nous venons de parler (91) n'existe pas dans l'état naturel, ou, pour mieux dire, elle est troublée par les obstacles qui s'opposent au mouvement de l'eau.

Cas où la forme du
canal s'altèrera par
l'action des eaux.

93. Si la force de l'eau qui se meut dans un canal, est assez considérable pour qu'elle puisse continuellement faire équilibre à la résistance du frottement, la vîtesse moyenne de la masse sera uniforme, & l'eau aura par-tout la même profondeur. Mais si cette force est plus grande qu'il ne faut, pour contrebalancer la résistance du frottement, le fluide accélérera son mouvement le long du canal. Dans ce dernier cas, si les parties qui composent le fond & les côtés du canal n'ont qu'un certain degré d'adhésion entr'elles, elles résisteront d'abord à l'action de l'eau, & ensuite elles seront entraînées, lorsque, par l'accélération, le fluide aura augmenté sa force. Alors la figure du canal cessera d'être la même qu'auparavant, & elle se changera en une autre relative à l'équilibre.

Appliquons tout cela aux Rivières.

Application au
cours des rivières,
suivant la théorie.
Fig. 4.

94. Soient AB (fig. 4) un plan incliné représentant le lit d'une rivière, & CD la superficie des eaux. Prenons la tranche élémentaire verticale & transversale FfgG, & sur FG construisons la parabole FEH, dont le paramètre $=$ 60 pieds, en faisant abstraction

abstraction de tout autre mouvement & de toute résistance
quelconque, les ordonnées de cette courbe exprimeroient (91)
la vîtesse des particules correspondantes de cette tranche élémentaire; mais en considérant cette tranche comme se mouvant
parallèlement à elle-même, le long du plan incliné A B, chacune de ces parties acquiert un nouveau degré de vîtesse particulière par l'accélération. Sur la verticale C P construisons la
même parabole A M ; l'ordonnée P M exprimera la vîtesse que
la tranche élémentaire aura acquise au point correspondant G,
& cette vîtesse sera commune à toutes les particules comprises
sur la profondeur G F. Par conséquent, portant M P de G en Q,
& construisant le rectangle G N, dans le cas où aucun obstacle
n'altèrera la loi du mouvement, on aura *la vîtesse de chaque point
de la tranche élémentaire F f g G arrivée en G, qui sera exprimée
par les élémens correspondans du trapèze mixtilique N F E Q,
composé du rectangle G N & de l'aire parabolique G F E.*

95. Il suit de-là, que toutes choses d'ailleurs égales, *plus le
cours du lit A B seroit long, plus la vîtesse des eaux seroit considérable ;* puisque, dans ce cas, les élémens du rectangle G N
deviendroient toujours plus grands, tandis que la parabole G F E
seroit constante.

Conséquences qui
en résulteroient.

96. Il suit encore que *les eaux inférieures auroient plus de vîtesse que les eaux supérieures.* Car il est visible que les élémens
inférieurs du trapèze mixtilique N F E Q, seront plus grands que
les élémens supérieurs.

97. Mais dans l'état naturel il s'en faut bien que les choses
soient ainsi. En effet :

Cette application
est inadmissible dans
la pratique.

1°. Le fond du lit des rivières est toujours composé d'une
infinité d'obstacles & d'inégalités, qui diminuent constamment
l'effet de l'accélération. A ces obstacles se joignent sur-tout des
gouffres avec contre-pente, que la loi de l'équilibre nécessite
par intervalles, ainsi que nous le verrons plus bas. Ces deux
causes réunies, détruisent continuellement par intervalles la

F

vîtefse acquife, qui, fans cela, deviendroit prodigieufe, &
convertiroit nos rivières en courans terribles auxquels rien ne
pourroit réfifter.

2°. La vîteffe des eaux inférieures, même dans les rivières
qui réuniffent une grande pente à un grand volume d'eau, ne
fuit pas, à beaucoup près, la loi des ordonnées à la parabole
FEH; car, outre la réfiftance du fond dont nous venons de
parler, & qui (92) fe fait fentir de proche en proche jufqu'à la
fuperficie du courant, les finuofités multipliées des rivières, &
la réfiftance des eaux antérieures ou d'aval, qui arrêtent ou re-
tardent les eaux poftérieures ou d'amont, détruifent une grande
partie de cette vîteffe.

L'expérience nous prouve inconteftablement la diminution
de la vîteffe réfultante de la preffion des eaux fupérieures fur les
eaux inférieures. Qu'on prenne, par exemple, la Durance dans
la partie de fon cours correfpondante à Orgon : fa pente y eft
d'environ 14 pouces fur 100 toifes de longueur, & dans le tems
des baffes eaux, elle a environ 3 pieds de profondeur aux endroits où les habitans du pays la paffent à gué. En ne prenant
l'ordonnée de la parabole FEH qu'à 2 pieds de profondeur, on
trouveroit, à très-peu de chofe près, 11 pieds pour la vîteffe
correfpondante, ou pour l'efpace parcouru dans une feconde;
& cela, en faifant abftraction de la vîteffe d'accélération GQ,
que nous fuppofons nulle. Evaluons, fous cette vîteffe, la force
d'impulfion fur un pied carré, en confidérant le fluide comme
indéfini. Par le n. 41 de notre traité *fur la conftruction la plus
avantageufe des machines hydrauliques*, nous aurons cette impulfion = 141 livres, à très-peu de chofe près; par où il eft aifé
de juger que dans ce cas l'homme le plus fort feroit entraîné par
le courant. Donc, puifque cela n'arrive pas, il fuit que cette
vîteffe n'eft pas telle, à beaucoup près.

Un fecond exemple vient à l'appui de ce que nous difons.
Nous avons été très-fouvent témoins du refus que faifoient les

patrons des bacs fur la Durance, de passer cette rivière dans les crues, jusqu'à un certain tems après l'arrivée des eaux dans le Rhône, prétendant qu'alors la vîtesse du courant étoit considérablement moindre; ce qui prouve que le Rhône, par la résistance qu'il oppose à la réception de la Durance, détruisant une partie de la vîtesse des eaux de cette rivière, cette destruction & le retardement qui en est la suite, se communiquent de proche en proche aux eaux affluentes particulièrement, jusqu'à une très-grande distance en amont.

Servons-nous enfin d'un autre exemple pour nous convaincre de la résistance des eaux antérieures sur les eaux postérieures ou d'amont. Supposons pour cela, que le lit d'une rivière fut coupé, dans son cours, par un déversoir ou par une barre de rocher, qui y produisît une cascade de plusieurs pieds de hauteur, ainsi que la chose a lieu en un-très grand nombre d'endroits : il est certain qu'à l'endroit de la chûte, la loi des ordonnées de la parabole FEH n'éprouvant d'autre obstacle que celui de la gravité des filets supérieurs qui, ayant moins de vîtesse que les inférieurs, pourront un peu gêner leur mouvement, cette loi ne sera altérée que d'une manière insensible. Or, on remarque constamment, que dans ces endroits, la profondeur FG est beaucoup moindre que dans ceux où, sous la même largeur, il n'y a point de chûte, quoique le volume d'eau soit par-tout le même. Donc, toutes choses d'ailleurs égales, la section du courant étant plus grande aux endroits où il n'y a point de chûte, il faut nécessairement que la vîtesse y soit moindre, & que cette diminution y soit produite par la résistance des eaux antérieures ou d'aval, puisqu'il n'y a que cette cause qui puisse la produire.

98. L'on voit, par ce que nous venons de dire, qu'un traité sur les rivières, uniquement fondé sur la théorie & qui ne seroit pas modifié convenablement par l'expérience, ne donneroit que les loix de rivières idéales & qui non-seulement n'ont ja-

mais exiſté, mais même ne peuvent pas exiſter dans la nature. Comme néanmoins cet objet eſt de la plus haute importance pour la ſociété, examinons-le ſous tous ſes rapports, & tàchons de découvrir les vrais principes ſur leſquels nous puiſſions éta- blir la théorie qui lui eſt propre. Pour cela revenons à la figure 4°.

99. En ſuppoſant l'équilibre entre la réſiſtance du fond & l'action des eaux, on peut aſſurer que dans le rectangle G N, GQ étant la vîteſſe acquiſe de toutes les particules compriſes dans GF, ſera nulle pour la particule G qui agit immédiate- ment ſur le fond. Par conséquent (92), cette deſtruction de vîteſſe ſe fera ſentir de proche en proche juſqu'à la particule F de la ſuperficie. Mais quelle eſt la loi que ſuivront toutes ces diminutions de vîteſſe? quel ſera l'ordre de la ligne qui l'ex- primera? ſera-ce une ligne droite ou une ligne d'un ordre ſupé- rieur? Dans le cas même où ce ſeroit une ligne droite, quelle ſera ſon équation? On ſent au premier abord, que ſi une pa- reille découverte n'eſt pas impoſſible, elle eſt du moins très- difficile, & que probablement la choſe ſera encore long-tems inconnue par les variations à l'infini qu'eſſuie la cauſe pro- ductrice.

D'un autre côté, la même réſiſtance du fond agit ſur les di- verſes vîteſſes exprimées par les ordonnées de la parabole FEH, c'eſt-à-dire que dans la ſuppoſition de l'équilibre, & toutes choſes d'ailleurs égales, GE ſera détruite & que cette deſtruc- tion ſe fera pareillement ſentir (92) de proche en proche juſ- qu'à la ſuperficie. Mais l'on ſent en même-tems que la loi d'après laquelle cette diminution s'opérera dans les élémens de la parabole FEH eſt auſſi difficile à trouver que pour les élé- mens du rectangle GN.

Si l'on ajoute à cela la réſiſtance que les tranches élémen- taires d'aval oppoſent à celle d'amont (97), réſiſtance qui varie à l'infini ſuivant les localités, on verra ſans peine qu'une décou-

verte pareille eſt impoſſible, & que ce ſeroit perdre ſon tems
que de s'en occuper.

100. L'on voit par-là qu'il eſt impoſſible d'exprimer exactement par une équation, la loi d'après laquelle les eaux des torrens & des rivières ſe meuvent, même en ſuppoſant que le lit
fût parfaitement de niveau & les eaux de même profondeur
d'un bord à l'autre: à plus forte raiſon, ſi l'on ſuppoſe qu'il y a
des inégalités qui préſentent plus d'obſtacles dans certains endroits que dans d'autres, il faut donc ſe borner à des *à-peu-près*,
en ſe conciliant d'ailleurs, autant qu'il ſera poſſible, tant avec
les principes généralement reçus, qu'avec les obſervations &
l'expérience. En conſéquence nous allons examiner le même
ſujet ſous d'autres points de vue.

Sur cela il faut ſe borner à des approxi- mations.

101. Quelles que ſoient les inégalités du lit d'une rivière
priſe d'un bord à l'autre, ainſi que les diverſes vîteſſes qui ani-
ment chaque filet, il eſt certain qu'il exiſte une vîteſſe moyenne
dont le caractère diſtinctif eſt que, ſi elle étoit la même pour
tous les filets, la dépenſe d'eau de la rivière ſeroit la même.
La choſe eſt évidente.

Moyen de trouver cette approximation.

Il n'eſt pas moins certain, & l'expérience le prouve amplement, que, toutes choſes d'ailleurs égales, la pente du lit produit toujours ſur les eaux une accélération plus ou moins grande
qui affecte à-peu-près également tous les filets, puiſqu'ils ſont
cenſés avoir tous la même pente ou à-peu-près.

Par conſéquent, en regardant tous les filets comme animés
d'une même vîteſſe égale à la vîteſſe moyenne, on peut ſenſiblement regarder cette vîteſſe comme produite par l'accélération occaſionnée par la pente du lit.

Cela poſé, ſi le lit pouvoit être regardé comme un plan incliné parfaitement uni, & qui n'oppoſàt aucune eſpèce de réſiſtance, ſoit directe, ſoit indirecte, au mouvement de l'eau, il
eſt de fait, qu'à chaque point de ce plan incliné, la vîteſſe
dont nous parlons ſeroit exprimée par l'ordonnée correſpon-

dante de la parabole dont l'abscisse seroit la pente & le paramètre = 60 pieds, conformément à la théorie de la chûte des
graves. Donc, en supposant des obstacles quelconques, puisque
l'effet de ces obstacles est de diminuer proportionnellement
l'intensité de la gravité qui produit l'accélération, la vîtesse dont
il s'agit sera alors exprimée à tous les points du cours par les
ordonnées d'une parabole, dont l'abscisse sera la chûte ou pente
correspondante, & dont le paramètre sera d'autant moindre
que 60 pieds, qu'il se trouvera plus d'obstacles à surmonter.

Nommons m, le volume d'eau; v, sa vîtesse moyenne; &
s sa section, suivant la théorie dépouillée de tout obstacle:
v' sa vîtesse moyenne, & s' sa section effective par les obstacles; h sa pente suivant la théorie, & p l'action naturelle de
la gravité, ou l'espace qu'elle fait parcourir aux graves dans une
seconde, & qu'on sait être = 30 pieds, à très-peu de chose
près.

La depense de la rivière étant la même au même endroit,
on aura $m = sv$, & $m = s'v'$; par conséquent $sv = s'v'$, &
$v' = \frac{sv}{s'}$. Mais par la théorie de la chûte des corps $v = \sqrt{2ph}$.
Donc on aura $v' = \frac{s}{s'}\sqrt{2ph}$, & $v'^2 = \frac{s^2}{s'^2} 2ph$; équation à la
parabole dont les ordonnées sont $= v'$, les abscisses $= h$, & le
paramètre $= 2p \times \frac{s^2}{s'^2}$.

Or, dans l'état de simple théorie, on a la parabole dont l'é-
quation est $v^2 = 2ph$, parabole qui ne diffère de celle que nous
venons de voir, que par son paramètre qui est $= \frac{s^2}{s'^2} \times 2ph$.

*Donc la parabole qu'on aura, d'après l'expérience & l'état
actuel des choses, sera la même que la parabole d'après la théorie,
en multipliant son paramètre par le quarré du rapport des sections
des courans au même endroit, suivant la théorie & suivant l'expérience respectivement.*

Nous avions déjà démontré cette propriété au n. 24 de notre
Essai sur la construction la plus avantageuse des machines hydrau-

liques; mais c'étoit relativement à l'eau qui se meut dans des
courfiers, & d'après les expériences faites à ce fujet : nous étions
même entrés à cet égard, dans un affez grand détail aux
n. 13 = 23, que nos lecteurs feront bien de confulter. On y
verra que les expériences doivent être la bafe des opérations
fur la vîteffe des courans; que celles du C. Boffut ne peuvent s'appliquer qu'aux courfiers, même avec des modifications,
& aucunement aux rivières; & que fur ce dernier objet les expériences nous manquent totalement : d'où l'on conclura facilement l'infuffifance & la circonfcription de l'opération que nous
venons de donner.

En effet, pour que cette opération fût générale, il faudroit
que le rapport des fections du courant, fuivant la théorie &
l'expérience refpectivement, ou $\frac{s}{s'}$ fût conftant. Or, ce rapport
varie continuellement, ainfi qu'on peut le conclure de la proportion $v.v':s':s:$ car, 1°. les vîteffes font plus ou moins
grandes, toutes chofes d'ailleurs égales, fuivant les maffes ou
volumes d'eau, ainfi qu'on le voit dans la jonction de deux
rivières, dont la vîteffe augmente au-deffous du confluent aux
dépens de la fection; 2°. elles font auffi plus ou moins grandes
fuivant la pente, & nous verrons que cette pente varie à chaque
inftant dans le lit des rivières.

Ainfi, fous tous ces divers rapports, cette équation ne pourroit fervir que dans le cas où tout feroit conftant, le volume
d'eau & la pente : ce qui n'a jamais lieu dans la nature. Par conféquent elle ne peut que nous laiffer entrevoir les réfultats par
approximation. Nous devons donc renoncer au calcul, & nous
borner au raifonnement fynthétique appuyé fur l'obfervation.
Quant à l'analyfe, elle ne doit être employée que dans l'évalua-
tion des dimenfions des moyens deftinés à contenir le courant
auquel, dans ce cas, on attribuera la vîteffe relative à la théorie, comme étant la plus grande poffible.

Comment on doit
prendre la section
d'une rivière.

102. Pour trouver les sections dont nous venons de parler, & par conséquent leur rapport, on suivra le procédé que nous allons exposer.

1°. On prendra le profil transversal du lit, par le moyen des sondes répétées le plus possible & dont les distances respectives soient connues ; & l'on aura la section effective du courant.

2°. Avec l'instrument de Pitot, dont nous donnerons la description plus bas, on prendra pareillement la vîtesse moyenne des eaux à chaque sonde. En ajoutant toutes ces vîtesses moyennes, & en divisant leur somme par le nombre des sondes, on aura la vîtesse moyenne effective.

3°. En multipliant la section par la vîtesse moyenne, on aura la masse ou volume d'eau qui passera par cette section dans une seconde.

4°. On prendra, avec le niveau, la pente de la rivière, ainsi que nous le dirons dans son tems ; & par l'équation $v = \sqrt{2ph}$ ci-dessus (101), on trouvera la vîtesse moyenne qu'auroient eu les eaux au même endroit, suivant la théorie débarrassée de tout obstacle.

5°. Enfin, en divisant la masse ou volume d'eau de la rivière par cette vîtesse, on aura la section qu'eût formé le courant au même endroit, suivant la simple & pure théorie.

Ce procédé est trop simple pour avoir besoin d'explication, & chacun en sentira facilement les raisons.

En quel endroit la
vîtesse d'une rivière
arrivera à l'unifor-
mité.

103. Supposons, à présent, que par la résistance & la lenteur du mouvement des tranches antérieures (97), l'espace parabolique FGHE soit anéanti, il est visible qu'il restera toujours le rectangle GN, dont les élémens, exprimant les vîtesses acquises par les différentes particules de la tranchée FfgG, en vertu de la chûte ou pente AP, nous font voir que tant que la pente sera réelle & qu'elle ne s'anéantira pas, l'accélération aura constamment

ment

ment lieu. C'est aussi ce que nous prouve (101) l'équation $v' = \frac{s}{r} \times \sqrt{2\,p\,h}$: car on y voit que , toutes chofes égales d'ailleurs , la vîtesse augmentera par l'augmentation de la hauteur du plan incliné.

Or , il est démontré qu'un corps qui fe meut dans un fluide , éprouve , à chaque instant , de la part de ce fluide , une résistance proportionnelle à la superficie de la projection de la partie qui choque le fluide , & au quarré de fa vîtesse ; que si ce corps est animé d'un mouvement accéléré , cette résistance s'accroissant continuellement comme le quarré de la vîtesse , il y aura un terme où elle fera assez forte pour détruire , à chaque instant , l'effet de l'accélération ; & par conséquent , le corps fe mouvra d'un mouvement uniforme avec la vîtesse précédemment acquife.

Donc , par la même raison , lorsque le courant s'approche de la mer , il éprouvera , de fa part , une résistance qui fe fait fentir de proche en proche fur les tranches affluentes , jufqu'à une certaine diftance , & qui détruifant , à chaque inftant , l'effet de l'accélération , ne permettra plus aux eaux de fe mouvoir que d'un mouvement uniforme avec la vîtesse précédemment acquife. C'est ce qui est prouvé par l'expérience de tous les fleuves à mesure qu'ils s'approchent de leur embouchure.

104. En général dans tous les courans possibles , on doit diftinguer leur force & la résistance qui la contrarie , la force du courant est le produit de la masse par fa vîtesse réduite , & cette vîtesse est toujours plus ou moins grande fuivant la pente. Cette même force exerce fon action fur le fond & fur les bords , foit tout-à-la-fois , foit féparément. La résistance du fond peut réfulter , 1°. de la groffièreté & de la pefanteur fpécifique des matériaux qui le compofent. 2°. de la petitesse de la pente qui , fuivant les circonftances , peut s'anéantir & même fe changer en contre-pente. 3°. Du degré de tenacité des matières qui compofent ce fond. Celle des bords dépend , 1°. de leur di-

Principe fonda-
mental fur la force
des courans & la ré-
fiftance qui la con-
trarie.

G

rection relativement à celle du courant. 2°; de la groffeur &
du poids des matériaux qui les compofent. 3°; enfin, du degré
de tenacité & d'adhéfion à ces mêmes matériaux. Si la force
du courant eft inférieure ou égale à la réfiftance, tout rentrera
dans le même état ; mais fi elle eft plus grande, il y aura du
changement dans le fond & dans les bords, le plus fort devant
l'emporter fur le foible par la deftruction de l'équilibre; & dans
ce cas, le courant ne ceffera d'agir que lorfque fa force fera
devenue moindre par la réfiftance.

Autres principes fondamentaux.   105. Outre ce principe fondamental, il y en a encore trois
qui, ainfi que le précédent, fervent de bafes à la théorie des
torrens & rivières, favoir :

1°. Un courant quelconque tend toujours à fuivre la ligne
droite felon la direction de fon mouvement.

2°. Un courant tend toujours à s'établir à l'endroit le plus
bas, ou dans celui où il y a le plus de pente.

3°. Si un courant trouve divers obftacles fur fon paffage, il
établira fon cours où il trouvera le moins de réfiftance.

106. Tous ces principes font évidents; il ne nous refte plus
qu'à en faire l'application. C'eft de quoi nous allons nous occuper, en commençant par les torrens.

SECTION II.

Des Torrens.

§. I.

Des Torrens confidérés fur les Montagnes où ils fe forment.

107. LA condition effentiellement requife pour la formation
d'un torrent, exige deux chofes; favoir :

1°. Que *dans une pluie ou une fonte de neiges, l'eau qui arrose la terre dans un inftant quelconque ne puiffe pas être entièrement abforbée, pendant cet inftant, par la terre qui la reçoit.*

2°. *Que l'eau fuperflue & qui ne fera pas abforbée par la terre ait la liberté de s'écouler.*

La chofe eft évidente : car un torrent ne réfulte que des eaux fuperflues qui s'écoulent fuperficiellement. Il faut donc qu'il y ait des eaux que la terre refufe de recevoir & qu'elles aient la liberté de s'écouler.

108. Il fuit de-là que *le torrent fe formera d'autant plus aifé-ment & fera d'autant plus de progrès que la pluie ou la fonte des neiges fera plus abondante, que la montagne fera plus ardue, & que les matières qui la compofent auront moins de tenacité.*

Car 1°. plus la pluie ou la fonte des neiges fera grande, plus, toutes chofes d'ailleurs égales, l'eau fuperflue fera abon-dante ; 2°. cette eau s'écoulera d'autant plus aifément, & acquerra d'autant plus de force, que la montagne fera plus ardue ; 3°. enfin, cette même caufe creufera un lit fur le pen-chant de la montagne avec d'autant plus de facilité, que les matières qui compoferont la montagne feront moins tenaces.

109. *Si fur le penchant de la montagne il fe trouve quelque petit vallon, quelque enfoncement, ou, en général, quelque endroit plus bas que les autres, ce fera en cet endroit que le torrent com-mencera à fe former.*

Car (105 2°.) le courant s'établit toujours à l'endroit le plus bas.

110. *Le fond du lit d'un torrent qui defcend d'une montagne, doit toujours s'approcher de plus en plus de la verticale.*

En effet, plus le torrent s'éloignera de fon origine, plus il aura de force, foit à caufe de l'augmentation de vîteffe réful-tante d'une plus grande chûte, foit à caufe de celle du volume de fes eaux qui s'accroît continuellement par l'affluence de celles qu'il ne ceffe de recevoir (63). Or, il eft impoffible, à

G ij

Marginal notes:

Conféquence qui en réfulte.

En quel endroit le torrent commencera à fe former.

Le fond du tor-rents'approcheratou-jours plus de la verti-cale.

cauſe de la pente de la montagne, que le lit ſe mette jamais en équilibre avec l'action de l'eau, puiſque la moindre force ſuffiroit pour faire deſcendre les matériaux, à moins qu'ils n'euſſent une très-grande tenacité. Donc le courant étant conſtamment plus fort que la réſiſtance du fond, agira toujours de plus en plus ſur le lit (104), qui ſera par conſéquent d'autant plus creuſé que l'origine ſera plus éloignée, ou que le torrent s'avancera davantage vers la fin de ſa chûte, c'eſt-à-dire, que le fond du lit s'approchera toujours davantage de la verticale.

Cela eſt d'ailleurs confirmé par l'expérience : car on voit toujours que le lit s'enfonce de plus en plus au-deſſous du penchant, à meſure qu'il s'approche du pied de la montagne.

Les bords du torrent ſe taluderont inſenſiblement.

111. *Lorſqu'un torrent creuſe ſon lit ſur le penchant d'une montagne, les bords prennent inſenſiblement un talus plus ou moins conſidérable, ſelon la nature des matières qui compoſent la montagne.*

Car quand même cet effet n'auroit pas lieu immédiatement après la pluie ou la fonte des neiges, & quand la tenacité des matières s'y oppoſeroit, dans la ſuite les petites pluies, le gel & dégel, les influences de l'air, & ſur-tout la tendance des matériaux à deſcendre, leur feront néceſſairement prendre le talus convenable.

Les talus du torrent ſeront ſillonnés par des torrens ſecondaires.

112. *Les bords d'un torrent pris ſur une montagne ſeront bientôt ſillonnés par d'autres torrens.*

Car les bords d'un torrent prenant un talus (111) doivent être conſidérés eux-mêmes comme le penchant d'une montagne dont les eaux ſuperflues, dans une pluie ou une fonte de neige, ſe rendent au torrent, comme à l'endroit le plus bas (105 2°.). D'ailleurs ces mêmes bords ne réſultant que de l'éboulement des terres, doivent avoir, en général, moins de tenacité & ſouvent plus de rapidité que le penchant même de la montagne. Donc (108), ils ſeront bientôt ſillonnés par un grand nombre de torrens fecondaires , dont les lits refpectifs fuivront les mêmes loix que celui du torrent principal (110).

Nous ajouterons à cela , que ces torrens fecondaires , en creufant leur lit , faciliteront l'aggrandiffement de celui du torrent principal dont les bords n'offriront plus que des pointes ifolées & aifées à détacher , & par-là même ils augmenteront rapidement la largeur de ce même lit , qui fe convertira dans la fuite , en une vallée plus ou moins confidérable. Tout cela eft conforme à l'expérience , ainfi qu'on peut aifément s'en af- furer , par l'infpection de quelque montagne fort ardue , où , par l'effet des défrichemens ou d'autre caufe quelconque , il commence à fe former des torrens.

113. *L'origine du torrent doit continuellement s'approcher du fommet de la montagne.*

L'origine du tor- rent s'approchera continuellement du fommet de la mon- tagne.

Pour s'en convaincre , il n'y a qu'à faire attention que les par- ties qui compofent le penchant d'une montagne font foutenues par celles qui leur font inférieures. Mais celles qui répondent à l'origine du torrent ceffent d'être foutenues : donc elles s'ébou- leront par les caufes mentionnées ci-deffus (111) , ou dans les orages & dans les grandes fontes de neige elles feront entraî- nées avec plus de facilité que les autres , & par conféquent l'ori- gine du torrent doit continuellement monter.

Cela eft conforme aux obfervations que nous avons faites en divers endroits fur les progrès des torrens naiffans , dont nous avons fuivi le cours.

114. L'origine du torrent remontant continuellement , par- viendra enfin au fommet de la montagne ; mais pour cela , l'ex- cavation du lit ne ceffera pas alors d'avoir lieu , puifque les mêmes caufes fubfiftent toujours. On peut même dire que cette excavation s'effectuera toujours plus rapidement , à caufe que la fphère du torrent devient toujours plus grande (111 & 112). Ainfi , quand même il ne fe formeroit pas de torrent dans la partie poftérieure & correfpondante de la montagne , on fent

Le torrent peut divifer une monta- gne en plufieurs par- ties.

qu'après un long espace de tems, une montagne peut être partagée en plusieurs parties par les torrens, si rien ne s'y oppose; & que s'il y a des rochers dans l'intérieur, il pourra du moins se former plusieurs pointes séparées les unes des autres par des vallées plus ou moins profondes, selon le tems où les torrens ont commencé, la nature des matières de la montagne, la déclivité de son penchant, &c.

Origine des montagnes partielles.

115. Nous n'avons parlé jusqu'ici que des effets que produisent les torrens sur une seule montagne. Qu'on applique cette théorie aux masses primitives des montagnes dont nous avons parlé plus haut (9), & l'on en déduira facilement tous les effets détaillés au n. 54.

Conjectures sur l'origine des détroits de Constantinople, des Dardanelles & de Gibraltar,

116. Ce que nous avons dit jusqu'à présent nous fournit aussi le moyen d'expliquer pourquoi certaines montagnes sont coupées par des rivières. Que dans l'origine une contrée, par l'effet d'un affaissement ou par toute autre cause, ait été entièrement enfermée par une chaîne de montagnes, les eaux des sources qui sortoient de ces montagnes, & qui par leur volume pouvoient former une rivière, se seront ramassées en cet endroit comme le plus bas (105 2°.) & y auront formé un lac: les eaux de ce lac se seront élevées jusqu'au point le plus bas de la crête des montagnes ambiantes; alors elles seront sorties par cet endroit, & se seront précipitées le long du penchant extérieur qu'elles auront bientôt sillonné par une profonde vallée. S'étant ainsi formé, dans cette chaîne, une solution de continuité (114), les eaux du lac auront baissé progressivement & proportionnellement à l'abaissement de cette partie de la crête, jusqu'à ce qu'enfin le lac ait disparu,

C'est ainsi qu'ont probablement été formés les détroits de Constantinople, des Dardanelles & même celui de Gibraltar. Car, au lieu de supposer, avec certains auteurs, que, dans l'origine, la méditerranée n'étoit qu'un grand lac dont la superficie étoit inférieure à sa superficie actuelle, & qu'un effort

violent de l'océan avoit rompu la barrière qui l'arrêtoit à Gibraltar, il eſt bien plus naturel de ſuppoſer que la ſuperficie de ce
lac s'élevoit juſqu'au point le plus bas de la crête de la chaîne
de Gibraltar, que les eaux des fleuves & des rivières qui s'y
rendoient & qui excédoient celles d'évaporation, s'évacuoient
par-là dans l'océan, & qu'inſenſiblement, ayant coupé cette
chaîne par l'effet de leur chûte, la ſurface de la méditerranée
aura baiſſé par degrés juſqu'à ce qu'elle ſoit parvenue au niveau de l'océan.

Tott rapporte dans ſes mémoires, qu'il a trouvé dans la
Crimée, des anneaux de fer ſcellés dans le rocher, à une aſſez
grande hauteur au-deſſus du niveau de la mer, & qu'ayant
demandé à quel uſage ils ſervoient, les Tartares lui répon-
dirent, que c'étoit pour amarrer les vaiſſeaux dans le tems
que la mer s'élevoit à cette hauteur. Il ajoute, que les obſervations multipliées qu'il avoit faites dans la même contrée,
ſur les dépouilles marines qui s'y rencontrent en divers endroits à une aſſez grande élévation au-deſſus du niveau
actuel de la mer, venoient à l'appui de l'aſſertion des Tartares
qui ne parloient que d'après la tradition du pays.

117. On doit encore conclure de là, que tous les lacs
exiſtans, & qui, ſitués à une certaine hauteur au-deſſus du
niveau de la mer, ſont traverſés par des fleuves, diſparoî-
tront un jour. Tels ſont entr'autres, le lac de Genève, en
Europe, traverſé par le Rhône; le lac Ontorio, &c. dans
l'Amérique ſeptentrionale, traverſé par le fleuve Saint-Lau-
rent, &c. En effet, le fond de ces lacs s'exhauſſe continuellement par les dépôts de ſable & de limon que ces fleuves
charient, tandis que le rocher ſur lequel ces fleuves coulent en
ſortant des lacs, s'abaiſſe journellement, quoique inſenſiblement
par la corroſion. Or, lorſque de deux points placés à différentes
hauteurs, le plus bas s'élève & le plus haut s'abaiſſe continuellement, ils arrivent tôt ou tard à la même ligne de ni-

Les lacs traverſés par des rivières s'anéantiront tôt ou tard.

veau. Par conféquent, c'eſt ce qui ne peut pas manquer d'arriver dans des tems plus ou moins reculés aux lacs dont nous parlons.

Après cette petite digreſſion, qui néanmoins n'eſt pas tout à fait étrangère au ſujet que nous traitons, nous revenons aux torrens.

Particularités des torrens qui deſcendent des montagnes où il ne reſte plus de terre.

118. Il y a des montagnes que les torrens ont déjà dévaſtées au point qu'il n'y reſte plus que le rocher nud, ſans aucune eſpèce de terre végétale, ni d'arbres ou d'arbuſtes. Dans ce cas, les torrens qui en deſcendent nous offrent quelques particularités que nous allons expoſer.

119. La première de ces particularités eſt, que *les torrens qui deſcendent de ces montagnes ont, toutes choſes d'ailleurs égales, des crues plus fortes & plus courtes que les autres.*

La choſe eſt évidente, d'après ce que nous avons dit aux n. 70 & 71, auxquels nous renvoyons.

120. La ſeconde particularité eſt que, *toutes choſes d'ailleurs égales, ces torrens charieront plus de pierres que les autres.* Car quoique ces montagnes ſoient tout à fait dépouillées de terre & qu'il n'y reſte plus que le rocher, il eſt rare que ce rocher ne ſe fendille & ne ſe décompoſe pas par l'action du ſec & de l'humide, du gel & du dégel, &c. Or, il eſt viſible que dans un orage toutes ces pierres ainſi atténuées, ſeront entraînées par les eaux, & que la partie terreuſe n'y entrera preſque pour rien, puiſque ces montagnes ſont ſuppoſées en manquer.

La nature des tranſports des torrens dépend de celle des terreins des montagnes.

121. En général, les matières charriées par les torrens ſeront, toutes choſes égales, plus ou moins mêlées de terre, ſuivant la qualité du terrein qui couvre les montagnes; c'eſt-à-dire, que ces matières contiendront plus ou moins de terre, ſelon que le terrein des montagnes ſera moins ou plus pierreux.

Le lit d'un torrent ſur le penchant d'une montagne eſt toujouts ſinueux.

122. Quoique par le principe du n. 105 1°. *un courant tende toujours à ſuivre la ligne droite, ſelon la direction de ſon mouvement,* cependant la choſe n'arrive jamais aux torrens qui deſcendent
dent

dent des montagnes; au contraire, on remarque que leur lit est toujours sinueux & très-irrégulier; la raison en est fondée sur l'inclinaison plus ou moins considérable des couches de diverses matières que nous avons dit (45) former l'intérieur des montagnes. En effet, que le courant en creusant son lit, parvienne à une couche de rocher, dont l'inclinaison ne soit pas exactement dans le sens de la direction de son mouvement, il suivra d'abord cette couche, & par conséquent il s'écartera de sa direction; mais il ne peut la suivre sans attaquer les bords de son lit, qui bientôt le rejetteront pour le porter vers les en-droits inférieurs, où il trouvera moins de résistance (105 3°.). Qu'au-dessous & en aval il rencontre les mêmes obstacles répétés, il éprouvera les mêmes variations : de sorte que *le vrai lit d'un torrent sur le penchant de la montagne où il se forme ne peut être que très-sinueux ; ce qui est d'ailleurs conforme à l'expérience.*

123. Il résulte de-là, que *ces sinuosités multipliées diminuent considérablement la vitesse & la force des torrens.* Et c'est en cela que nous devons admirer la sagesse de la providence; car si la chose n'étoit pas ainsi, aucune barrière ne pourroit modifier ces courans. Pour s'en convaincre, on n'a qu'à supposer un torrent qui descend seulement de 200 toises ou 1200 pieds de hauteur : s'il ne rencontroit point d'obstacle, arrivé au bas de la montagne, l'action qu'il exerceroit sur la superficie d'un pied, équivaudroit au poids d'une colonne d'eau d'un pied carré de base, & de 1200 pieds de hauteur, c'est-à-dire à 84000 p., ou à 840 quintaux.

Examinons à présent les torrens au pied des montagnes & dans les plaines.

Ces sinuosités dé-truisent la force des torrens.

H

§. I I.

Des Torrens confidérés au pied des Montagnes où ils fe forment.

124. Nous avons deux cas à examiner ; favoir :

1°. Celui où le penchant de la montagne fe propage fans interruption jufqu'au bord de la rivière qui reçoit les eaux du
torrent ;

2°. Celui où cette continuité de pente ardue du penchant eft
interrompue par l'interpofition d'une plaine entre la rivière &
la montagne.

Dans chacun de ces deux cas, les torrens nous offrant des
variations particulières, il eft à propos de les examiner féparément.

PREMIER CAS.

Il y aura un inter-
valle entre le bas de la
chûte du torrent & la
rivière qui le reçoit.
Fig. 5.
125. Nous avons vu (110) que le lit d'un torrent pris fur la
montagne où il fe forme, s'approche toujours davantage de la
perpendiculaire ou verticale à mefure qu'il s'avance vers la fin
de fa chûte ; foit ABC (*fig. 5.*) la fection d'une montagne au
bas de laquelle fe trouve une rivière CDE. Suppofons qu'un
torrent prenne fa fource vers le fommet B, il creufera fon lit
fuivant la courbe BFG, telle que les tangentes menées à fes
divers points s'approcheront toujours plus du parallélifme avec
la verticale BH : mais il eft vifible que cette courbe fe trouve
d'autant plus enfoncée dans le corps de la montagne, qu'elle
s'approche davantage de la ligne du niveau AC qui paffe par
fa bafe. D'un autre côté, la rivière n'arrive qu'au point C ; donc
*il reftera un intervalle C G entre la rivière & la courbe B F G, &
cet intervalle fera compris dans l'intérieur de la montagne.*

126. La direction du torrent arrivé au bas de la chûte, tend
à pouffer, fuivant KG, les matériaux qu'il a entraînés : mais

ces matériaux ne peuvent s'évacuer que dans la rivière CDE, & pour cela elles ont befoin d'être pouffées avec une certaine force. Celle du courant dirigée fuivant KG, eft prefqu'entièrement détruite par la réaction de CG : d'ailleurs, il faut une certaine pente au courant pour lui donner la force néceffaire au tranfport des matériaux, & GC n'en a point. Donc *les matériaux s'accumuleront au bas de la chûte, & le torrent fe formera jufqu'à la rivière un nouveau lit, fuivant la ligne KC, dont la pente lui donnera la force relative au tranfport des matériaux dans la rivière ;* ce qui eft conforme à l'expérience.

127. On voit par-là que *la pente d'un torrent arrivé au pied de la montagne diminue,* puifque la ligne CK prolongée, entre dans la courbe BFG du lit en amont.

La pente d'un torrent diminue au pied de la montagne.

128. *La pente du nouveau lit fera d'autant plus forte, que la groffièreté des matériaux fera plus grande.* Car plus les matériaux feront groffiers, plus il faudra de force au courant pour les charier. Or, la force primitive du courant ayant été prefqu'entièrement détruite par la réaction du fol au bas de la chûte (126), il ne peut en recouvrer fuffifamment que par la pente du nouveau lit : donc, cette force étant relative à la pente, cette pente devra être d'autant plus forte que les matériaux feront plus groffiers.

Cette pente fera proportionnelle à la groffièreté des matériaux du fond.

129. *La longueur du nouveau lit KC fera d'autant plus confidérable que la montagne aura plus d'empattement, & que les matières qui la formeront auront moins de tenacité.*

Car 1°. fuppofons la courbe BFG conftante ; il eft vifible que plus la montagne aura d'empattement, ou ce qui eft la même chofe, moins le penchant BLC aura de pente, plus le point C fera éloigné du point correfpondant G de la courbe, & par conféquent plus la ligne CK fera longue.

Loi fur la longueur du cours de ce lit.

2°. Si, au contraire, on fuppofe le penchant BLC conftant, moins les matières intérieures de la montagne auront de tenacité, plus la courbe BFG s'approchera de la verticale BH (110).

H ij

Or, il est visible que dans ce cas la ligne CG augmentera à proportion, & qu'il en sera de même de CK.

Conséquence qui en résulte.

130. Il suit de-là, que *si la montagne est rocher, cette longueur sera presque nulle.* Car alors la courbe BFG s'éloigne davantage de la perpendiculaire BH, & par conséquent s'écarte moins du penchant BLC.

Le lit s'abaissera au commencement d'une crue & s'exhaussera à la fin.

131. *Le lit s'abaissera au commencement d'une crue, & s'exhaussera à la fin.*

1°. Au commencement de la crue, le volume d'eau & sa force seront considérables & pourront corroder le fond. Donc le fond s'abaissera.

2°. Les eaux détachant toujours des matières de la montagne, les charieront le long de KC tant que la crue durera; mais à mesure que la crue cessera, les eaux n'ayant plus assez de force laisseront sur la route les dernières matières enlevées. Donc, alors, le lit s'exhaussera. Sur cela nous devons faire les observations suivantes.

1°. Si la crue est longue & forte, l'action des eaux sur le fond se fera sentir à proportion. Dans ce cas, le déblai sera plus considérable que le remblai dont nous parlons; & après la crue, le lit sera plus bas qu'auparavant.

2°. Si la crue est fort courte, le déblai sera petit à proportion. Dans ce cas, il est possible que le remblais de la fin soit plus grand que le déblai; alors le lit sera plus haut après la crue qu'auparavant.

Ainsi le lit du torrent sera très-variable par ces déblais & remblais alternatifs; & c'est ce que nous avions avancé au n. 87. 1°.

Venons à présent à l'examen du second cas.

DEUXIÈME CAS.

Quelle sera la

132. Soit la montagne ABC (*fig.* 6.) au bas de laquelle se

trouve la plaine C'MC, terminée par la rivière CDE. Soit aussi un torrent qui, se formant au haut B de la montagne, tombe par la courbe quelconque BFK, & qui, du bas de la chûte K, se rend à la rivière par la ligne KC, *la pente de cette ligne sera la même que celle de la partie K C' comprise entre la courbe de chûte BFK & le penchant BLC' de la montagne.*

Pour le démontrer, on n'a qu'à supposer que le penchant BLC' prenne la position BL'C. Cette hypothèse ne peut altérer en aucune manière la courbe BFK, & le bas de la chûte sera par conséquent toujours au point K. Or, dans ce cas nous avons vu (128) que la pente du nouveau lit KC seroit proportionnelle à la grossièreté des matériaux : donc la même chose aura lieu si le penchant prend la courbure KLC' & se termine en C' au lieu de se terminer en C.

133. Donc 1°. *si le penchant du terrein correspondant à C' C est supérieur à cette ligne, le torrent s'y établira en pleine terre, & creusera jusqu'à cette même ligne.*

2°. *Si ce penchant coïncide avec cette ligne, le torrent y coulera superficiellement.*

3°. *Si enfin ce penchant est inférieur, & qu'il prenne la position C'MC, le torrent formera un remblai jusqu'à la rivière.*

Tout cela est évident d'après la proposition précédente.

134. Il suit encore de la même proposition, que *dans ce dernier cas, si le torrent n'est pas contenu sur la ligne C' C il se répandra sur les campagnes voisines & correspondantes.*

Car (105 2°.) le torrent doit se porter vers les endroits les plus bas. Or, par hypothèse, les campagnes correspondantes sont inférieures à la ligne C'C.

Cela, d'ailleurs, n'est malheureusement que trop démontré par l'expérience; car, dans les pays montueux, on voit à chaque pas les domaines les plus précieux, se couvrir journellement des dépôts des torrens qui descendent des montagnes supérieures à ces domaines.

C'est-là l'origine des terreins graveleux que nous rencontrons souvent au pied des montagnes, où ils forment la continuité des penchans supérieurs correspondans, mais avec une pente beaucoup plus douce. On les reconnoît facilement en ce que la partie pierreuse y domine sur la partie terreuse. Dans plusieurs départemens du Midi on leur donne le nom de Gresq.

Les dépôts peuvent être utilisés par le génie civil & par l'agriculture.

135. Ces sortes de terreins, considérés relativement au génie, ont une propriété essentielle. Cette propriété consiste en ce que les chemins qu'on y place, n'ont besoin d'aucun apprêt, & qu'ils ne se dégradent que très-rarement. La raison en est que la partie terreuse forme une espèce de ciment qui lie les pierres & donne à l'ensemble plus de consistance que si l'on n'employoit que de la pierraille, comme on est en usage de le faire. Par conséquent la nature nous indique que les engravemens des chemins doivent être faits avec un mélange de terre & de pierre. Nous pourrons, dans son tems, traiter *ex professo* cet important objet.

Ces mêmes terreins, considérés relativement à l'agriculture, ont l'avantage d'être très-propres à la culture de la vigne & de l'olivier, lorsque le climat & l'exposition s'y prêtent. L'expérience, en effet, nous apprend que les vins & les huiles qu'on y recueille sont toujours d'une qualité supérieure.

Revenons à notre sujet.

Comment on détermine la pente à donner au lit d'un torrent sur une chaussée.

136. D'après ce que nous avons dit ci-dessus, il est visible que, lorsque le terrein C'MC est inférieur au prolongement C'C de la ligne KC', si l'on veut empêcher le torrent de s'extravaser dans les domaines adjacens, il faut le contenir sur une chaussée ou de toute autre manière, & le conduire jusqu'à la rivière la plus voisine. Il n'est pas moins visible que la ligne CC' n'est point arbitraire, & que sa pente doit être déterminée sur celle de KC' (132). Par conséquent, lorsqu'on aura à construire des ouvrages relatifs à cet objet, on profilera d'abord la superficie KC'MC de l'espace compris entre l'extrémité K de la

chûte du torrent & le bord C de la rivière; & d'après cette opération, on déterminera la position de C'C qui doit avoir la même pente que K C', ainsi que nous venons de le dire.

137. Suppofons qu'on donnât à C'C plus ou moins de pente qu'il ne lui en faut. Dans le premier cas, il y auroit une augmentation de remblais à pure perte, & le torrent dégraderoit les travaux jufqu'à ce qu'il fût parvenu à la ligne C'C (132).

Dans le fecond cas, le fond s'exhaufferoit par des dépôts jufqu'à ce qu'il fût parvenu à la ligne C'C; & dans ce tems-là il s'extravaferoit & fe répandroit fur les domaines adjacens (134).

Ainfi, nous le répétons, *la pente C'C n'eft point arbitraire, mais elle doit être réglée fur celle de K C'.*

138. Suppofons que la rivière s'éloigne en prenant la pofition NOP, ou qu'elle s'approche en prenant celle QRS.

La chauffée du lit augmentera ou diminuera de hauteur proportionnellement à fa longueur.

Dans le premier cas, le point C tombant fur N, tirons la ligne NK' parallèle à CK, il eft vifible que NK' fera fupérieure à CK : donc le remblai augmentera en hauteur & en longueur.

Dans le fecond cas, le point C tombant fur Q, tirons QK'' parallèle à CK, elle tombera au-deffous de CK : donc le remblai diminuera en hauteur & en longueur.

139. Il fuit de-là que *les torrens doivent être conduits aux rivières par la ligne la plus courte.* Car plus la ligne fera courte, moins les remblais feront confidérables & moins les dépenfes feront fortes.

Donc on doit conduire les torrens aux rivières par la voie la plus courte.

140. Si le lit qu'on affignera eft trop large, les eaux, y ayant peu de profondeur, y auront auffi moins de force pour entraîner les matériaux qui defcendent de la montagne. D'où il fuit que les dépôts exhaufferont le fond, jufqu'à ce que le lit ait affez de pente pour donner aux eaux la force néceffaire au tranfport des matières entraînées.

Si le lit eft trop large, le fond s'élèvera.

Donc plus le lit sera étroit, plus la pente sera petite.

141. Il suit de-là, que *la pente du lit d'un torrent devra être d'autant moindre que le torrent sera plus resserré.* Car alors les eaux perdant moins de leur force par les obstacles répandus sur le fond, n'auront pas besoin de réparer leur pente par une augmentation de pente.

Et moins la chaussée sera élevée.

142. Donc, si le torrent doit être conduit à la rivière voisine par une chaussée, *le remblai sera d'autant moins élevé que le lit sera plus resserré.*

Importance des principes précédens, pour les pays de montagnes.

143. Les principes que nous venons d'établir, quoiqu'encore imparfaits à cause de la nouveauté du sujet, sont néanmoins de la plus haute importance pour tous les pays de montagnes. On sait, en effet, que, dans ces pays, les domaines les plus précieux sont toujours situés au fond des vallées & le long des rivières, & qu'ils sont en même tems dominés par des montagnes, d'où les eaux d'orage descendent par la voie des torrens. Si l'on ne veut pas qu'ils soient engloutis par les décombres des montagnes, il faut nécessairement assigner un lit à ces torrens; & l'on voit par ce qui précède, que pour opérer à cet égard d'une manière sûre & économique, il faut, en attendant mieux, se conformer à ce que nous venons de prescrire.

§. III.

Des causes des Torrens & des effets qui en résultent.

La première cause de la formation des torrens est la destruction des bois des montagnes.

144. *La destruction des bois qui couvroient nos montagnes, est la première cause de la formation des torrens.*

La raison s'en présente d'elle-même. Ces bois, soit taillis, soit de haute-futaie, interceptoient, par leur feuillage & par leurs branches, une partie considérable des eaux pluviales & de celles d'orage. La partie restante & qu'ils ne pouvoient pas retenir,

ne

ne tomboit que goutte à goutte, & dans des intervalles affez longs pour qu'elle eût le tems de filtrer dans les terres. D'autre part, la couche de terre végétale qui s'accroiffoit annuellement par la chûte des feuilles, s'imbiboit d'une quantité confidérable de ces eaux. Enfin les touffes d'arbriffeaux rompoient & détruifoient, dès leur origine, les torrens qui pouvoient fe former nonobftant toutes ces raifons. Les bois étant détruits, les eaux d'orage n'ont plus trouvé d'interception dans leur chûte. Ne pouvant pas, à raifon de leur abondance, être abforbées par la terre à mefure qu'elles tomboient, elles ont coulé fuperficiellement, &, n'y ayant plus de touffes qui rompiffent & divifaffent leur cours, elles ont formé les torrens, ainfi qu'il a été dit (107 & 113).

145. *Les défrichemens fur les montagnes font la feconde caufe de la formation des torrens.*

Car nous avons démontré (108) qu'un torrent fe formeroit avec d'autant plus de facilité, que les matières qui compoferoient la montagne auroient moins de tenacité. Or, les défrichemens, en rendant les terres meubles, ont diminué cette tenacité : donc ils ont favorifé la formation des torrens.

L'on voit par-là combien a été mal entendue & peu réfléchie la loi, rendue fous l'ancien régime, qui autorifoit les défrichemens, pourvu que l'on conftruisît, par intervalles, des murs de foutenement, pour arrêter les terres fur les penchans des montagnes. On n'a pas fenti que, dans une infinité de contrées, on fe bornoit à faire deux ou trois récoltes dans un défrichement, & qu'enfuite on l'abandonnoit. Conféquemment il étoit naturel que les murs de foutenement devant plus coûter que ne vaudroient les récoltes, on ne les conftruiroit pas. Auffi c'eft-là ce qui eft arrivé. Cependant il en eft réfulté jufqu'à préfent, & il en réfultera pour l'avenir, les défaftres les plus affreux, ainfi que nous allons le voir.

I

146. Le premier défaſtre produit par les deux cauſes dont nous venons de parler , eſt *la ruine de nos forêts.*

S'il avoit exiſté des loix ſages & qu'on eût ſoigneuſement tenu la main à leur exécution , nous aurions aujourd'hui des bois de conſtruction aſſez abondans pour nous paſſer de l'étranger. Nous aurions auſſi en abondance des bois de charpente & de chauffage. On ſent que tous ces objets ſont eſſentiellement néceſſaires dans un état bien organiſé. Cependant ils nous manquent au point que dans un grand nombre de communes on n'a pas même du bois de chauffage. Le mal vient de loin , & il eſt très-inſtant d'y remédier.

147. Le ſecond défaſtre eſt *l'anéantiſſement en une infinité d'endroits de la couche végétale qui couvroit nos montagnes.*

Cette couche donnoit autrefois d'abondans pâturages pour les bêtes à laine. Emportée par les orages & les torrens , il ne reſte plus aujourd'hui ſur ces montagnes qu'un rocher nud & aride. De-là il réſulte néceſſairement une diminution dans le menu bétail qu'on auroit pu nourrir en France, ſi ces pâturages avoient continué d'exiſter.

148. Le troiſième défaſtre eſt *la ruine des domaines qui ſont le long des rivières.*

Nous avons vu (70) que les crues étoient d'autant plus fortes, que les montagnes étoient moins boiſées & plus décharnées. Ces crues ſont donc plus fortes aujourd'hui par l'effet des deux cauſes mentionnées ci-deſſus , qu'elles ne l'étoient autrefois : donc elles doivent cauſer , & elles cauſent réellement beaucoup plus de dégâts aux domaines riverains qu'elles n'en cauſoient autrefois.

D'autre part , nous avons vu (134) qu'il pouvoit arriver , comme en effet il n'arrive que trop ſouvent , que les torrens ſortant de leur lit , couvriſſent de dépôts les domaines adjacens ſitués au pied des montagnes ; ce qui les dénature abſolument.

Or, la chofe n'a lieu que depuis que, par les deux caufes ci-deffus (144 & 145), les torrens fe font formés.

149. Le quatrième défaftre eft *le dommage qu'éprouve la na-vigation des rivières par les divifions qui font la fuite des fortes crues.*

Le quatrième dé-faftre eft le préjudice qu'éprouve la navi-gation des rivières.

Nous verrons plus bas qu'une crue, forte & fubite, divife fouvent la rivière en plufieurs branches. En attendant, il nous fuffit de dire, qu'autrefois cela étoit peu fréquent. Ce qui le prouve, c'eft qu'en général les rivières étoient prifes pour limites des terroirs des communes; ce qui n'auroit pas été, fi, dans ces tems-là, ces rivières avoient été fujettes aux mêmes divifions qu'aujourd'hui. Or, il eft vifible que ces divifions en plufieurs branches, portent un très-grand préjudice à la navi-gation & à la flottaifon des rivières.

150. Le cinquième défaftre confifte dans *les conteftations que les divifions des rivières font naître entre les propriétaires riverains oppofés.*

Le cinquième dé-faftre confifte dans les procès réfultans de la divifion des ri-vières en plufieurs branches.

Car, fi dans l'origine & à l'époque où la rivière n'avoit qu'un lit, le courant formoit la ligne divifoire, il eft vifible que ce courant, venant à changer, par la divifion en plufieurs bran-ches, la ligne divifoire changera auffi. Sa pofition devenant variable & incertaine, il faut qu'il en réfulte des procès; & c'eft malheureufement ce qui n'arrive que trop fouvent. Ce-pendant la chofe n'auroit pas lieu fi l'on n'avoit pas détruit les bois & les couches de terre végétale fur les montagnes.

151. Le fixième défaftre réfulte des *dépôts qui fe forment à l'embouchure des fleuves, & qui interceptent fouvent la navi-gation.*

Le fixième défaf-tre eft l'obftruction de l'embouchure des fleuves.

Car il eft démontré, par l'expérience, que les atterriffemens qui fe forment à l'embouchure des fleuves, gênent extrême-ment la navigation. Il eft auffi démontré, par l'expérience, que ces atterriffemens fe font opérés beaucoup plus rapidement, dans ces derniers tems, qu'autrefois. L'exemple du Rhône,

que nous avons rapporté au n. 11, en eſt une preuve convaincante. Or ces dépôts ne peuvent provenir que des dépouilles
des montagnes défrichées.

**Le ſeptième dé-
ſaſtre eſt la diminu-
tion des ſources.**

152. Enfin le ſeptième déſaſtre conſiſte dans *la diminution
des ſources qui alimentent les fleuves & les rivières dans leur état
ordinaire.*

Nous avons vu (45), que les ſources provenoient des eaux
pluviales qui, filtrant à travers la terre, ſe rendoient dans des
réſervoirs ſouterreins, d'où elles s'échappoient enſuite par de
petits canaux & paroiſſoient à la ſurface de la terre. Or, ſi les
montagnes ſe dépouillent de leur couche de terre végétale, &
qu'il n'y reſte plus que le rocher nud, il eſt viſible que les eaux
pluviales ne filtreront plus, & qu'elles s'écouleront toutes ſuper-
ficiellement (70) : donc les ſources doivent diminuer, ainſi que
les rivières qui les alimentent : il viendra même un tems où les
rivières, qui aujourd'hui ſont navigables, ceſſeront de l'être.
A la vérité, cette époque eſt encore éloignée ; mais tôt ou
tard elle arrivera, ſi l'on ne détruit pas la cauſe qui doit opérer
cet effet.

Nous allons à préſent parler des rivières.

S E C T I O N   I I I.

Des Rivières.

**Diviſion de cette
ſection.**

153. Nous diviſerons cette ſection en deux chapitres. Dans
le premier, nous examinerons les rivières qui charient du gravier ; & dans le ſecond, nous traiterons de celles qui ne charient que du ſable & du limon.

CHAPITRE I.

Des Rivières à fond de gravier.

§. I.

De la nature & de la pente du lit des Rivières à fond de gravier.

154. Suppofons une vallée BCD (*fig.* 7.) formée par les montagnes ABC, CDE, & au fond de laquelle fe trouve une rivière ; s'il ne s'y rencontre aucune pierre, il eft vifible que cette rivière occupera conftamment l'endroit C le plus bas de cette vallée, fans pouvoir s'étendre ni à droite ni à gauche, puifqu'elle trouveroit le penchant des montagnes de chaque côté ; & dans ce cas, il ne fauroit y avoir de différence entre *le lit majeur* & *le lit mineur* (90), à caufe que le lit fera un véritable canal terminé de part & d'autre, par le penchant de ces mêmes montagnes. Mais fi par quelqu'événement que ce foit, le fond de la vallée fe remplit de pierres, il ceffera d'avoir la forme d'un canal, & prendra la pofition de la droite FG : pour lors la rivière coulera fur le plan dont cette ligne ~~...~~ FG, telle tranfverfale ; & fi ce plan a une ~~...~~ largeur FG, telle qu'elle ne puiffe être ~~...~~nierement occupée que par les eaux dans les grandes crues (89 1°.) la rivière aura un *lit majeur* & un *lit mineur.* Or, tel eft l'état de toutes les rivières à fond de gravier, & dans lefquelles on diftingue les deux lits dont nous venons de parler : donc le fond des vallées que *ces rivières parcourent a été encombré par des dépôts de pierre.*

Pour s'en convaincre, on n'a qu'à fonder la profondeur du gravier fur divers points de FG, on trouvera que cette profon—

Le fond des vallées où les rivières ont établi leur lit a été encombré par des pierres.
Fig. 7.

deur augmente en avançant vers le point le plus bas C de la vallée, & qu'au contraire elle diminue en s'approchant des bords F & G.

Les domaines riverains de niveau avec le lit, ont été gagnés sur ce lit.

155. Si le gravier du lit majeur de la rivière n'occupoit que la largeur H K, & que latéralement il se trouvât des domaines qui occupaffent les efpaces F H, K G placés fur la même ligne de niveau F G, ou à-peu-près, que H K, on peut être affuré que ces domaines ont été gagnés fur le lit majeur de la rivière.

Car, fi cela n'étoit pas ainfi, les lignes F H, K G feroient la fuite des penchans correfpondans B F, D G. Or la continuité des penchans ne fe forme jamais de lignes horifontales.

En creufant dans ces domaines on trouvera le gravier.

156. Il fuit de-là qu'en creufant à quelque profondeur fur les domaines riverains F H, K G, on trouvera infailliblement le gravier de la rivière.

Cela eft évident, puifque ces domaines ont été gagnés fur le lit majeur & font par conféquent fuperpofés au gravier.

Cette obfervation eft très-utile dans le cas où l'on conftruit un chemin à travers ces fortes de domaines ou aux environs. Dans ce cas, on n'a qu'à ouvrir une tranchée dans ces terreins, & l'on s'y pourvoira de tous les graviers néceffaires aux engravemens.

Les encombremens qui forment le gravier, tirent leur origine des montagnes adjacentes.

Nous avons vu dans la fection précédente que les penchans des mont.... font fillonnés de torrens; que ces torrens en détachent des maffes comp--ées de terre & de pierre, & qu'ils les jettent dans les rivières voifnes. Ces rivières ayant des crues plus longues que celles des torrens (63), & d'ailleurs, étant habituellement alimentées par un certain volume d'eau (56), la partie terreufe fera bientôt d....ute; mais les pierres refteront & formeront l'encombrement dont nous avons parlé ci-deffus (154). Donc les encombremens qui forment le gravier des rivières tirent leur origine des montagnes adjacentes.

La quantité de gravier que la rivière.

158. La quantité de gravier que les rivières recevront par leurs

affluens sera, toutes chofes d'ailleurs égales, proportionnelle à la declivite des pays arrofés par ces affluens.

Car, 1°. puifque les eaux des torrens détachent ces pierres des montagnes, elles en détacheront d'autant plus, qu'elles agiront fur un plus grand nombre de points, ou que le pays arrofé fera plus étendu.

2°. Ces pierres feront entraînées avec d'autant plus de facilité, que les montagnes feront plus ardues.

159. *La groffeur des pierres que les torrens entraîneront dans les rivières, fera d'autant plus confiderable, que les montagnes feront plus ardues & plus proches de ces rivières.*

1°. Plus les montagnes feront ardues, moins il faudra de force aux eaux des torrens pour détacher de groffes maffes de pierres.

2°. Plus ces montagnes feront proches des rivières, plus le trajet de tranfport fera court : conféquemment, moins les torrens perdront de leur force au bas de la montagne, & plus il leur en reftera pour charrier ces matériaux.

160. De-là il fuit 1°. que les *matériaux du lit d'une rivière feront plus ou moins groffiers, felon que les montagnes qui la borderont, feront plus ou moins efcarpées.*

La chofe eft évidente, & d'ailleurs elle eft confirmée par l'expérience.

2°. Que *lorfqu'il n'y aura point de montagnes, il n'y aura point de gravier.*

L'exemple de la Saône, de la Seine, de la Marne, &c., juftifie cette conféquence.

161. Nous avons vu (45 & 55) que les eaux de fource fortoient particulièrement des montagnes, & (51 1°.) qu'elles formoient les rivières dans leur état habituel. Par conféquent les rivières prennent en général leur origine aux montagnes ; mais (9) les montagnes diminuent conftamment de hauteur en s'éloignant du point culminant du grouppe. D'autre part, la déclivité ou

---

[marginal notes:]

reçoit, eft proportionnelle à l'étendue & à la déclivité des pays qui le fournir.

La groffiereté du gravier eft proportionnelle à la déclivité & à la proximité des montagnes.

Donc le gravier fera plus ou moins groffier, fuivant la hauteur & la pente des montagnes.

La groffiereté du gravier augmente ou diminue en s'approchant ou en s'éloignant de la fource de la rivière.

la rapidité de leur penchant diminue auſſi à proportion de la hauteur. Donc, d'après ce que nous venons de dire (159), la groſſièreté des matières du fond d'une rivière augmentera en remontant vers la ſource, & elle diminuera en s'en éloignant.

La choſe eſt conforme aux obſervations, ainſi que chacun peut s'en convaincre.

Si les montagnes riveraines s'abaiſſent ou s'éloignent, la largeur du gravier augmentera.}
Fig. 7.

162. *Si les montagnes formant la vallée s'éloignent ou s'a-baiſſent, la longueur F G (fig. 7) de la ligne tranſverſale du gravier augmentera.*

Car, 1°. les montagnes s'éloignant, leurs penchans CGD, CFB s'écarteront l'un de l'autre : par conſéquent leur diſtance priſe ſur la ligne FG augmentera.

2°. Pareillement, ſi les montagnes ABC, CDE s'abaiſſent & ſi elles deviennent AB'C, CD'E, il eſt viſible que la ligne FG deviendra F'G' plus longue que la première.

Ainſi, dans le premier cas, les montagnes s'éloignant, & leur déclivité étant ſuppoſée conſtante, le ſommet de l'angle formé par la rencontre de leurs penchans, tombera au-deſſous du point C, tandis que la ligne FG ne change pas de poſition. Or le ſommet de l'angle s'éloignant, FG qui joint ſes côtés doit augmenter.

Dans le ſecond cas, au contraire, les ſommets des montagnes baiſſant, leur rapidité diminue; &, par conſéquent, l'angle formé au point C par le concours de leurs penchans, augmentera. Donc la ligne FG, qui ne varie pas dans ſa poſition & qui meſure la diſtance des côtés de cet angle, augmentera auſſi.

Si les montagnes riveraines ſe rapprochent ou s'élèvent, la largeur du gravier diminuera.
Fig 7.

163. *Si les montagnes qui forment la vallée ſe rapprochent ou s'élèvent, la longueur FG de la ligne tranſverſale diminuera.*

En effet, 1°. ſi elles s'approchent, leurs penchans CGD, CFB ſe rapprocheront auſſi; &, par conſéquent, la ligne FG, qui meſure leur diſtance ſuivant cette direction, diminuera.

2°. Si elles s'élèvent, & qu'elles deviennent AB''C, ED''C,

leur

leur rapidité augmentera, leurs penchans se rapprocheront, & leur distance suivant la ligne FG, deviendra F"G", qui sera évidemment moindre que FG.

164. Puisque la hauteur des montagnes augmente en s'approchant de la source d'une rivière, & qu'elle diminue en s'en éloignant, il suit, de ce que nous venons de dire (162 & 163), qu'*il y aura plus ou moins de terrein à gagner sur le gravier du lit des rivières, selon qu'on s'éloignera ou qu'on s'approchera de leur origine.*

165. Les pierres qui tombent dans le lit des rivières sont d'abord d'une forme anguleuse & irrégulière, comme on peut le voir dans les torrens pris au bas des montagnes où ils se forment ; l'action des eaux des rivières dans les crues, les oblige à rouler & à se choquer les unes les autres. Dans ce mouvement de rotation, & par ces divers chocs, les angles s'écornent, les surfaces se polissent, & leur forme devient régulière, ou à-peu-près. C'est lorsqu'elles sont parvenues à cet état, qu'elles prennent le nom de *galets*. Mais pour y parvenir, elles ont besoin de rouler sur une certaine étendue, & par l'action des crues d'une certaine longueur. Avant ce terme, elles sont plus ou moins écornées, & s'approchent plus ou moins de la régularité des *galets*, suivant l'espace parcouru, & c'est sur-tout dans le lit des torrens-rivières qu'on les trouve dans cet état d'imperfection : aussi est-ce-là le vrai moyen de distinguer au premier abord, & en tout tems, le torrent-rivière de la rivière proprement dite.

Comme les pierres qui descendent des montagnes sont de diverses grosseurs, cette diversité continue dans le lit des rivières. Ainsi, le gravier n'est qu'un mêlange de pierres de toute grosseur, depuis un volume déterminé & au-dessous ; & sa grossièreté, en général, consiste dans le plus ou moins de grosseur des galets qui y dominent.

K

La largeur des terreins à gagner est relative à la distance de la source.

Considérations sur le gravier & les galets ; usage qu'on en peut faire pour distinguer la rivière du torrent-rivière.

Origine des dé-
pôts de gravier supé-
rieurs au lit des ri-
vières.

166. Nous avons dit (5) qu'en divers endroits, & à une
certaine hauteur on trouve des amas confidérables de cailloux
roulés ou *galets*. Nous ajouterons ici qu'on rencontre auffi fort
fouvent, dans les endroits élevés, du gravier dont les pierres ne
font encore qu'imparfaitement arrondies. Par conféquent, en
examinant les rivières ou torrens-rivières qui font dans la contrée, on pourra, d'après ce que nous avons dit (165), déterminer par quel courant ces dépôts ont été formés.

Pourquoi le lit des
rivières s'abaiffe, mal-
gré les graviers af-
fluens.

167. Les torrens tranfportant continuellement des pierres
dans le lit des rivières, & ces pierres ne parvenant pas jufqu'à
la mer, ainfi que nous le verrons plus bas, il femble que
ce lit devroit habituellement s'exhauffer. Cependant il arrive
le contraire, comme nous l'avons dit (5 & 166). Deux caufes
empêchent les progrès de cet exhauffement.

La première eft le frottement continuel des galets, les uns
contre les autres, dans les crues ; frottement qui les ufe & en
atténue habituellement les parties. La chofe paroîtra peu fur-
prenante, fi l'on obferve qu'il eft bien difficile qu'une des plus
groffes pierres qu'on trouve dans le gravier du lit des rivières
puiffe, par l'effet d'un mouvement violent, tel qu'eft celui du
tems des crues, rouler feulement l'efpace de 10 lieues fans
s'anéantir entièrement.

La feconde eft l'abaiffement habituel du niveau de la mer
dont nous avons parlé aux n. 4 & 5, & qui, comme on verra
dans la fuite, influe néceffairement fur l'abaiffement du lit des
rivières dans toute l'étendue de leur cours.

Ainfi, par le concours de ces deux caufes, *non feulement le
lit des rivières ne doit pas s'élever, mais au contraire il doit
continuellement s'abaiffer ; & c'eft ce qui eft confirmé par l'expérience.*

168. Après avoir expliqué tout ce qui tient à la formation
& à la nature du lit des rivières, il nous refte à voir l'action des
eaux fur les matières qui le compofent & les variations qui en

réfultent dans toutes les hypothèfes. Pour cela il faut préalablement fixer nos idées fur la force des eaux, la réfiftance des
matériaux du fond & l'équilibre qui s'établit entre cette force
& cette réfiftance.

169. Nous avons dit (48) que, dans les crues, toutes les matières du fond étoient en mouvement, & (85) que ces mêmes
matières ne fe mettoient en équilibre, avec l'action du courant,
que pendant l'écoulement fecondaire des eaux pluviales auxquelles nous avons donné le nom de *volume d'eau d'équilibre*.
D'après la définition donnée au n. 89 2°., ce volume eft le volume moyen des eaux d'écoulement fecondaire qui fuccèdent
à la crue. L'action de ce volume ou fa force fe mefure, ainfi que
la force de tous les corps, par le produit de la maffe, par la vîteffe qui l'anime. Or nous avons vu (100) l'impoffibilité de
fixer la loi du mouvement des eaux des torrens & des rivières,
& (101) que la vîteffe moyenne rempliffoit le même objet : ce
fera donc la vîteffe moyenne que nous adopterons pour la vîteffe commune à toutes les particules de la maffe. Quant à cette
maffe, elle eft le volume qui, dans une feconde, que nous
prenons pour unité de tems, paffe par la fection du lit à l'endroit fur lequel nous raifonnerons, & ce volume doit être
regardé comme évalué en pieds cubes, à caufe que nous prenons le pied pour unité. En conféquence, la *force d'équilibre du
courant fera exprimée par le volume d'eau d'équilibre multiplié par
la vîteffe moyenne*.

La force d'équili-
bre des courans eft
exprimée par le vo-
lume d'équilibre mul-
tiplié par la vîteffe
moyenne.

Au furplus, nous ne devons pas nous diffimuler que cette
force n'agit en entier que fur les grands obftacles qui fe rencontrent fur fa route, tels que les digues, les bords du lit quand
ils fe préfentent obliquement à la direction du courant, &c. ;
au lieu qu'il n'y a que les couches inférieures qui agiffent fur les
matériaux qui forment les inégalités du fond. Cependant,
comme ces couches fupportent le poids de toutes les couches
fupérieures, n'étant d'ailleurs queftion ici que de fixer des

K ij

rapports d'approximation, & de les vérifier conftamment par l'expérience, nous croyons pouvoir, fans crainte d'erreur fenfible, prendre l'expreffion de la force que nous venons de fixer, pour celle qui agit fur les matières du fond & à laquelle elle doit être fenfiblement proportionnelle, la vîteffe étant fuppofée la même pour tous les filets.

Cette force eft auffi repréfentée par le même volume multiplié par une fonction quelconque de la pente.

170. Par la théorie de la chûte des corps, foit libre, foit fur des plans inclinés, la vîteffe acquife eft exprimée par l'ordonnée d'une parabole dont le paramètre $= 60$ pieds & l'abciffe eft la hauteur due. D'où il fuit que, dans la théorie, les vîteffes font comme les racines quarrées des hauteurs. Dans les rivières, l'eau coule à la vérité fur un plan incliné; mais nous avons vu (101) qu'on ne pouvoit pas, à la rigueur, lui appliquer ce rapport de la vîteffe à la hauteur. Tout ce que nous pouvons dire, c'eft que la hauteur du plan incliné, ou la pente de la rivière augmentant ou diminuant, la vîteffe augmentera ou diminuera auffi d'après une fonction quelconque de cette pente, mais dont la détermination, affez inutile d'ailleurs pour l'objet que nous propofons, fera probablement encore long-tems inconnue par la multiplicité & les variations à l'infini des élémens qui y entrent. En conféquence, ne defirant & ne pouvant aujourd'hui obtenir que des rapports approximatifs, nous pourrons auffi repréfenter la force du courant qui agit fur le fond ou *la force d'équilibre, par le volume d'eau d'équilibre, multiplié par une fonction quelconque de la pente.*

La réfiftance des matières du fond eft proportionnelle à leur groffièreté.
Fig. 8.

171. Soit A B (fig. 8.) un plan incliné faifant partie d'une portion du lit d'une rivière. Soit auffi, fur ce plan, le corps D repréfentant une pierre ifolée, pofée parmi celles qui compofent le fond. Cette pierre, étant entièrement plongée dans l'eau, perdra autant de fon poids que pèfe le volume d'eau dont elle occupe la place. Repréfentons le refte de fon poids par la verticale EF, & abaiffons la perpendiculaire EG. Cette dernière ligne exprimera fa preffion fur le plan & fera proportion-

nelle à l'énergie avec laquelle elle réfistera à l'action du courant. Mais on a EF:EG::AB:BC. Donc, puisqu'à caufe de la petiteffe de AC on peut, fans erreur fenfible, fuppofer BC=AB, on pourra auffi, par la même raifon, fuppofer EG=EF; par conféquent la réfistance, que ce corps oppofera, fera proportionnelle à fon poids relatif; &, puifque le poids relatif est proportionnel au poids abfolu, & celui-ci au volume ou à la groffeur des matières, *la réfistance de ce corps fera auffi en proportion avec fon volume ou fa groffeur.*

Jufqu'ici nous n'avons confidéré qu'un corps ifolé, placé fur le fond du lit d'une rivière; mais dans la nature, les chofes ne font pas ainfi : les pierres couvrent le fond en entier : elles font placées les unes à la fuite des autres; & quoique difpofées au hafard & en défordre, cependant elles fe foutiennent mutuellement jufqu'à un certain point. Par cette irrégularité de difpofition refpective, il feroit difficile, pour ne pas dire impoffible, de fixer au jufte le rapport de la réfultante des réfistances. Mais on fent, qu'en général, dans ce cas, *cette réfistance doit à-peu-près être encore proportionnelle à la groffièreté des matières;* car il est vifible que plus ces matériaux feront volumineux, plus ils réfisteront.

172. *Pour que le lit d'une rivière prenne une confistance, il faut que les matières du fond fe mettent en équilibre avec l'action des eaux.*

Les matières du fond doivent fe mettre en équilibre avec l'action des eaux.

Car fi cet équilibre n'avoit pas lieu, les matières du fond feroient dans un mouvement continuel, & le lit ne prendroit aucune confistance fixe; ce qui est contraire aux loix de la nature & à l'expérience.

173. Donc, puifque l'action ou la force des eaux est (169) comme le produit de la maffe par la vîteffe, ou (170) comme le produit de cette maffe par une fonction de la pente, & que (171) la réfistance des matières du fond est comme leur groffièreté, toutes ces quantités feront en proportion.

Conféquence qui en réfulte.

C'eft de-là que nous allons déduire les propofitions fui-vantes.

La groffièreté des matières du fond augmente avec la force de la rivière.

174. *Plus la force de la rivière fera confidérable, plus les ma-tières du fond feront groffières.* Car, fi la force de la rivière aug-mente, la réfiftance des matières qui, par leur poids, doivent lui faire équilibre, augmentera auffi. Or (171), cette réfiftance eft proportionnelle à la groffeur des matières : donc la force de la rivière fera proportionnelle à la groffièreté de ces mêmes ma-tières.

Et réciproquement.

175. Il s'en fuit de-là, que réciproquement *plus les matières feront groffières, plus le courant pris dans l'état d'équilibre aura de force.*

La chofe eft évidente, puifqu'une plus grande réfiftance doit faire équilibre à une plus grande force.

On fent que l'inverfe de l'une & l'autre propofition a égale-ment lieu.

Ces deux propofitions font confirmées par l'expérience ; car par-tout où les rivières ont plus de force, les matières du gra-vier y font plus groffières, & réciproquement.

Le volume d'eau étant conftant, la pente augmentera ou diminuera avec la groffièreté des ma-tières du fond.

176. *Si le volume d'eau eft conftant fur tout le cours du cou-rant, la pente augmentera ou diminuera avec l'augmentation ou la diminution de la groffièreté des matières du fond.*

En effet, 1°. fi la groffièreté des matières augmente, leur énergie ou réfiftance augmentera (171). Donc, dans le cas d'équilibre la force du courant doit augmenter (175); mais cette force eft le produit de la maffe par la vîteffe (169). La maffe étant conftante par hypothèfe, la vîteffe doit donc s'ac-croître. Or (170), cette vîteffe ne peut s'accroître qu'à mefure que la pente augmentera : donc cette pente augmentera avec la groffièreté des matières du fond.

2°. Par les mêmes raifons, fi cette groffièreté diminue, la réfiftance diminuera. Il en fera de même de la force & de la vî-teffe du courant ; par conféquent la pente diminuera auffi.

177. *Si la groffièreté des matières eft uniforme fur toute la longueur du lit, la pente augmentera ou diminuera lorfque le volume d'eau diminuera ou augmentera refpectivement.*

La groffièreté des matières du fond étant conftante, la pente fuivra la raifon inverfe du volume d'eau.

Car 1°. le volume d'eau diminuant, & la réfiftance étant conftante par l'uniformité des matières du fond, la force devant auffi être conftante, la vîteffe augmentera. Or, elle ne peut s'accroître qu'avec la pente (170).

2°. Au contraire, le volume d'eau augmentant & la réfiftance étant fuppofée conftante, la force qui pour lors doit auffi être conftante, exige que la vîteffe diminue : donc, dans ce cas, la pente diminuera auffi (170).

178. Nous avons vu (161) que la groffièreté des matières du fond augmente en remontant vers la fource d'une rivière, & qu'elle diminue en s'en éloignant ou en defcendant : d'autre part, nous avons pareillement vu (60) que le volume d'eau d'une rivière augmente ou diminue en s'éloignant ou en s'approchant de fa fource. Donc, d'après les deux propofitions ci-deffus (176 & 177), la pente du lit d'une rivière augmentera continuellement en remontant vers fa fource, & elle diminuera de même en defcendant. Par conféquent, *ce lit ne formera pas une feule ligne droite, mais une fuite de plans dont l'inclinaifon variera à chaque pas, & qui feront les élémens d'une courbe dont le point générateur s'élèvera continuellement en avançant vers la fource de la rivière* ; ce qui eft parfaitement conforme aux obfervations.

Le fond du lit formera une courbe qui s'élèvera en avançant vers la fource.

179. Si l'on examine la nature de cette courbe, on voit qu'elle doit être de la claffe des courbes affymptotiques; car, menons l'horifontale AB (fig. 9) dans laquelle le point A foit du côté d'aval & la pointe B du côté d'amont, & élevons les perpendiculaires PM, P'M', P"M" &c., elles feront (178) les ordonnées de cette courbe qui touchera l'axe des abfciffes AB lorfque PM ou la pente fera = 0. Or pour que, toutes chofes d'ailleurs égales, la pente s'anéantiffe, il faut que la réfiftance

La courbe du lit fera affymptotique.

du fond foit nulle, ou que le volume d'eau foit infini. En effet la pente s'anéantiffant, la vîteffe qu'elle imprime à la maffe s'anéantit auffi, ou, fi l'on veut, devient infiniment petite ; donc il faut que la réfiftance du fond devienne nulle, ou, fi elle eft finie, il faut que la maffe d'eau devienne infinie. Or la réfiftance du fond ne fera jamais =o, ni la maffe ou le volume d'eau = ∞ ; donc PM aura toujours une valeur, & par conféquent *la courbe MM'M" fera affymptotique, puifqu'elle ne pourra toucher l'axe AB des abciffes qu'à l'infini.*

Le volume d'eau étant conftant, la groffièreté des matières du fond augmentera avec la pente.

180. *Si la pente d'une rivière augmente & que le volume de fes eaux foit conftant, la groffièreté des matières du fond augmentera auffi.*

La raifon s'en préfente d'elle-même. La pente augmentant, la vîteffe & la force de la rivière augmenteront auffi (170) ; donc, pour l'équilibre, la réfiftance du fond doit augmenter : mais cette réfiftance ne peut s'accroître que par l'augmentation de la groffièreté des matières (171).

Application de ce principe au redreffement du lit des rivières.

181. Suppofons qu'on redreffe le lit finueux d'une rivière, en abrégeant fon cours, on augmentera fa pente en cet endroit. Donc, par la propofition précédente, la groffièreté des matières du fond augmentera pareillement de proche en proche jufqu'à la diftance où, par l'effet de l'augmentation de réfiftance qui en réfultera, ou de celle mentionnée au n. 103, le courant fe fera mis de nouveau en équilibre avec les matières primitives.

L'obfervation fuivante confirmera cette affertion. Frizi rapporte qu'en abrégeant le cours de l'Arno de quatre milles, cette rivière a pouffé du gravier jufqu'à trois milles au-delà du point où elle ceffoit d'en charier auparavant : d'où l'on doit conclure *qu'en opérant des redreffemens dans les rivières, on portera, en général, la groffièreté des matériaux qui fe trouvent à un endroit déterminé, à une diftance plus avancée en aval d'environ les trois quarts de la longueur du racourciffement du cours de ces rivières.*

182,

182. Puifqu'un redreffement de lit augmente la pente, & que (105 2°.) les courans tendent toujours à s'établir aux endroits où cette pente eft plus forte ; il s'en fuit que fi une rivière rencontre fur fon cours un endroit pareil, elle s'y précipitera d'elle-même. C'eft pour cette raifon, qu'en 1711, le Rhône, près de fon embouchure, abandonna fon ancien lit, connu fous le nom du *canal de bras de fer,* pour fe jetter dans celui des Lônes qu'il occupe encore aujourd'hui. Par conféquent quand on a de pareils redreffemens ou racourciffemens à faire, lorfqu'il n'y a pas de rocher ni d'autres matières qui ayent trop de tenacité, il fuffit, le plus fouvent, d'ouvrir une fimple tranchée de peu de largeur, & de laiffer, au courant qui s'y précipitera de lui-même, le foin de s'aggrandir convenablement par la corrofion qu'il ne manquera pas d'exercer fur les bords ; ce qui facilitera infiniment ces fortes d'opérations & en diminuera confidérablement les dépenfes.

Moyen de fimplifier les frais de redreffement du lit des rivières.

183. *Le volume d'eau d'une rivière étant toujours fuppofé conftant, fi l'on en diminue la pente, la groffièreté des matières du fond diminuera auffi.*

Le volume d'eau étant conftant, la groffièreté des matières du fond diminuera avec la pente.

Car la pente diminuant, la vîteffe diminuera auffi (170), de même que la force (169). Donc cette force ne pourra plus faire équilibre qu'à une réfiftance moindre qu'auparavant : or, cette réfiftance (171) eft comme la groffièreté des matières du fond : donc cette groffièreté diminuera.

184. Cette propofition s'applique naturellement aux déverfoirs dont on fe fert pour barrer le lit des rivières. Ces fortes d'ouvrages, en détruifant la pente de la rivière, détruifent auffi fa vîteffe & fa force : le courant n'a donc plus affez d'énergie pour charier du gravier; & les eaux ne s'écoulant que par l'effet de la preffion verticale, la groffièreté des matières du fond s'anéantit jufqu'à une certaine diftance en amont du déverfoir : c'eft ce que l'expérience démontre.

Application de ce principe aux déverfoirs.

L

Un déverfoir oblige
le lit de s'exhauffer en
amont.
Fig. 10.

185. *Si l'on barre une rivière par un déverfoir, fon lit s'exhauffera en amont de ce déverfoir.*

Soient AB (*fig.* 10.) une portion du lit fur laquelle on a conftruit le déverfoir CDEF. Du fommet de ce déverfoir menons
l'horifontale CG qui rencontre AB en G. Le courant arrivé
en G fera obligé de fe mouvoir de G en C, en vertu de fa
vîtesse acquife. Mais, d'une part, pour peu de hauteur qu'ait
le déverfoir, cette vîtesse est bientôt détruite par la réfistance
qu'oppofe la maffe stagnante CFG, que le courant choque
fuivant fa direction AG (105 1°.); & de l'autre, ce rallentif-
fement retardant les eaux antérieures, fe fait fentir de proche
en proche, aux eaux poftérieures ou du côté d'amont, jufqu'à
une certaine diftance d'autant plus grande que la pente est plus
petite. Donc les eaux affluentes en amont de G ayant moins de
vîtesse & conféquemment moins de force qu'auparavant, n'auront plus affez d'intenfité pour charier les matières que les torrens fupérieurs ne ceffent de tranfporter dans fon lit. Donc le
lit s'exhauffera en amont du déverfoir.

La même propofition peut être démontrée d'une manière
encore plus fimple. La destruction de la vîtesse retient (184)
toutes les matières groffières en amont du déverfoir. Or les
torrens qui affluent en amont ne ceffent d'en charier; donc ces
matières, ne paffant plus au-delà du déverfoir, s'accumuleront
en amont, & par conféquent elles y exhausseront le lit.

Cette vérité est démontrée par l'expérience: par-tout où l'on
barre une rivière pour procurer de l'eau ou des chûtes à des
moulins ou à d'autres engins; on remarque conftamment cet
exhauffement.

La groffièreté des
matières du fond fera
à fon *minimum* près
du déverfoir.

186. La destruction de la vîtesse & de la force du courant
est à fon *maximum* près du déverfoir: mais comme elle n'est
produite que par la réaction des eaux stagnantes CFG, cette
destruction diminuant par degré en remontant, ainfi que nous
venons de le dire, la force augmentera en remontant jufqu'à ce

qu'elle foit devenue la même que fi le déverfoir n'exiftoit pas. Donc (174) *la groffièreté des matières fera à fon MINIMUM près du déverfoir, & elle augmentera progreffivement en remontant.*

187. En appliquant au lit d'une rivière, coupé par divers dé-verfoirs, ce que nous avons dit (179), on verra que le fond for-mera diverfes lignes affymptotiques, interrompues par ces mêmes déverfoirs auxquels répondront refpectivement les moindres ordonnées; car la loi des vîteffes & des forces du courant, foit en amont & en aval des deux déverfoirs extrê-mes, foit dans les entre deux, fe trouvant la même que s'il n'en exiftoit aucun, la courbe du fond doit être rangée dans la même claffe.

Chaque déverfoir produit au fond du lit une courbe affymp-torique.

188. L'ufage des déverfoirs eft très-pernicieux dans une in-finité de cas; car, outre qu'ils gênent & fouvent même qu'ils interrompent la navigation ou la flottaifon, fi les domaines ad-jacens ont peu de hauteur, ils forcent les eaux des crues à les inonder; de-là réfulte non feulement la perte des récoltes, mais encore l'origine des marais qui privent la fociété de ter-reins précieux & qui nuifent à la fanté des habitans par l'infalu-brité dont ils infectent l'air environnant; de fimples canaux de dérivation, dont la prife d'eau feroit un peu au-deffus de l'ex-trémité G des eaux rendues ftagnantes par le déverfoir, produi-roient la même chûte, feroient fouvent d'une conftruction & d'un entretien qui exigeroient moins de frais & n'auroient aucun des inconveniens de ces fortes d'ouvrages de barrage.

Combien l'ufage des déverfoirs eft pernicieux.

189. *Si l'on détruit un déverfoir, on augmentera d'autant la pente de la rivière, & alors il en réfultera l'effet mentionné au n. 181.* La chofe eft évidente & n'a pas befoin de demonftra-tion.

Effets réfultans de la démolition d'un déverfoir.

Ce qu'il y auroit de plus effentiel eft que la démolition des déverfoirs anéantiroit tous les effets défaftreux qu'ils pro-duifent, & dont nous venons de parler au n. précédent.

L ij

La groffièreté des matières du fond étant conftante, la pente diminuera lorfque le volume d'eau augmentera.

190. *Lorfque le volume d'eau augmente, & que la groffièreté des matières eft conftante, la pente diminue.*

Car puifque la groffièreté des matières du fond eft conftante, leur réfiftance doit l'être auffi. Donc il doit en être de même de la force de la rivière dans l'équilibre. Par conféquent, puifque la maffe a augmenté, il faut que la vîteffe diminue à proportion. Donc (170) la pente doit pareillement diminuer.

Donc en aval d'un confluent la pente de la rivière principale diminuera.

191. *Il fuit de-là qu'en aval du confluent des deux rivières, la pente de la rivière principale doit être moindre qu'en amont.* C'eft une conféquence, non feulement de la propofition du n. 190, mais encore du n. 177; & elle eft trop claire pour y infifter, d'autant mieux qu'à chaque pas l'expérience le prouve.

Les rétréciffemens du lit en diminuent la pente.

192. *Si par quelque caufe que ce foit le lit d'une rivière fe rétrécit en un endroit determiné, la pente diminuera en aval.*

Car dans ce cas, toute la rivière fe trouvant réduite fur un moindre efpace, doit éprouver les mêmes fymptômes que fi elle recevoit un plus grand volume d'eau.

Si la groffièreté des matières du fond eft conftante, la pente augmentera quand le volume d'eau diminuera.

193. *Si la groffièreté du gravier eft conftante, & que le volume d'eau diminue, la pente augmentera.*

Car la réfiftance eft conftante, & la force eft moindre par la diminution de la maffe. Donc il faut, pour l'équilibre, que cette force fe rétabliffe par l'augmentation de vîteffe : or (170), la vîteffe ne peut augmenter que par la pente ; donc la pente augmentera.

Conféquences qui en réfultent.

194. *Donc, 1°. fi l'on faigne une rivière, la pente en aval doit augmenter.* Car alors le volume d'eau diminuera, & par le n. précédent la vîteffe doit augmenter ainfi que la pente.

2°. *Si dans ce même cas la pente refte conftante, la vîteffe doit diminuer.* Car alors les obftacles l'emportant fur la force, agiffent avec plus d'énergie. Cela eft confirmé par l'expérience des canaux dans lefquels la vîteffe diminue à mefure qu'on en dérive les eaux en plus ou moins grande quantité.

3°. *Si une rivière est trop large, sa pente augmentera.* Cela est évident, puisqu'alors chaque partie de la largeur aura moins d'eau que si le lit étoit plus réduit. Or, dans ce cas la rivière devient la même que si son volume d'eau avoit diminué.

4°. *Une rivière trop large exhaussera son lit.* Car l'augmentation de pente ne peut avoir lieu que par l'exhaussement. D'ailleurs, pour bien se convaincre de cette vérité, qui est essentielle, on n'a qu'à faire attention que dans une rivière trop large, la force diminuant, le courant ne peut plus entraîner les matériaux qu'il entraînoit auparavant : ces matériaux, en se déposant, doivent donc exhausser le lit.

§. II.

De l'action des eaux sur le fond en gravier ; de la corrosion qui s'y exerce, & des moyens de la provoquer & de la modifier.

195. Jusqu'ici nous n'avons considéré qu'en général la pente qui résultoit de l'équilibre entre l'action des eaux & la résistance du fond ; & c'est d'après cela que nous avons conclu (179) que la forme du lit d'une rivière suivroit la loi d'une courbe assymptotique. Cette résistance de la grossièreté des matières du fond, est un des moyens dont la nature s'est servie pour modérer, à chaque pas, l'effet de l'accélération : mais outre ce moyen, elle en emploie un autre incomparablement plus efficace, & auquel il paroît que jusqu'à présent on n'a pas fait assez d'attention.

En effet, si l'on suppose l'équilibre exact entre l'action des eaux du volume d'équilibre & la résistance du fond, il est visible que le moindre accroissement d'action qui résultera d'une légère augmentation de vitesse, détruira cet équilibre & bouleversera le fond. Or, c'est ce qui arriveroit habituellement ; car les eaux de la superficie se ressentent peu, en général, de la résistance du fond, sur-tout pour peu de profondeur qu'ait la rivière. Dans ce

Les eaux superficielles éprouvent une accélération.

cas, ces eaux s'accélérant, procureront, par leur adhéfion &
leur vifcofité naturelles, aux eaux inférieures, une augmentation de vîteffe & de force qui, l'emportant fur la réfiftance des
matières du fond, détruira l'équilibre précédemment établi, &
mettra tout en mouvenment par un déplacement général. Suivons donc les progrès de cette accélération, & voyons de quelle
manière la nature la détruit.

L'équilibre exige
des gouffres.
Fig. 11.

196. Soit AB (fig. 11) un des plans inclinés qui forment les
élémens de la courbe générale affymprotique du lit (179). Suppofons qu'au point A il y ait équilibre entre l'action des eaux &
de la réfiftance du fond compofé, ainfi qu'il a été dit (165),
de galets de toutes fortes de groffeur au-deffous d'un volume
déterminé. Divifons la ligne AB en petites parties telles que
AD, DE, EF, FG, GH, &c., les eaux fuperficielles, en s'accélérant librement, procureront (195) à la maffe, une augmentation de force d'un degré en D, de deux en E, de trois en F,
de quatre en G, de cinq en H, &c. Par conféquent cette force,
en s'accroiffant, enlèvera en E les matières les plus légères, en
F des matières un peu plus pefantes que les précédentes, &
ainfi de fuite. Or on fent qu'à la fuite de cette accélération la force
du courant deviendra affez grande pour, qu'à un point quelconque H, non feulement il ne refte plus au fond que les plus
gros galets, mais encore que ces mêmes galets ne puiffent pas
lui réfifter & qu'ils foient eux-mêmes entraînés. Alors la rivière
eft dans le même cas qu'un torrent qui defcend d'une montagne & auquel les matières du fond ne peuvent point réfifter, & par conféquent (110) la ligne du fond KL s'approchera
toujours plus de la verticale, ou s'éloignera toujours davantage
de la direction de AB; mais le courant ne peut pas continuer
fa route fuivant la direction de KL dont le prolongement entre
dans le globe comme fécante, & il faut de néceffité qu'il re-
vienne à la furface de la terre fur la ligne AB; il ne peut pas y
arriver par l'horifontale LN, puifqu'à raifon de la grande obli-

quité de KL, la deſtruction de force, par la réſiſtance de LN, ſeroit très-petite, & que les matières qui y ſeroient répandues ne pourroient pas lui réſiſter : encore moins pour cette même rai-ſon n'y peut-il pas parvenir par la ligne inclinée LP. Donc il ne peut revenir ſur AB que par la ligne en contrepente LM qui détruira ſa vîteſſe de manière qu'en M elle ſera la même , ou à peu près, qu'en A. Au point M la même accélération qui a déjà eu lieu en A agira ſur la partie MQ de la même manière qu'elle a agi ſur AK, & ainſi de ſuite. Or puiſque LM eſt en contre-pente, le point L eſt plus bas que le point M. Donc K L M forme un gouffre. Donc *l'équilibre dans les rivières exige que par intervalles il ſe creuſe des gouffres qui détruiſent la plus grande partie de la vîteſſe acquiſe par l'accélération des eaux de la ſuperficie.*

197. Cette propoſition eſt amplement prouvée par l'expé-rience. Qu'on parcoure toutes les rivières qui charient du gra-vier, par-tout on obſervera ces gouffres creuſés de diſtance en diſtance, avec diverſes modifications, à la vérité, mais qui tiennent aux localités & qui n'altèrent en aucune manière le principe. Jamais au contraire on ne rencontrera de lit dont le fond forme un plan incliné ou une courbe ſans interruption. La choſe eſt ſur-tout ſenſible dans les branches des rivières qui reſtent à ſec après une crue. On y voit ces gouffres remplis d'eau; ce qui prouve leur contrepente: car ſans cette raiſon il eſt vi-ſible que cette eau ſtagnante ſe ſeroit écoulée.

Preuve tirée de l'expérience.

198. *La profondeur des gouffres eſt plus ou moins grande ſuivant la profondeur d'eau & la pente des rivières*

1°. L'accélération ſera d'autant plus forte que la profondeur & la pente de la rivière ſeront plus conſidérables. (195) Donc la force étant alors plus grande, KL s'écartera davantage de la ligne AB, & (110) s'approchera davantage de la verticale KR.

2°. Puiſque (196) la ligne de contre-pente LM détruit la force d'accélération, elle doit être aſſez longue pour recevoir le choc de tous les filets qui coulent ſur KL depuis le fond

La profondeur des gouffres, dépend de celle du courant & du degré de pente. Fig. 11.

jufqu'à la fuperficie de l'eau ; la longueur fera donc, toutes chofes d'ailleurs égales, proportionnelle à la profondeur des eaux.

Cela pofé, il eft vifible que dans le triangle KLM le point L s'éloignera d'autant plus de KM que ML s'allongera davantage, par le rapprochement de KL, de la verticale KR. Donc la profondeur des gouffres fuivra la loi ci-deffus ; ce qui eft conforme à l'expérience ; car dans les petites rivières les gouffres n'y font pas auffi profonds que dans les grandes, toutes chofes d'ailleurs égales.

La diftance des gouffres fuit la raifon inverfe de la pente.
Fig. 11.

199. *La diftance d'un gouffre à l'autre fera, toutes chofes égales, d'autant plus petite ou plus grande, que la pente fera plus ou moins confidérable.*

1°. Plus la pente fera grande, plus l'accélération des eaux de la fuperficie fera rapide. Donc plus AK fera petite.

2°. Au contraire moins la pente fera grande, plus l'accélération des eaux fuperficielles fera petite, & conféquemment plus AK fera confidérable.

Tout cela eft conforme à l'expérience.

Variations de la groffièreté des matières d'un gouffre à l'autre.
Fig. 11.

200. De la propofition du n. 196 il fuit que *la groffiereté des matériaux du fond doit augmenter progreffivement en avançant du gouffre d'amont vers le gouffre d'aval.*

Car nous avons vu que le courant enlevoit continuellement les matières les moins pefantes fur les efpaces AD, DE, EF, &c. jufqu'à ce qu'il ne refte plus que les matières les plus groffières.

Variations de la viteffe des rivières d'un gouffre à l'autre,

201. La vîteffe du courant s'accélère depuis A jufqu'à L, ainfi que nous l'avons vu (196), & elle fe détruit fur LM. Donc la vîteffe des rivières n'eft point uniforme ; elle varie continuellement depuis la fortie d'un gouffre jufqu'à la fortie de l'autre. *La plus grande vîteffe eft donc à l'entrée d'un gouffre, & la moindre eft à fa fortie.*

202.

202. Il fuit de-là que *les gués des rivières doivent fe trouver à la fortie d'un gouffre*; car les endroits guéables font ceux où la vîteffe du courant eft la moindre poffible. Or, cela arrive particulièrement au fortir des gouffres, quoique fouvent la profondeur y foit affez confidérable. Au furplus, les localités en offrent fouvent d'autres, où les eaux s'étendant fur une fuperficie confidérable, perdent une grande partie de leur vîteffe.

En quels endroits les rivières font guéables.

203. La vîteffe d'une rivière variant continuellement, fi l'on fe fert des corps flottans pour la mefurer, on ne pourra avoir que la vîteffe moyenne des eaux de la furface fur l'efpace parcouru par ces corps. Si l'on emploie le quart de cercle, on fent combien il feroit fouvent embarraffant pour l'établir. Par conféquent, de toutes les machines propofées par les auteurs, nous ne voyons guères que le tube de Pitot, dont on puiffe commodément faire ufage pour cet objet : il fatisfait à tout, & il eft très-aifé à manier dans le courant : ce n'eft pas néanmoins qu'il n'ait quelques inconvéniens; mais quel eft l'inftrument de ce genre qui n'en a pas ? D'ailleurs, ils font fi peu de chofe, que ce n'eft pas la peine de s'y arrêter, fur-tout fur un objet de cette nature.

Inftrumens pour mefurer la vîteffe des eaux.

204. La conftruction & l'ufage de la machine de Pitot font décrits fort au long dans les mémoires de l'Académie des fciences de l'année 1732. Le principe qui lui fert de bafe eft que la vîteffe de l'eau doit être regardée comme celle acquife par la chûte d'un corps le long d'un plan incliné, & que d'après la théorie des graves, l'eau animée de cette vîteffe doit remonter à la hauteur d'où elle auroit dû tomber pour l'acquérir.

Defcription & ufage de la machine de Pitot.

Pour rendre cette machine plus ufuelle, nous en conferverons le fond; mais nous y ferons quelques changemens qui la rendront plus fimple & plus commode.

AHGLKB (*fig.* 12) eft un prifme triangulaire droit à faces égales d'environ 6 pouces de largeur & d'une hauteur qui excède

M

d'environ un pied la profondeur des eaux de la rivière fur laquelle on doit l'employer. Il fera percé fuivant fon axe d'un trou cylindrique d'environ deux pouces & demi de diamètre, pour recevoir la pièce cylindrique CD de même calibre, deux fois plus longue que le prifme & armée à fon extrêmité inférieure d'un fabot en fer DE par le moyen duquel on puiffe l'arrêter folidement au fond de la rivière dans l'endroit où l'on voudra opérer. Sur une de fes faces latérales, le prifme portera trois vis F, à l'aide defquelles on l'arrêtera le long du cylindre CD à la hauteur qu'on voudra.

Sur la face GHKL on pratiquera deux rainures égales paralèlles entr'elles & aux arêtes du prifme. Elles feront deftinées à recevoir & à loger les deux tubes de verre MN, PQ. Ces tubes feront à quelques pouces près de même longueur que l'arête HK du prifme. PQ fera droit & couvert par les deux bouts; mais l'extrêmité inférieure de MN fera courbée en quart de cercle & évafée en entonnoir NRS.

Ces deux tubes auront environ un pouce de diamètre intérieur: ils feront enchaffés & folidement arrêtés dans les deux rainures ci-deffus, de façon que l'extrêmité Q & le centre de l'ouverture RS de l'entonnoir foient fur la même ligne de niveau & que le plan qui paffe par l'axe, tant du tube MN que de la partie évafée NRS foit perpendiculaire à la face GHKL du prifme.

Cette même face, à partir de la ligne de niveau qui paffera par l'extrêmité inférieure du tube PQ, fera divifée fur fa hauteur, en pieds, pouces & lignes.

Tel eft à-peu-près l'inftrument de Pitot. En voici l'ufage.

Quand on voudra mefurer la vîteffe des eaux d'une rivière à un endroit déterminé, on fera placer la pièce CD en cet endroit, & on l'arrêtera au fond par le moyen du fabot ΓE. On aura foin que celui qui la foutiendra, la tienne à plomb. On fera defcendre le prifme jufqu'à ce que l'extrêmité Q du tube droit foit à la profondeur à laquelle on veut opérer , & alors on la fixera au cylindre CD par le moyen des vis F : enfuite , on dirigera l'inftrument de manière que la face GHKL fe préfente perpendiculairement à la direction du courant, & que l'eau entre directement dans l'entonnoir NRS du tube MN.

Tout étant ainfi difpofé, il eft vifible 1°. que l'eau fe mettra de niveau dans le tube droit PQ avec celle du courant ; 2°. que s'engouffrant dans l'entonnoir NRS , elle remontera au-deffus de fon niveau dans le tube MN ; 3°. que cet excès d'élévation fera la hauteur due à la vîteffe dont il eft l'effet. On prendra donc cette différence de hauteur fur les divifions de l'inftrument, & on aura la hauteur due à la vîteffe des eaux en cet endroit.

Nommons v la vîteffe acquife par la chûte d'un corps, & h la hauteur de la chûte. Par la théorie de la defcente des corps pefans (101); on a $v = \sqrt{60h}$; c'eft-à-dire , que la vîteffe acquife par la chûte, le long de la hauteur h, ou l'efpace par-couru d'un mouvement uniforme, dans une feconde, & évalué en pieds, fe trouve, par la racine quarrée de la hauteur , auffi évaluée en pieds, & prife foixante fois.

Suppofons donc qu'on trouve , fur les divifions de l'inftru-ment , cet excès de hauteur d'eau dans les deux tubes $= 3$ pouces $= \frac{1}{4}$ pied , on aura la vîteffe $v = \sqrt{60\frac{1}{4}} = \sqrt{15} = 4$ pieds, à très-peu de chofe près.

Du refte, nous le répétons , cet inftrument peut être perfec-tionné; mais en attendant mieux, on peut s'en fervir ainfi que nous venons de le dire.

205. La pente des rivières n'eft pas plus uniforme que la vî-teffe : elle eft, comme on a vu (196), par reffauts. Cepen-dant il y a une pente générale qui fe rapporte conftamment à la ligne AB (*fig.* 11), & c'eft celle qu'on doit prendre pour la

Comment on doit prendre la pente d'une rivière. Fig. 11.

M ij

pente de la rivière, dans une partie déterminée de fon cours.
Pour l'avoir exactement, on doit prendre pour les termes
extrêmes du nivellement qu'on fera à cet effet, la fuperficie au
fortir de deux gouffres ; il faut même avoir foin de choifir
deux gouffres qui ne foient pas confécutifs, mais éloignés le
plus poffible l'un de l'autre, & au moins d'environ 400 toifes :
cette pente ainfi déterminée, fera la pente réduite de la rivière
dans cette partie de fon cours.

La courbe affymp-
totique du fond fera
dentelée par les
gouffres.

206. Si l'on applique à la courbe affymptotique du cours
général d'une rivière ce que nous venons de dire au fujet des
gouffres que l'équilibre exige, on verra que cette courbe doit
être dentelée dans fa longueur & à des intervalles plus ou
moins grands, felon qu'on s'éloignera plus ou moins de la
fource (199). Cela confirme toujours mieux ce que nous
avons dit plus haut fur l'impoffibilité de trouver une équation
générale qui embraffe toute la théorie des rivières, & fur
la néceffité de fe borner à des approximations.

Les gouffres dif-
paroîtront pendant
les crues.
Fig. 11.

207. S'il furvient une crue, d'une part, les eaux charieront du
gravier, & combleront le gouffre K L M (*fig.* 11.); & de l'autre,
leur force augmentant, elles écorneront & corroderont les parties faillantes M à l'iffue des gouffres, comme étant les plus expofées & les moins foutenues : alors l'équilibre fera par-tout
rompu, & le fond fera dans un mouvement général ; mais la
crue finie, les gouffres reparoîtront au même endroit ou ailleurs, fuivant les circonftances ; l'équilibre fe rétablira dans les
entre-deux, & tout reprendra une forme ftable jufqu'à la crue
fuivante.

C'eft auffi ce que l'expérience prouve. Car dans les crues
on ne remarque plus aucun veftige de gouffre. On entend
très-diftinctement les galets rouler, preuve bien fenfible &
de la rupture de l'équilibre & du défordre qui règne au fond.
Mais après la crue tous ces mouvemens ceffent & les gouffres
fe rétabliffent.

108. Nous avons vu dans le paragraphe précédent que la grossièreté des matières qui composent le fond est toujours relative à la masse d'eau d'équilibre & à la pente. D'un autre côté, nous venons de dire que dans les crues toutes les matières sont en mouvement. Suppofons que le hafard ou la main de l'homme ait jetté dans un endroit déterminé du lit une pierre d'un volume beaucoup plus confidérable que les plus lourdes qui fe trouvent en cet endroit par l'effet de l'équilibre, & examinons ce qu'elle deviendra dans une crue. On verra dans la fuite lorfque nous traiterons des digues, que cette queftion a fon utilité.

Quelles font les pierres qui ne feront pas entraînées par le courant.

Cette pierre perdant dans l'eau autant de fon poids que pèfe un pareil volume d'eau, n'aura plus que fon poids relatif. Si fa figure eft propre au mouvement & que le poids relatif ne foit pas fort confidérable, elle fera entraînée jufqu'à l'endroit où le courant en s'étendant perdra de fa vîteffe & de fa force. Alors les eaux correfpondantes franchiffant cette pierre, l'affouilleront en aval, & enfin la poufferont dans cet affouillement. Dans ce cas, fi elle n'eft pas trop volumineufe, elle difparoîtra entièrement. Si au contraire, elle paroîtra en partie au-deffus de la furface du fond. Mais fi elle étoit d'une forme qui ne fût aucunement propre au mouvement, ou fi elle étoit d'un volume démefurément grand, elle feroit affouillée & enterrée fur la place, & elle difparoîtroit entièrement ou feulement en partie fuivant fa groffeur, ainfi que dans le premier cas.

C'eft ce qui arrive journellement, foit aux gros quartiers de pierres dont on conftruit les digues, foit à ceux qui tombent du penchant d'une montagne dans le lit d'une rivière qui paffe à fon pied, foit enfin à ceux que les grands torrens y charient. On peut obferver qu'ils juftifient tout ce que nous venons de dire.

Jufqu'ici nous avons parlé des corrofions naturelles exercées

fur le fond : nous allons à préfent parler des corrofions artificielles ou provoquées par des ouvrages d'art.

. Soient AB (*fig.* 13) le lit d'une rivière dont la pente
fur cet efpace eft AC. Suppofons un rétréciffement en D ; d'a-
près ce que nous avons dit (192), le lit prendra la pofition EB
en aval du point D : dans ce cas, les eaux en amont de D auront une pente = DE de plus qu'elles n'avoient auparavant.
Donc (180) la groffièreté du gravier devroit alors augmenter ;
mais (190) par hypothèfe, cette groffièreté eft conftante : donc
la maffe des eaux en amont étant conftante, ainfi que la réfiftance du fond, la vîteffe doit y diminuer. Or, elle ne peut diminuer (170) que par la diminution de la pente : donc, à la rigueur, le nouveau fond A'E devroit avoir moins de pente que
le fond primitif AD, & par conféquent *la rivière devroit abaiffer*
fon lit en amont jufqu'à fa fource.

. Cependant il ne faut pas abufer des principes ; la raifon
nous fait fentir que cet abaiffement doit avoir un terme. En
effet :

1°. Quoique (178) la groffièreté du gravier doive être regardée comme conftante au même endroit, cependant,
comme (165) ce gravier eft compofé de galets de toutes grof-
feurs au-deffous d'un volume déterminé, on fent que la force
du courant en augmentant, entraînera toutes les matières les
moins volumineufes, & qu'alors le fond étant compofé des plus
gros galets, exercera la même réfiftance que fi la groffièreté du
gravier avoit augmenté.

2°. Nous venons de voir (196) que pour détruire cet excès
de vîteffe la nature provoque par intervalles des gouffres en
contre-pente. Ces gouffres auront donc lieu fur le nouveau
fond quel qu'il foit d'ailleurs.

Par conféquent, d'après ces raifons, *le nouveau fond ne fera*
point EA', mais EA qui rencontrera la ligne BA du premier
en un point A pris à une certaine diftance en amont du point

Un rétréciffement devroit abaiffer le lit jufqu'à la fource. Fig. 13.

Raifons pour lef-quelles l'abaiffement n'aura lieu que juf-qu'à une certaine dif-tance en amont.

D du rétréciſſement ; diſtance d'autant plus grande que la pente ſera moindre.

211. L'on voit évidemment qu'un pareil changement de pente dans la partie AB du lit ne peut s'opérer ſans corroſion ſur le fond. Or , par ce que nous venons de voir , (192 , 209 & 210) il eſt clair que le nouveau fond rencontrera beau-coup plutôt l'ancien en aval qu'en amont du point D ; puiſque dans le premier cas les lignes DB & EB concourent natu-rellement , tandis qu'il n'en eſt pas de même de DA & EA. Donc *la corroſion du fond opérée par l'effet du rétréciſſement d'une rivière ſe fera ſentir plus loin en amont qu'en aval.*

La corroſion du fond , occaſionnée par un rétréciſſe-ment , s'étendra da-vantage en amont qu'en aval.

212. Ce que nous venons de dire à ce ſujet eſt juſtifié par l'expérience.

Preuves tirées de l'expérience.

1°. Par-tout où l'on a conſtruit des ponts qui ont rétréci le lit des rivières, on peut voir qu'on a forcé le courant à creuſer d'autant plus que le lit ſe trouve plus rétréci. Il y en a des exemples ſans nombre ; mais nous ne citerons que le pont conſtruit ſur la rivière d'Iſſolle , à Saint-André, dans le départe-ment des Baſſes-Alpes. Ce pont ayant réduit aux deux tiers la largeur du lit de la rivière , a forcé le courant à creuſer plus de trois pieds ; & , en même tems , cette corroſion s'eſt fait ſentir à environ 400 toiſes en aval , & à plus de 1000 toiſes en amont , quoique la pente y ſoit d'environ 9 pieds ſur 100 toiſes.

2°. Le lit du Verdon à Caſtellanne dans le même départe-ment , a été pareillement réduit par une digue. Il en eſt encore réſulté une corroſion conſidérable & qui s'eſt étendue beaucoup plus en amont qu'en aval.

Ainſi la théorie & l'expérience prouvent qu'*en reſſerrant le lit d'une rivière à un endroit déterminé , le courant corrode le fond ; que cette corroſion s'exerce en amont & en aval, mais plus loin en amont qu'en aval.*

Effets produits par
un radier conſtruit à
un rétréciſſement.
Fig. 14.

213. Si par l'effet d'un rétréciſſement en D (*fig.* 14.) le courant doit creuſer ſur l'eſpace AB, & établir le fond ſuivant la ligne AEB, & qu'on barre le lit par un radier EFGH, nous diſons :

1°. Que *le nouveau fond en amont ne pourra pas s'établir au - deſſous de la ligne AF qui paſſe par le couronnement du radier.*

2°. Qu'*en aval le nouveau fond s'établira ſur EB de même que s'il n'y avoit point de radier.*

3°. Qu'*il y aura par conſéquent une caſcade GH.*

La première partie eſt évidente : car ſi l'équilibre exigeoit la pente de AE pour s'établir, à plus forte raiſon s'établira-t-il ſous la pente de AF moindre que celle de AE.

On ſe convaincra de la ſeconde partie, en faiſant attention que le courant ne s'établit ſur EB, dont la pente eſt moindre que celle de DB, que parce que la force augmente, & qu'à raiſon de cela, les plus petits galets étant entraînés, ainſi que nous avons dit (210) que la choſe avoit lieu ſur AE, la réſiſtance dépend, à la rigueur, en partie de l'augmentation de groſſièreté du gravier : elle doit donc dépendre auſſi de la longueur de FB ſur laquelle ces galets ſont diſſéminés. Or, ſi nous menons, par le couronnement du radier, la ligne GB' parallelle à HB, elle ſera plus courte que cette dernière. Donc elle ne ſuffira pas à l'équilibre. Par conſéquent elle doit s'abaiſſer au-deſſous & prendre la poſition EB, la ſeule dont la longueur lui convienne pour l'équilibre.

Quant à la troiſième partie, elle devient évidente par les deux autres. Car AF étant plus haute que EB, le courant doit éprouver une caſcade en GH.

214. Ce que nous venons de dire eſt prouvé par l'expérience. Le pont du Verdon à Vinon, ſur les limites des départemens du Var & des Baſſes-Alpes, a été conſtruit ſur un rocher dans lequel on a creuſé le lit de la rivière. Ce lit ayant été réduit

par

par le pont, le rocher fervant de radier auroit dû être arrafé à la profondeur de la corrofion qui devoit avoir lieu, tandis qu'il ne l'a été qu'à la profondeur de l'ancien lit : auffi en eft-il arrivé qu'il y a eu une cafcade confidérable à l'iffue du rocher; que le lit en aval s'eft fenfiblement abaiffé, & qu'il n'eft furvenu aucun changement en amont.

215. Il fuit de la propofition du n. 213, que *fi l'on veut mettre à l'abri des affouillemens d'une rivière des édifices, des ponts, &c. conftruits fur fon lit, il fuffira de barrer ce lit par un radier placé en aval à une hauteur convenable.* Car le courant ne pouvant pas s'abaiffer au-deffous de la ligne AF, il eft vifible que fi les baffes fondations des ouvrages qu'on veut défendre font inférieures à cette ligne, elles feront à l'abri de tout affouillement. *(Emploi des radiers pour préferver de la corrofion les ouvrages d'art en amont.)*

216. Ces fortes d'ouvrages font effentiels dans une infinité de cas, & fur-tout dans la conftruction des ponts. Dans ce dernier cas, on voit qu'il eft à propos de tracer le radier fur la tranfverfale qui joint les ouvrages extérieurs en aval des piles : alors il mettra à couvert de la corrofion les fondations de tous les travaux, ce qui pourra diminuer confidérablement les frais de conftruction. Il faut néanmoins en excepter les affouillemens qui ont lieu aux arrières-becs, & qui tiennent à un mouvement de turbination produit par la réunion des courans en aval des piles. Cependant, quoiqu'étrangers à la corrofion directe, ces affouillemens peuvent être prévenus en donnant au radier une largeur fuffifante pour aboutir jufqu'au parement d'aval du pont; car alors, ne préfentant à l'action des eaux qu'une furface incorrofible, il eft clair que ces affouillemens n'auront pas lieu. *(Utilité des radiers dans la conftruction des ponts.)*

Au furplus, dans tous les cas, fi la rivière eft navigable ou flottable, on doit placer le radier à la profondeur convenable pour qu'il n'y ait pas de cafcade à fon iffue (213): car on fent

N

combien les cascades sont nuisibles à la navigation & à la flottaison.

217. *Si l'on rétrécit le lit d'une rivière, la profondeur de la corrosion sera d'autant plus grande, que la rivière sera plus resserrée.*

Pour le démontrer, supposons que la rivière ait essuyé au même endroit D deux rétrécissemens consécutifs, dont le second soit plus fort que le premier, & que par l'effet du premier le fond en aval ait pris la position EB : nous allons voir qu'à la suite du second, la nouvelle position E'B'' sera inférieure à EB.

Les observations que nous avons faites (209) sur la grossièreté des galets & les gouffres du nouveau fond AE en amont, doivent visiblement s'appliquer au nouveau fond EB en aval. Donc, puisque par hypothèse il y a augmentation de force dans le nouveau rétrécissement, il doit y avoir aussi, pour la détruire, une augmentation d'obstacles. Mais, d'une part, lorsque la grossièreté des galets sera parvenue à son *maximum*, elle s'arrêtera ; & de l'autre, la pente de E'B'' devant (192) être moindre que celle de EB, il y aura (199) moins de gouffres sur E'B'' que sur EB : donc cette augmentation d'obstacles ne peut avoir lieu que par une augmentation de longueur du nouveau fond : ce nouveau fond E'B'' sera donc plus long que EB à proportion de l'augmentation du rétrécissement. Or, si ce nouveau fond tomboit sur EB ou supérieurement, il seroit seulement égal ou moindre en longueur : donc il doit tomber au-dessous & prendre la position E'B''. Par conséquent DE' sera plus grande que DE ; & elle sera d'autant plus grande, que E'B'' sera plus longue ou que la rivière sera plus rétrécie en D.

La chose est d'ailleurs évidente par l'expérience. Car par-tout où l'on a inégalement rétréci le lit d'une rivière, on s'est constamment apperçu que la corrosion du fond étoit assez généralement en raison inverse de la largeur qu'on laissoit au courant.

218. Pour opérer la corrosion dont nous parlons, les eaux d'équilibre (89. 2ᵉ.) suffiroient; mais c'est particulièrement dans les crues qu'elle s'effectue: car par le moyen du moindre rétrécissement, la plus petite crue équivaut à une crue beaucoup plus forte, par l'augmentation de profondeur qu'elle procure aux eaux; & l'on sait, par ce qui précède, que c'est particulièrement dans les fortes crues que les eaux travaillent le fond.

La corrosion s'opère sur-tout pendant les crues.

C'est encore ce que l'expérience confirme; car, dans les exemples que nous avons rapportés (211) sur les rivières d'Issole & de Verdon, on a donné une largeur sensiblement plus grande que celle qu'il convenoit de donner aux eaux d'équilibre. Cependant, ces rivières n'ont pas laissé de corroder le fond & d'abaisser leur lit. On peut faire la même observation sur les divers ponts auxquels on a donné plus d'ouverture qu'il n'en faut aux eaux d'équilibre.

219. *Si l'on resserre le lit d'une rivière un peu au-dessous du point B où la corrosion opérée par un premier rétrécissement en D cesse, le courant entretiendra la première & la propagera en aval.*

La corrosion du fond se propagera par des rétrécissemens consécutifs. Fig. 14.

Cela est évident, puisque, toutes choses d'ailleurs égales, les mêmes causes produisent les mêmes effets.

220. Il suit de-là, 1°. que *Si l'on veut réduire une rivière, & la forcer à creuser sur une certaine longueur, il suffit d'en rétrécir le lit par intervalles, & aux endroits où la corrosion produite par le rétrécissement voisin cessera.*

Donc les rétrécissemens par intervalles réduiront le lit des rivières.

2°. Que par conséquent *la réduction du lit d'une rivière n'a pas besoin d'ouvrages continus.*

Ces conséquences sont essentielles; car on verra bientôt qu'elles faciliteront beaucoup les ouvrages d'art qu'on est obligé d'exécuter pour contenir les rivières, & qu'elles diminueront infiniment les frais de construction. Nous allons entrer dans quelques détails à ce sujet.

N ij

Quels font les élé-
meus qui détermi-
nent la largeur des
rétréciſſemens.

221. En rétréciſſant le lit d'une rivière, il eſt démontré (217) que moins on lui donnera de largeur, plus elle creuſera. Par conſéquent, comme il eſt très-avantageux que ce lit ſoit le plus profond poſſible, il ſemble, au premier abord, que le rétréciſ-ſement devroit être auſſi le plus fort poſſible : mais dans la pra-tique, la choſe eſt inadmiſſible, & ce rétréciſſement doit avoir des bornes. En effet, la largeur du lit doit être telle que les eaux des plus grandes crues puiſſent paſſer librement. D'ail-leurs, l'objet qu'on a en vue, en forçant une rivière à creuſer, eſt de mettre les propriétés riveraines à l'abri des inondations. Or, pour cela, il faut en général peu d'augmentation de pro-fondeur dans les rivières dont nous parlons. Ainſi, juſques-là il paroît qu'il vaut mieux donner plus que moins de largeur aux rétréciſſ. mens. Cependant, d'un autre côté, nous verrons bien-tôt que ſi l'on donne trop de largeur, la rivière ſerpentera; qu'elle ſe diviſera en pluſieurs branches; qu'on ne garantira qu'imparfaitement les domaines riverains, & que, par conſé-quent, on n'atteindra pas l'objet qu'on ſe propoſe.

En peſant toutes ces conſidérations, il paroît que le volume d'eau, dans les plus grandes crues, eſt le principal élément qui doit fixer la largeur des rétréciſſemens. C'eſt donc ſur ce volume qu'on la règlera, & c'eſt ſur la profondeur que ces eaux doivent avoir en ces endroits, qu'on déterminera la hauteur des ou-vrages, afin qu'ils ne ſoient pas franchis. Par conſéquent, tout eſt ſubordonné aux obſervations à faire à cet égard ſur les ri-vières ſur leſquelles on ſe propoſe d'opérer.

§. III.

Des variations des Rivières à fond de gravier, & de leur action ſur les bords.

Les rivières ten-
dent à ſuivre la ligne
droite.

222. *Les rivières tendent à ſuivre la ligne droite.*
Cette propoſition n'eſt que le principe du n. 105 1°. Ainſi, il

n'a pas befoin de démonftration. Nous en concluerons feulement, que lorfqu'elles ferpentent ou qu'elles changent de direction, c'eft parce que ces effets font provoqués par des caufes
particulières que nous allons examiner.

223. Nous avons démontré (194 4°.) que lorfque le lit
d'une rivière eft trop large, il s'exhauffe : cet exhauffement,
produit par les dépôts de gravier que la rivière ne peut plus
charier parce qu'elle perd fa force en s'étendant fur une trop
grande largeur, rendra le lit convexe & bombé vers fon milieu; il fera donc plus bas vers les bords. Or (105 2°.), un courant tend toujours à s'établir aux endroits les plus bas : donc,
*lorfqu'une rivière aura trop de largeur, elle fe portera vers les
bords.*

Si le lit eft trop
large, le courant fe
portera vers les
bords.

224. Dans les fiècles paffés, on croyoit qu'il falloit donner à
une rivière la plus grande largeur poffible pour faciliter le paffage des eaux. Il exifte encore un concordat paffé entre la France
& la cour de Rome, qui porte qu'entre la ci-devant Provence
& le ci-devant comté Venaiffin, le lit de la Durance ne pourroit pas avoir moins de 300 toifes de largeur. On avoit les
mêmes idées fur toutes les rivières, & l'on y rapportoit les ouvrages que l'on conftruifoit fur ces mêmes rivières. C'eft ainfi
qu'à Digne on a conftruit, fur la rivière de Bléoune, un pont
qui a trois fois plus d'ouverture qu'il ne lui en faut : auffi, par-
tout les rivières ont exhauffé leur lit, & fe font portées vers les
bords, ainfi que nous venons de voir que la chofe devoit avoir
lieu.

Les anciens don-
noient toujours trop
de largeur aux ri-
vières.

225. Les bords fur lefquels les rivières dont nous parlons fe
porteront, pourront être :

1°. En gravier; 2°. en terre & gravier; 3°. en terre; 4°. en
roches.

Ils ne feront qu'en gravier, lorfque le courant fe renfermera
dans le lit majeur (90) : car (154), dans ce cas, le lit n'eft compofé que de gravier.

Quelle eft la na-
ture des bords d'une
rivière.

Ils feront en terre & gravier, lorfque (155) le lit majeur fera borné par des domaines gagnés aux dépens de la rivière : alors le gravier fera deffous, & la terre lui fera fuperpofée.

Ils feront en terre fans gravier au-deffous, lorfque le lit de la rivière fera borné par des domaines qui n'en auront jamais fait partie.

On doit dire la même chofe des bords en roches.

Dans les trois premiers cas, les bords feront plus ou moins corrofibles ; mais ils ne le feront aucunement dans le quatrième. Nous allons voir de quelle manière le courant agira fur eux.

La corrofion d'une berge fera en raifon inverfe de l'angle d'obliquité du courant.

Fig. 15.

226. On fent, au premier abord, que fi le courant agit fur une berge corrofible, cette berge fera corrodée ; & que, pour cela, il eft néceffaire que le courant fe porte fur elle avec un certain degré d'obliquité. En effet, foit le courant ABCD (*fig.* 15.) qui fe porte fur la berge KH fous l'angle oblique ABK ; repréfentons par EF la force d'un filet quelconque, & abaiffons la perpendiculaire EG fur la direction de la berge KH, la ligne GF exprimera l'action de chaque filet fur les parties faillantes de la berge. Quant à EG, fon action ne tend qu'à contenir ces mêmes parties, & ne peut pas contribuer à la dégradation de KH : d'où il eft aifé de conclure que, *toutes chofes d'ailleurs égales, le courant agira avec d'autant plus d'énergie pour détacher & entraîner les parties d'une berge corrofible, que l'angle d'obliquité EFG = ABK fera moindre.*

L'expérience juftifie cette affertion, qui, au premier coupd'œil, paroît un paradoxe : car ce n'eft jamais à l'endroit où la rivière choque un bord, que les grandes dégradations ont lieu ; mais en aval de cet endroit, & lorfque le courant s'eft établi le long de ce même bord.

La corrofion d'une berge fera en raifon directe de la force du courant, & en raifon inverfe de la tenacité des matières.

227. *Si le courant s'établit le long d'une berge, la corrofion fera d'autant plus rapide que le courant aura plus de force, & que les parties de la berge auront moins de tenacité.*

Car 1°. plus le courant aura de force, plus il agira avec énergie sur les parties saillantes.

2°. Moins les parties de la berge auront de tenacité, moins elles opposeront de résistance à l'action du courant.

228. Donc, 1°. *Si le bord sur lequel le courant agit n'est composé que de gravier, la corrosion sera la plus rapide possible.* Car les galets du gravier n'ayant point de liaison entr'eux, & présentant beaucoup de parties saillantes à l'action de l'eau, ils seront plus facilement détachés.

2°. *Les terreins gagnés sur le lit des rivières, seront plus exposés à être emportés.* Car (156) ces terreins portent sur le gravier.

3°. *Quand même le gravier seroit à une très-grande profondeur sous les domaines riverains, ils seront corrodés avec facilité par le courant.* Car ces domaines ont été originairement formés par des dépôts de limon qui est toujours plus ou moins mêlé de sable : or, le sable diminue l'adhésion des parties.

4°. *Si les berges sont composées de terres grasses & visqueuses, telles, par exemple, que les terres argilleuses, elles seront moins corrodées.* Car alors les parties qui les composent ayant plus d'adhésion entr'elles, se détachent plus difficilement : il peut même arriver que la viscosité soit telle qu'elles ne soient pas entamées, & que le courant ne les endommage aucunement.

5°. *Si les berges sont en roches ou revêtues de digues, elles ne seront point corrodées.* Car, dans ce cas, les parties qui les composent ont une adhésion beaucoup plus forte que l'action du courant.

229. *Lorsque les bords seront corrodés, la corrosion formera une ligne courbe.*

Le courant ABCD tend (105 1°.) à se mouvoir suivant sa direction primitive, & à prendre la position AB'C'D. Il entamera donc la berge KH, & agira sur la partie postérieure pour suivre sa direction AB'; mais il sera détourné à chaque pas de

Conséquences qui en résultent.

La corrosion des bords formera une ligne courbe.
Fig. 15.

fa route, par la réaction des matières placées derrière KH;
car ces matières céderont en partie; mais en cédant, elles
obligeront le courant à changer de direction à chaque point de
fon cours. Or, lorfqu'un corps change à chaque inftant de direction, il fuit néceffairement une ligne courbe : donc le courant fuivra la courbe quelconque BMNH.

La concavité de la courbe de corrofion fera en raifon inverfe de la tenacité des matières. Fig. 15.

230. *La concavité de la courbe de corrofion fera en raifon inverfe de la tenacité des matières de la berge corrodée.*

Car (227) plus les matières auront de tenacité, plus elles
oppoferont de réfiftance, & moins le courant s'enfoncera au-
delà de BH. Au contraire, moins cette tenacité fera grande,
moins la réfiftance fera confidérable, & moins le courant fe
détournera à chaque pas de fa première direction, ou plus il
s'enfoncera au-delà de la berge.

Conféquences de cette propofition.

231. Donc 1°. *la plus grande courbure aura lieu fur le
gravier.*

2°. *Cette courbure diminuera par degrés fur la terre, l'argile, &c.
fuivant le degré de vifcofité de chaque efpèce de matière.*

3°. *Elle s'anéantira fur le rocher, les digues, &c.*

Cela eft évident par ce qui précède; & d'ailleurs la chofe eft
conforme à l'expérience, ainfi que chacun peut s'en affurer.

Le lit d'une rivière fera corrodé & abaiffé au pied d'une digue oblique & incorrofible. Fig. 15.

232. Suppofons la berge oblique KH incorrofible : imaginons le courant ABCD décompofé en une infinité de filets,
tels que AB, ab, cd, ef, &c. Le premier filet arrivé au point B,
trouvant fur fa route un obftacle infurmontable KH, s'établira
le long de cet obftacle (105 3°.); le fecond filet ab, rencon-
trant le même obftacle, preffera le premier contre cet obftacle
& prendra la même direction; le troifième cd, arrivé à l'obftacle, preffera pareillement les deux premiers, & fuivra la
même route qu'eux; & ainfi de fuite jufqu'au dernier filet CD.
Chaque filet preffant donc les précédens contre l'obftacle KH,
le courant fera forcé de s'établir le long de ce même obftacle.
Mais à raifon de cette preffion contre l'obftacle, la largeur du
courant

courant établi le long de K H doit nécessairement être moindre qu'en A D. Donc (217) *le courant A B C D ayant pris la position B C L H le long de la berge oblique & incorrosible K H , corrodera le fond & l'abaissera d'autant plus que la largeur de la rivière y sera moindre.*

233. Par la corrosion dont nous venons de parler, il est visible que le nouveau lit B C L H du courant le long de la berge oblique & incorrosible K H , deviendra l'endroit le plus bas. Or (105 2°.), le courant tend toujours à s'établir à l'endroit le plus bas : donc une berge oblique & incorrosible attirera le courant. Donc une berge oblique & incorrosible attirera le courant.

234. Supposons que la berge dont nous venons de parler soit une digue : elle produira le même effet que cette berge ; c'est-à-dire , *qu'elle attirera le courant & l'obligera à corroder le fond.* Dans ce cas , si la digue n'est pas établie au-dessous de la corrosion qui s'opèrera , elle s'écroulera. La chose est amplement vérifiée par l'expérience , ainsi que chacun peut s'en convaincre.

235. Les barres de rocher qui bordent souvent le lit des rivières, produisent aussi le même effet ; c'est-à-dire , qu'elles occasionnent des affouillemens à leur base & attirent le courant : car il est rare que ces barres ne se présentent obliquement à la direction des rivières. De-là vient le proverbe des nautonniers de rivière : *les roches attirent les eaux.* Ce n'est point les rochers qui les attirent , mais leur direction , ainsi que l'on peut le conclure de ce qui précède.

236. Bien des gens prétendent que les berges obliques & incorrosibles , telles que les digues, réfléchissent le courant. C'est une erreur. Car là réflexion par le choc, suppose que le corps choquant ou le corps choqué soit élastique. Or ni l'eau ni les matières qui composent les berges , quelles qu'elles soient d'ailleurs , n'ont aucune espèce d'élasticité. Donc *les berges obliques & incorrosibles ne réfléchissent pas le courant.*

O

D'ailleurs l'expérience est d'accord avec les principes. Qu'on parcoure toutes les digues & les autres obstacles quelconques obliques à la direction du courant, on n'y rencontrera jamais de réflexion ; & s'il arrive que quelquefois le courant abandonne la berge, ce n'est qu'à raison de quelqu'obstacle particulier qui se trouve en aval & qui occasionne ce changement de direction.

Comment, d'autre part, une pareille réflexion seroit-elle possible ? Les filets se pressent continuellement les uns les autres contre la berge (232) & par-là s'opposent à cet effet, tandis que la pente du lit de la rivière, se trouvant dans le sens de B vers H, le courant réfléchi seroit obligé de s'éloigner de l'endroit où cette pente est plus forte ; ce qui seroit contraire au principe établi au n. 105 2°.

Effets produits à l'extrémité d'une digue oblique.
Fig. 15.

237. Supposons encore que K H soit une digue. Le courant, après l'avoir parcouru dans sa longueur, arrivé à son extrêmité H aura la liberté de s'étendre. Alors (194) sa force diminuant, il y déposera les matières enlevées sur BCLH (232). Ces dépôts apporteront ordinairement des changemens dans son cours : le courant suivra rarement sa direction précédente, & il s'en écartera plus ou moins, d'un côté ou de l'autre, suivant les circonstances & les localités ; quelquefois il semblera se réfléchir ; d'autrefois il contournera la digue & se jettera sur la partie postérieure. Ce dernier cas aura lieu sur-tout lorsque cette partie se trouvera sensiblement plus basse que le reste du lit.

Tout cela est confirmé par l'expérience, ainsi que chacun peut s'en assurer.

Dans un lit trop large, une berge parallèle & incorrofible peut aussi attirer le courant.

238. *Une berge incorrosible & parallèle à la direction du lit d'une rivière, peut aussi, dans un lit trop large, attirer le courant.*

Car (223) un lit trop large portant le courant vers les bords, rend ces mêmes bords obliques à sa direction. Or, alors la berge est dans le cas du n. 232.

239. La trop grande largeur du lit d'une rivière ne porte pas feulement le courant vers les bords, elle occafionne encore la divifion en plufieurs branches. En effet, un lit trop large n'eft jamais affez uni pour que, dans une grande crue, les eaux y aient par-tout la même profondeur. Dans ce cas il y aura, ou du moins il pourra y avoir plufieurs endroits où le courant aura plus de force que dans les autres; alors il creufera aux premiers & dépofera aux feconds. La crue finie, les endroits corrodés peuvent l'être affez profondément pour qu'une partie des eaux de la branche-mère s'y détermine & fe fépare de la maffe. Ainfi la trop grande largeur du lit eft la première caufe de la divifion des rivières.

Première caufe de la divifion des rivières. La trop grande largeur du lit.

La Durance & toutes les rivières qui ont la liberté de s'étendre, nous en offrent des exemples fans nombre.

240. *Les arbres arbriffeaux &c. chariés par le courant, provoquent la divifion.*

Deuxième caufe de divifion. Les arbres, arbriffeaux, &c. chariés par le courant.

Car ces corps s'arrêtant dans le lit par quelque accident que ce foit, par exemple, lors de la baiffe d'une crue, diminueront la vîteffe du courant, arrêteront le fable & le gravier, & formeront des ifles plus ou moins grandes fuivant les circonftances.

241. *Les dépôts qui s'arrêtent au bout d'une digue oblique* (237) *occafionnent auffi fort fouvent la divifion du courant.*

Troifième caufe de divifion. Les dépôts qui fe forment au bout d'une digue oblique.

Cet effet aura lieu, fur-tout, fi la partie poftérieure de la digue eft baffe; car alors, dans une crue, les eaux s'extravafant de tous côtés, fe portent fur-tout vers les endroits les plus bas (105 2°.). Or, dans ce cas, la partie ultérieure du lit & la partie poftérieure de la digue ont l'une & l'autre beaucoup de pente. Donc il pourra arriver, comme il arrive fréquemment, que les eaux, après la crue, fe partagent en cet endroit pour fe porter partie d'un côté & partie de l'autre, ainfi que l'expérience le prouve.

O ij

Quatrième cause de division. Les grandes crues.

242. *Les grandes crues divisent pareillement la rivière en plusieurs branches.*

La chose arrive par les raisons mentionnées au n. 239.

Cinquième cause de division. Les trop fortes sinuosités. Fig. 16.

243. Soit la rivière ABDC (fig. 16) qui serpente dans le lit majeur sinueux EBMHIKL, & qui tombe sur la berge EBM en B. Supposons que cette berge soit assez basse pour être franchie par les eaux, dans une grande crue, la pente sera plus forte suivant la droite DQ, que suivant la ligne sinueuse DNQ. D'ailleurs la ligne DQ s'approche plus de la direction primitive CD que la ligne DNQ. Donc (105 1°. 2°.) le courant s'y ouvrira un lit & s'établira en partie sur BDMG. C'est ce qui arrive fréquemment aux rivières dont nous parlons.

Unique moyen de prévenir la division des rivières.

244. *On préviendra la division des rivières en réduisant leur lit & en détruisant les digues obliques.*

Car 1°. la réduction du lit obligera le courant à creuser, augmentera sa force & ne permettra ni à la rivière de s'extravaser, ni aux dépôts de s'y former.

2°. Les digues obliques n'occasionneront ni dépôts ni ricochets, & ne gêneront plus alors le cours des eaux en leur faisant prendre des directions forcées.

Passons aux rivières dont le fond est de sable & de limon.

CHAPITRE II.

Des Rivières à fond de sable & de limon.

§. I.

De la nature & de la pente du lit des rivières à fond de sable & de limon.

245. C'EST par la comparaison que nous avons constamment faite de la force du courant avec la résistance du fond que,

dans le chapitre précédent, nous avons déduit la théorie des rivières à fond de gravier. Il n'y a pas deux principes sur cet objet, & le même nous donnera pareillement, ainsi qu'on va le voir, la théorie des rivières à fond de fable & de limon.

246. Les rivières dont nous parlons n'admettent point de différence entre le lit majeur & le lit mineur. Ces deux lits n'ont lieu que dans les rivières à fond de gravier, quand elles ont la liberté de s'étendre; au lieu qu'ils se confondent dans celles à fond de fable & de limon, ainsi que l'expérience le prouve constamment.

Dans les rivières à fond de fable & de limon, les lits majeur & mineur se confondent.

247. Parmi ces rivières, les unes ont un *lit naturel* & les autres un *lit factice*. Le *lit naturel* est celui que la nature semble avoir creusé, & dont les bords ne paroissent pas être des dépôts des eaux : tel est le lit de la Seine à Paris. Le *lit factice*, au contraire, est celui que la rivière s'est frayé, soit par elle-même, soit le plus souvent par le secours de l'homme, à travers les dépôts laissés par ses eaux : tel est le lit du Rhône à Arles.

Distinction entre le lit naturel & le lit factice.

248. Nous avons vu (176) que les matières du fond étoient plus ou moins grossières suivant que le degré de pente étoit plus ou moins grand. Donc les rivières à fond de fable auront moins de pente que celles à fond de gravier; ainsi que l'expérience le prouve.

Les rivières à fond de fable ont moins de pente que celles à fond de gravier.

249. Donc aussi, d'après le même principe, les rivières à fond de limon auront moins de pente que celles à fond de fable. La chose est prouvée d'ailleurs par l'expérience.

Et celles à fond de limon en ont moins que celles à fond de fable.

250. Nous avons dit (178) & nous avons vu (179), par la forme de la courbe assymptotique du fond, que la pente décroissoit continuellement en avançant vers l'embouchure. Donc l'accélération des eaux superficielles, dont nous avons parlé au n. 195, y sera toujours fort petite. Mais les eaux de la mer leur opposent une résistance qui (103) se fait sentir de proche en proche jusqu'à de très-grandes distances; & , d'autre part,

Uniformité de vitesse dans les rivières à fond de fable & de limon.

les eaux prefque dormantes, qui font aux environs des finuofités, augmentent encore cette même réfiftance. D'où il réfulte que cette double réaction détruit ordinairement l'effet de l'accélération. Par conféquent *les rivières à fond de fable ou de limon doivent en général avoir une vîteffe uniforme* ; & c'eft ce que l'expérience juftifie.

À l'embouchure le fond ne fera qu'un limon.

251. La plus grande réfiftance ayant lieu à l'embouchure, dans la mer, ce fera en cet endroit que la vîteffe & la force du courant feront les moindres poffibles. D'où il réfulte qu'*à l'embouchure* (173) *la pente fera la moindre poffible, & que le fond n'y fera que de limon*, ainfi que l'expérience le prouve à l'embouchure de tous les fleuves.

Un fond de fable & de limon eft moins variable qu'un fond de gravier.

252. *Un fond de fable & de limon eft moins variable qu'un fond de gravier.*

Car un fond de fable & de limon fuppofe (173) moins de force dans le courant. Or, les caufes font toujours en proportion avec les effets qu'elles produifent.

Dans les crues, la vîteffe eft plus forte à l'embouchure, qu'en amont.

253. Quoique (251) la vîteffe du courant foit, en général, moindre à l'embouchure que par-tout ailleurs, il y a néanmoins un cas où elle eft plus grande en cet endroit qu'en amont : ce cas eft celui des fortes crues. On fent qu'alors les eaux fuperficielles, étant fupérieures au niveau de celles de la mer, auront la liberté d'obéir à l'accélération de cet excès de pente, fans éprouver une grande réfiftance de la part de ces dernières. Ce qui prouve la chofe, c'eft que, tant fur le Pô que fur le Rhône, plus on avance vers l'embouchure, plus la hauteur des chauffées, deftinées à contenir les eaux des crues, diminue.

§. I I.

De l'action des Eaux fur le fond en fable & limon.

Dans ces rivières il n'y aura point de gouffre d'équilibre.

254. Nous avons vu (196) que les rivières à fond de gravier creufoient des gouffres par intervalles, & que ces gouffres étoient

produits par l'accélération des eaux de la superficie (195).
Or (250), les riviéres à fond de fable & de limon, ont, en général, une vîteffe uniforme, & par conféquent il n'y a point
d'accélération à la furface. Donc, dans *les rivières à fond de
fable ou de limon il ne fe creufera point de gouffre.*

Pour s'en convaincre, par expérience, on n'a qu'à parcourir toutes les rivières en pays en plaine, & dont par conféquent (160 2°.) le fond n'eft qu'en fable ou limon ; on n'y re-
marquera jamais aucuns des gouffres mentionnés au n. 166 &
qu'on rencontre à chaque pas fur les rivières à fond de gravier.
La Seine à Paris nous en fournit un exemple.

255. Dans les rivières à fond de gravier, *fi le volume d'eau
augmente & que la groffièreté des matières du fond foit conftante,
la pente diminue* (190). — La groffièreté des matières du fond étant conftante, la pente diminuera quand le volume d'eau augmentera.

Il eft vifible que la chofe aura pareillement lieu, & pour les
mêmes raifons, dans les rivières à fond de fable ou de limon.
Car le degré de groffièreté des matières du fond n'eft pas fpé-
cifié.

256. Il fuit de-là, que tout ce que nous avons dit (192,
209, 221) au fujet des effets produits par les rétréciffemens
des lits de rivières à fond de gravier, s'applique littéralement
aux rivières à fond de fable & de limon. D'où nous conclu-
rons que, dans ces dernières rivières, fi l'on rétrécit le lit à
un endroit déterminé, — Conféquences qui en réfultent dans le cas des rétréciffemens.

1°. *Le fond baiffera en amont & en aval du rétréciffement, par
la corrofion.*

2°. *La profondeur de la corrofion fera fenfiblement en raifon
inverfe de la largeur du lit.*

257. Il s'enfuit pareillement, que dans ces rivières, *pour
baiffer le lit fur une étendue déterminée, on n'a befoin que de les
refferrer par intervalles, & qu'il eft inutile d'y employer des ou-
vrages continus* (220). — Par des rétréciffemens partiels, on forcera ces rivières à baiffer leur lit.

258. On doit encore appliquer à ces rivières ce que nous avons dit (193 & 194) au ſujet des effets produits par la diminution des eaux, puiſque le degré de groſſièreté des matières du fond eſt indéterminé. Donc, dans les rivières dont nous parlons, *ſi le volume d'eau diminue, la groſſièreté des matières du fond reſtant la même, la pente augmentera.*

259. De-là il ſuit 1°. *que ſi l'on ſaigne une rivière de la nature de celles dont nous traitons, la pente augmentera.*

2°. *Que ſi la pente eſt conſtante, la vîteſſe diminuera.*

3°. *Que ſi une rivière eſt trop large, ſa pente augmentera.*

4°. *Qu'une rivière trop large exhauſſera ſon lit.*

Les démonſtrations en ſont abſolument les mêmes qu'aux n^{os}. cités

§. III.

Des variations des rivières à fond de ſable & de limon, & de leur action ſur les bords.

260. Nous venons de dire (259 4°.) que ſi le lit eſt trop large, il s'exhauſſera. Dans ce cas, ſi l'exhauſſement eſt uniforme d'un bord à l'autre, le courant ne variera pas; car ces rivières n'ayant pas de lit majeur, les bords ne ſeront pas alors, comme dans celles à fond de gravier, plus bas que le lit, & par conſéquent cet exhauſſement ne porteroit pas les eaux ſur les berges. Mais ſi par quelque cauſe que ce ſoit, l'exhauſſement eſt irrégulier, le courant s'établira à l'endroit le plus bas & où l'exhauſſement ſera moindre. Car (105 2°.) les eaux ſe portent toujours aux endroits les plus bas.

261. A meſure qu'un dépôt commencera à ſe former dans le lit de la rivière, le courant en cet endroit y devenant moins profond, & par-là même ſa force y diminuant, le dépôt s'élèvera toujours plus, juſqu'à ce qu'il paroiſſe à la ſuperficie des

eaux :

eaux : alors il formera une île dans le lit, & cette île fera per-
manente : car puifque le courant n'a pas eu affez de force pour
la détruire dans fon principe, on fent bien, qu'à plus forte
raifon, il ne pourra pas l'anéantir, lorfqu'elle aura reçu tous
fes accroiffemens.

La Loire & la Seine nous en offrent des exemples fans fin.
Toutes les îles dont leurs lits font parfemés, ne font dues qu'à
leur trop grande largeur primitive ; & l'on ne voit pas qu'aucune
de ces îles foit détruite par l'action des eaux, comme le font
journellement celles qui font formées par les rivières à fond
de gravier.

262. Il paroît, d'après cela, que, lorfque ces rivières ont
trop de largeur, elles fe réduifent, comme d'elles-mêmes, en
formant des îles dans leur fein. Mais, en formant ces îles,
elles fe partagent en diverfes branches. Toutes ces branches
réunies formeroient un volume d'eau qui auroit plus de largeur
& plus de profondeur que celui de chaque branche prife en particulier ; & il eft vifible que la navigation y gagneroit, au lieu
qu'elle perd néceffairement par la divifion. C'eft pour cette raifon qu'il eft effentiel, dans ces rivières, de provoquer la deftruction des dépôts, à mefure qu'ils fe manifeftent, & d'employer pour cela les rétréciffemens, puifque les dépôts ne proviennent que des excès de largeur.

*Ces îles font nui-
fibles à la navigation.*

263. Dans les rivières à fond de fable & de limon, le courant eft ordinairement au milieu. C'eft pour cette raifon,
qu'étant particulièrement affectées à la navigation, on recom-
mande de donner un nombre impair d'arches aux ponts qu'on
y conftruit, à caufe qu'alors le courant donnera dans le vuide
de l'arche du milieu ; au lieu qu'il donneroit fur le plein d'une
pile, fi le nombre d'arches étoit pair. Il eft rare que le courant
quitte le milieu, dans les rivières à lit naturel, comme la
Seine ; mais la chofe eft moins rare dans les rivières à lit factice, comme le Rhône, à la hauteur d'Arles. Dans le premier

*Le courant eft or-
dinairement au mi-
lieu du lit naturel.*

*Quelquefois il s'en
écarte dans un lit
factice.*

P

cas, c'eſt la nature elle-même qui a établi les bords, & par conſéquent c'eſt la nature qui contient la rivière au fond de la vallée qu'elle lui a aſſignée : dans le ſecond cas, au contraire, les bords ne ſont que des dépôts que la rivière a laiſſés en ſe retirant. Or, la cauſe qui l'a obligée à ſe retirer, peut auſſi la forcer à s'approcher de nouveau des dépôts qui bornent ſon lit. En effet, ces anciens dépôts ſe ſont formés, dans l'origine, par quelque obſtacle qui s'eſt arrêté dans le lit primitif : or, ſi quelque nouvel obſtacle pareil s'arrête dans le lit actuel, il eſt viſible qu'il s'y formera un atterriſſement qui portera le courant ſur la berge.

Conſidérations ſur la corroſion des berges. 264. Si le courant s'établit le long d'une berge corroſible, il y aura corroſion, & cette corroſion formera une courbe concave, ainſi que dans les rivières à fond de gravier; mais la concavité n'en ſera pas auſſi forte ni auſſi rapide : car, 1°. il n'y a point de gravier au-deſſous des berges, qui ne ſont dans ce cas qu'en terre; 2°. la terre qui les compoſe eſt moins mêlée de ſable, & a par-là plus de tenacité; 3°. le courant a moins de vîteſſe & moins de force. Ainſi, pour toutes ces raiſons, la courbe qui réſulte de la corroſion des berges factices des rivières à fond de ſable & de limon, aura moins de concavité & ſe formera plus lentement, que dans les rivières à fond de gravier.

On a la preuve de ce que nous diſons, dans la comparaiſon des corroſions de la Durance & du Rhône, dans le terroir d'Arles.

265. Tout ce que nous venons de dire au §. III du chapitre précédent, au ſujet de l'effet que produiſent les digues obliques ſur les rivières à fond de gravier, s'applique également aux rivières à fond de ſable & de limon; car on a pu voir que la nature des matières du fond n'y entre pour rien.

Venons à préſent aux cauſes qui occaſionnent des diviſions dans ces rivières.

266. Nous avons déjà vu (261) qu'un lit trop large permet-toit aux dépôts de s'arrêter & de former des îles. Ainsi, *la trop grande largeur dans les rivières dont nous parlons , eſt la première cauſe de leur diviſion en pluſieurs branches.*

Les cauſes de diviſion ſont les mêmes pour ces rivières & pour celles à fond de gravier.

267. Les arbres, arbriſſeaux , &c. qui s'arrêtent dans le lit, ſont la ſeconde cauſe de la diviſion.

La démonſtration en eſt la même que celle que nous avons donné au n. 240 ; obſervant néanmoins que ces arbres, arbriſ-ſeaux, &c. n'arrêtent ici que des ſables & du limon.

268. *Une digue oblique peut auſſi opérer la diviſion du courant.*

La démonſtration en eſt la même qu'au n. 241. Cependant nous obſerverons que ce cas n'eſt pas commun.

269. *Si, dans les crues, la rivière, franchiſſant les bords, ren-contre un endroit où il y ait plus de pente , elle ſe diviſera.*

On peut voir le raiſonnement que nous avons fait à ce ſujet, au n. 243.

C'eſt ainſi, qu'en 1711 , la plus grande partie des eaux du Rhône abandonna le lit appellé *bras de fer* , pour ſe jetter dans le canal des Lônes, comme nous l'avons dit au n. 182.

§. I V.

De l'embouchure des rivières dans la mer.

270. Nous avons déja dit (11) que les rivières charient, à la mer, les terres que les pluies entraînent ; que ces matières étoient pouſſées par les rivières & repouſſées par la mer ; & qu'en-fin elles s'arrêtoient là où il y avoit équilibre entre ces deux forces, pour former des barres ou des îles ſuivant les circonſ-tances ou les localités. Nous pouvons dire ici, *qu'en général , les barres ſe forment dans l'Océan & les îles dans la Méditerranée.*

A l'embouchure des rivières il ſe forme des barres dans l'O-céan , & des îles dans la Méditerranée.

Car, 1°. dans l'Océan , la haute marée arrête les eaux de la rivière & les oblige à s'élever juſqu'à la marée deſcendante ;

P ij

alors ces eaux, ainſi accumulées, jointes à celles de la mer qui
ſe retirent, font, à l'égard des dépôts, les fonctions d'une écluſe
de chaſſe, & entraînent les matières étrangères juſqu'à une
certaine diſtance dans l'intérieur de la mer, ou, enfin, elles
forment des barres toujours ſujettes aux variations du flux &
reflux & qui rarement s'élèvent juſqu'à la ſuperficie des eaux.

2°. Dans la Méditerranée, au contraire, comme il n'y a
point de marée, ces matières ne pouvant pas être pouſſées
comme par une écluſe de chaſſe, s'arrêtent plus près de la côte
où elles s'amoncelent, juſqu'à ce qu'elles paroiſſent à la ſurface des eaux : alors elles forment des îles.

L'expérience prouve ce que nous diſons. Qu'on jette les
yeux ſur la Seine, la Loire, la Gironde & l'Adour, rarement
on y trouvera des îles, mais ſeulement des barres ; au lieu que
dans le Rhône il ſe manifeſte journellement quelqu'île.

271. *Les îles qui ſe forment dans la Méditerranée, ſe lient bien-*
tôt au Continent & le prolongent dans la mer. Car les eaux qui
ſéparent ces îles de la terre ferme, ſont à l'abri des vagues &
des courans, & permettent plus facilement les dépôts.

Les îles dans la
Méditerranée, pro-
longent le lit dans la
mer & augmentent
le Continent.

L'obſervation nous fournit les preuves les plus convaincantes
de cette aſſertion. Arles, la plus ancienne ville de cette partie
des Gaules, fut bâtie ſur un rocher à l'embouchure même du
Rhône ; & l'on croit communément que le clocher des Mini-
mes étoit un phare. Ce qu'il y a de bien certain, c'eſt que ce
clocher eſt de toute antiquité, & qu'il a réellement la forme
d'un phare. Cependant aujourd'hui Arles eſt à environ 22,000
toiſes de l'embouchure du fleuve.

L'hiſtoire nous apprend que Louis IX s'embarqua à Aigues-
Mortes, pour l'expédition des Croiſades. Aujourd'hui néanmoins Aigues-Mortes eſt à environ 4000 toiſes loin de la côte.

Nous avons déjà obſervé (11) que depuis 1711, le Rhône a
porté ſon embouchure à environ 3000 toiſes au-delà de la tour
Saint-Louis.

Cicéron nous apprend, dans ses lettres, que, de son tems, le port de Fréjus, dont on voit encore les restes, étoit en exercice. Aujourd'hui cette ville est à plus de 500 toises loin de la mer par les dépôts de la rivière d'Argens.

272. *L'embouchure des rivières dans la Méditerranée doit y former des plages dangereuses.*

Car les dépôts, avant de paroître à la surface de l'eau, forment, çà & là, une multitude d'écueils auxquels il est très-dangereux de toucher.

Le golfe de Lyon nous en offre un exemple bien remarquable.

273. *A mesure que le lit se prolonge, le fond doit s'exhausser en amont.* Soient AB (*fig.* 17.) la surface de la mer, A l'embouchure d'une rivière, & AC la ligne de fond de son lit. Supposons que le lit se prolonge de A en D, le volume d'eau & la grossièreté des matières de fond restant les mêmes, la pente doit être aussi la même : car on a vu au §. Ier. du chapitre premier, qu'il n'y avoit pas d'autres élémens que la masse, la pente & la grossièreté des matières, pour déterminer la position & les variations du lit. Tirons du point D la ligne DE parallèle à AC, elle sera le fond du nouveau lit : mais DE est supérieure à AC ; donc le lit s'exhaussera.

274. Il suit de-là que *si les domaines adjacens ne s'exhaussent pas à proportion, ils se convertiront en marais.*

Car ces domaines éprouveront des filtrations de la part du fleuve dont les eaux seront supérieures ; d'ailleurs, quand même les filtrations n'auroient pas lieu, les seules eaux pluviales les inonderoient. Or, ces eaux ne pourroient pas s'écouler dans le fleuve, à cause que son lit est supposé trop élevé ; elles ne pourront s'écouler dans la mer, qu'en prenant un dégré de pente d'autant plus grand, que leur volume sera moindre (177): donc elles seront obligées de s'enfler en amont, & par conséquent d'inonder le pays.

L'embouchure dans la Méditerranée produit des plages dangereuses.

Lorsque le lit se prolonge dans la mer, le fond en amont doit s'exhausser. Fig. 17.

Dans ce cas, si les domaines riverains ne s'exhaussent pas, ils se convertiront en marais.

Les marais aug-
menteront à propor-
tion que la mer se
retirera.

275. *Les marais augmenteront d'autant plus, que la mer s'éloi-gnera davantage.*

Car plus la mer s'éloignera, plus le cours du canal d'évacuation sera long. Donc (273) plus le lit s'exhaussera en amont & plus l'étendue du terrein inondé sera grande.

Les marais de la contrée d'Arles justifient cette assertion. On voit dans la partie de ces marais, qui se trouve dans le terrein des Baux, un ancien édifice appellé le *Monestier*, corruptif de *monastère*. Cet édifice a été certainement construit à sec; aujourd'hui, néanmoins, il est bien-avant dans l'intérieur des marais. Donc les marais se font accrus depuis que la mer s'est retirée.

Moyen d'empê-
cher que les domaines
riverains ne se con-
vertissent en marais.

276. Il n'y auroit qu'un seul moyen d'empêcher cet effet; ce seroit d'exhausser le terrein à mesure & à proportion de la retraite de la mer. La manière la plus naturelle d'opérer cet exhaussement, seroit d'arroser le pays avec un canal alimenté par des eaux troubles: car, dans ce cas, à chaque irrigation, les eaux déposeroient une couche de limon qui insensiblement élèveroit le sol. Mais, d'un autre côté, les arrosages exigent des égoûts. Dans ces terreins, les canaux, servant d'égoût, auroient peu de pente, & les eaux y prendroient peu de vîtesse; elles déposeroient donc dans ces canaux & les encombreroient continuellement. Ainsi le plus sûr seroit d'évacuer les eaux des marais, sans pente, ou du moins avec la moindre pente possible. C'est ce que nous verrons dans notre traité des canaux d'arrosage.

SECTION IV.

Des Torrens - Rivières.

277. **I**L nous reste peu de chose à dire sur les torrens - rivières, puisque tout ce que nous venons de dire jusqu'ici sur les torrens & les rivières, s'y appliquent exactement, à la réserve de quelques propositions qui ont besoin d'être modifiées. Mais avant d'exposer ces propositions, ne perdons pas de vue ce que nous avons dit au n. 165, savoir, que c'est par le plus ou moins de régularité des galets, qu'on distingue si le torrent-rivière approche plus ou moins du torrent ou de la rivière.

278. *Le gravier est plus grossier dans ces torrens-rivières que dans la rivière qui le reçoit.*

Car les galets s'atténuent pour s'arrondir ; donc puisqu'ils sont arrondis dans la rivière & qu'ils ne le sont pas encore parfaitement dans le torrent-rivière, ils sont plus grossiers dans le torrent-rivière que dans la rivière.

Le gravier du torrent-rivière est plus grossier que celui de la rivière qui le reçoit.

279. *Le volume d'eau du torrent-rivière est moindre que celui de la rivière qui le reçoit.*

La forme régulière & arrondie des galets, indique (165) que le cours de la rivière est plus long que celui du torrent-rivière, mais (58) le volume d'eau est comme le pays arrosé, ou comme la longueur du cours ; donc le torrent-rivière aura moins d'eau que la rivière dans laquelle il s'évacue.

Son volume d'eau est moindre que celui de la rivière qui le reçoit.

280. Il suit de ces deux propositions, que *le torrent-rivière aura plus de pente que la rivière qui le reçoit.*

Car, (176 & 177) la pente sera d'autant plus considérable, que les matières seront plus grossières, & que le volume d'eau sera moindre, or les matières sont plus grossières & le

Donc le torrent-rivière aura plus de pente que la rivière qui le reçoit.

volume d'eau eft moindre dans le torrent-rivière que dans la rivière qui le reçoit.

Réflexions fur les gouffres d'équilibre des torrens-rivières.

Nous avons vu (196) que dans les rivières, l'équilibre exige qu'à des intervalles déterminés il fe creufe des gouffres ; cette propriété aura lieu dans la rivière qui reçoit le terrent-rivière ; elle aura encore lieu aux endroits où le torrent-rivière approchera de la nature de la rivière , à caufe que dans ces endroits la différence entre ces deux courans n'eft qu'une nuance qui ne devient bien fenfible qu'à une certaine diftance en remontant , c'eft-à-dire, qu'en ces endroits la durée des eaux d'équilibre y fera fenfiblement telle qu'elle eft requife par l'équilibre entre leur force et la réfiftance du lit (89. 2°.). Mais en s'approchant davantage de la fource du torrent-rivière , la durée tant des crues que des eaux d'équilibre diminuant fans ceffe, (58, 60 & 63.) le lit n'aura pas le tems de fe mettre en équilibre avec la force des eaux , & les gouffres qu'on y appercevra dépendront bien plus des circonftances particulières que d'une loi fixe , & cela d'autant plus qu'on s'approchera davantage du torrent générateur. On doit dire la même chofe des autres propriétés des gouffres que nous avons détaillées aux n. 198 & 201.

Réflexions fur l'exhauffement & l'abaiffement de leur lit.

281. L'exhauffement & l'abaiffement des torrens-rivières auront lieu dans les mêmes cas que ceux qui regardent les rivières & qui font détaillés au Chapitre I de cette partie ; mais il y aura cette différence : favoir, que les progrès feront plus rapides dans l'exhauffement , & plus lents dans l'abaiffement du lit des torrens-rivières à mefure qu'on s'approchera davantage de la fource.

Car , plus on s'approchera de la fource , plus les crues feront courtes , & moins le courant fera en état d'entraîner les matériaux ; donc, dans le premier cas, le gravier s'amoncelera plus rapidement , & dans le fecond , il fera entraîné plus difficilement.

282. *Si le lit d'un torrent-rivière est trop large, le courant en pourra sortir pour se répandre sur les domaines riverains qui ont été gagnés à ses dépens.*

En effet le lit s'exhauffant alors rapidement, les domaines riverains deviendront bientôt inférieurs : & puifqu'en général, lorfque le lit eft trop large, le courant fe porte fur les berges (123), s'il furvient quelque obftacle qui gêne fon cours, il doit fortir de fon lit primitif, & fe jetter fur les domaines riverains (105 2°.). Mais la courte durée des crues produit aifément des dépôts de gravier, & permet fouvent à des arbuftes entraînés, & à d'autres matières étrangères, de s'arrêter au milieu du lit, & de gêner le courant. Donc, alors le torrent-rivière doit fortir de fon lit pour fe répandre fur les domaines adjacens qu'il couvrira de gravier.

C'eft ce qui eft prouvé par une infinité d'obfervations.

283. Il réfulte de-là, qu'il y a cette différence remarquable entre les torrens-rivières, & les rivières proprement dites, dont le lit a été rétréci par les domaines riverains : c'eft que les torrens-rivières peuvent faire des forties fur ces domaines, & même s'y établir brufquement, en abandonnant leur lit primitif; au lieu que dans les rivières, le lit majeur ne s'exhauffant pas auffi rapidement (281), les crues y étant plus longues (63), & le courant refferré par la berge contre laquelle il fe porte (223), ayant affez de force pour déblayer le lit mineur, & l'approfondir en corrodant le fond (228 & 232), il n'arrivera rien de pareil; mais feulement le lit majeur s'étendra par la corrofion des berges, lorfqu'elles feront corrofibles (228), & le courant ne laiffera jamais rien derrière lui : il faut néanmoins en excepter le cas mentionné au n. 243.

284. Au refte, les torrens-rivières participant à la nature des torrens & des rivières, & cela plus ou moins, felon qu'ils s'approchent ou s'éloignent du torrent générateur, ou du point où ils font réellement rivières, leur théorie tiendra plus ou moins

Q

de celle du torrent ou de la rivière, fuivant les localités : car on fent bien qu'il y a des nuances à l'infini ; par conféquent, c'eſt à ces diverſes nuances qu'on aura égard dans les travaux qu'on y exécutera.

SECTION V.

Des Confluens.

§. I.

Obſervations générales ſur les Confluens.

La ſolution du problème ſur la direction de la réſultante de deux courans qui ſe réuniſſent, eſt inadmiſſible dans la pratique.

185. LORSQUE deux courans ſe joignent pour n'en former qu'un ſeul, ils agiſſent ordinairement l'un ſur l'autre, ſuivant leur force & leur direction. En conféquence, pluſieurs auteurs reſpectables par leurs connoiſſances, ont propoſé, pour problème, de *déterminer, d'après ces données, la direction de la réſultante des deux courans réunis.* Il eſt certain que la ſolution qu'ils en donnent ſeroit très-exacte & parfaitement conforme au réſultat, ſi les deux courans ſe joignoient ſur un milieu d'une réſiſtance homogène & extrêmement petite, par exemple, ſur la ſurface des eaux de la mer ; mais dans l'état naturel, cette réunion des courans ne s'opère pas ainſi. La diverſité des pentes & des matières qui compoſent, ſoit le fond de leurs lits, ſoit les bords au-deſſous du confluent, produiſent des variations à l'infini dans les réſultats. Ainſi, à cet égard, nous ne pouvons dire autre choſe, ſinon que *le courant le plus fort influe plus ou moins ſur le plus foible, ſuivant les circonſtances & les localités.* Dans la pratique, ce ſont ces deux objets qu'il faut conſulter, & même on peut être aſſuré, que dans tous les cas on n'obtiendra que des *à-peu-près.*

286. *En général, le courant le plus fort s'oppose plus ou moins à l'admiffion du plus foible.*

Soient AB (fig. 18) un filet quelconque du courant le plus fort & CD un femblable filet du courant le plus foible : fuppofons-les compofés, l'un & l'autre, d'une infinité de globules placés à la fuite les uns des autres. Pour que le fecond courant puiffe s'incorporer dans le premier, il faut que les globules de CD puiffent s'intercaler entre les globules de AB. Or plus le premier courant aura de force, plus il aura de vîteffe & plus les globules de AB feront preffés les uns contre les autres : donc, auffi, plus alors les globules de CD auront de difficulté à s'intercaler parmi les globules de AB ; ce qui eft parfaitement conforme à l'expérience.

287. Comme dans l'état naturel il eft rare que deux courans qui fe réuniffent aient l'un & l'autre le même degré de force, il fuit, de ce que nous venons de dire, que, dans ce cas, *fi le courant le plus foible n'a pas fenfiblement plus de pente, il fera obligé de s'enfler pour entrer dans le plus fort.*

Car les eaux fupérieures, s'élevant, prefferont davantage les eaux inférieures (91) & leur donneront affez d'intenfité pour forcer la réfiftance du courant le plus fort : d'ailleurs ces mêmes eaux, en s'élevant, pourront auffi s'évacuer en partie fur la furface du même courant.

288. *Les eaux du courant le plus foible étant obligées de s'enfler & de s'élever, il arrivera fouvent que ce courant fe divifera en plufieurs branches.*

Car ces eaux ne peuvent s'enfler fans inonder tout ce qui fera au deffous du niveau de leur fuperficie ; elles fe répandront donc dans leur lit majeur par-tout où le niveau pourra les porter. Or il eft prefqu'impoffible que, dans la largeur du lit majeur, pour peu confidérable qu'elle foit, il ne s'y trouve divers endroits plus bas les uns que les autres. Donc (105 2°.)

Q ij

il se formera, dans ces endroits, des branches particulières ; & c'est ce que l'expérience journalière confirme.

La section de deux courans réunis, est moindre que la somme de leurs sections avant la réunion.
Fig. 19.

289. Soient ABC & DÉF (fig 19) les sections des deux courans avant leur réunion, & GHK la section commune aux deux courans réunis. Si la vîtesse moyenne étoit la même avant & après la réunion, il est visible que la section GHK seroit égale à la somme des deux autres; mais (101) c'est la résistance du fond qui modifie la force accélérative, & (171) cette résistance est, toutes choses d'ailleurs égales, proportionnelle au pourtour GHK, tandis que le volume d'eau suit la raison de la surface de la section ou du carré du pourtour GHK. Donc, puisque la masse d'eau & par conséquent sa force augmente dans un plus grand rapport que la résistance, la force accélérative (195), après la réunion, sera plus grande & la vîtesse augmentera. Par conséquent la section GHK sera moindre que la somme des deux sections ABC, DEF. Donc *la section de deux courans réunis est moindre que la somme de leurs sections avant la réunion.*

La chose est prouvée par l'expérience: car on voit à chaque pas des courans se jetter dans de plus grands sans augmenter sensiblement les dimensions de leur lit. Cela doit nous faire admirer, toujours de plus en plus, la sagesse de la providence: car si la section d'une rivière devoit constamment être égale à la somme des sections de tous les affluens lorsque, dans les crues, elle seroit arrivée à une certaine distance de la source, peu de plaines seroient à l'abri de ses inondations. Heureusement le Créateur y a obvié en établissant des loix qui augmentent la vîtesse à proportion.

§. I I.

Du Confluent de deux Torrens.

Les variations au confluent de deux

290. Lorsqu'un torrent se jettera dans un autre, sur le pen-

chant même de la montagne où ils fe forment, le plus fort
pouffera le plus foible fur le côté oppofé, qui pour lors fera corrodé. Mais cette corrofion portant fur le flanc de la montagne,
fera peu de progrès, & fe bornera à occafioner une légère dé-
viation au-delà de laquelle le torrent récipient reprendra fon
cours. Ainfi, nous pouvons dire qu'*en général les variations ou
confluens de deux torrens fur la montagne où ils fe forment, feront
peu confidérables.*

torrens fur le pen-
chant d'une monta-
gne, feront peu con-
fidérables.

291. Mais il n'en eft pas de même de la réunion des torrens
au bas des montagnes & dans les plaines. Dans ce cas, toutes
chofes d'ailleurs égales, celui qui a le plus de pente agit fur
l'autre, & en détermine la direction (286): il peut même arriver que les directions étant peu concourantes, le plus fort obf-
true le lit du plus foible. Alors, on doit s'attendre aux effets
les plus pernicieux; car (136) les torrens étant affez généralement fupérieurs aux plaines adjacentes, il arrivera (134) que le
torrent obftrué fe jettera fur les domaines riverains (105 2°.),
& qu'il les couvrira de gravier.

Les directions des
torrens dans les plai-
nes, doivent concou-
rir le plus poffible.

· D'où l'on doit conclure, qu'en général *on doit donner aux
torrens dans les plaines, les directions les plus concourantes poffibles.*

§. III.

Du Confluent d'un Torrent & d'une Rivière ou d'un Torrent-
Rivière.

292. *Le lit de la rivière fera rétréci par le torrent.*

Le lit de la rivière
fera rétréci par le tor-
rent.

· Car dans les crues d'orage, le torrent entraînera une quantité
de matières d'autant plus confidérable que fon cours fera plus
étendu. Ces matières affluant dans la rivière, formeront, à
l'embouchure du torrent, une efpèce de digue qui jettera le
courant fur le côté oppofé. Ce courant ainfi rétréci creufera fur

ce côté (212) & le rendra plus bas que la partie restante du lit. Donc (105 2°.) il s'y fixera. Il est vrai que ces matières seront déblayées par le courant ; mais ce ne sera qu'en partie, à cause que le fort du courant sera établi du côté opposé, comme nous venons de le dire.

Les dépôts d'un torrent peuvent totalement barrer le lit d'une rivière.
Fig. 5.

293. *Les dépôts d'un torrent peuvent totalement barrer le lit d'une rivière.*

Supposons pour cela, qu'au confluent, le lit de la rivière soit resserré par des montagnes, de manière qu'il n'y ait pas de lit majeur, ou que le torrent soit tel que la longueur de son cours KC (fig. 5), depuis la chûte K, au bas de la montagne jusqu'à la rivière, soit extrêmement courte ou nulle, ce qui aura lieu au commencement de la formation d'un torrent, ou lorsque la montagne sera entièrement en rocher (130) : s'il survient un orage sur cette montagne exclusivement, les matières, que le torrent chariera, peuvent être assez volumineuses pour barrer totalement le passage de la rivière par une espèce de jettée ; dans ce cas, la rivière formera, en amont, un étang momentané dans lequel ses eaux s'élèveront jusqu'à ce qu'elles aient atteint la crête de cette jettée. Alors elles s'écouleront d'abord par-dessus, & ensuite elles la couperont ainsi que nous l'avons dit (116).

Cet effet n'est pas rare dans les pays des montagnes. Nous en avons été plusieurs fois temoins sur la rivière d'Issolle, prise dans le terrein de Troins, entre Saint-André & Thorame-Basse, dans le département des Basses-Alpes. En cet endroit, la rivière y est assez fréquemment barrée par les dépôts d'un torrent connu sous le nom de *torrent de Pré Chabanat*, qui descend de la montagne de *Maurel*, entre la Mure & Argens. Bien des gens ont vu la même chose arriver sur le Verdon, près de Thorame-Haute, dans le même département.

Ce qui arrivera lorsque le lit majeur

294. Si, au confluent, le lit majeur de la rivière est fort

large, il s'exhauffera peu-à-peu par les dépôts du torrent qui, pour lors, fera dans le cas dont nous avons parlé au n. 134. Cet exhauffement fera proportionnel au volume des matières que le torrent chariera. Dans ce cas le lit fera rétréci & la rivière s'établira du côté oppofé (292).

On doit remarquer, qu'en pareil cas, un torrent équivaut à une digue ; car, en exhauffant un des côtés du lit, il force la rivière à s'établir du côté oppofé (105 2°.).

Cet exemple peut s'obferver à chaque pas, dans les pays de montagnes : on le trouve fur-tout à l'embouchure des torrens qui fe jettent dans la rivière d'Affe, près de Mezel, dans le département des Baffes-Alpes.

295. *La pente d'une rivière doit augmenter à l'iffue du confluent d'un torrent.*

Car les matières chariées par un torrent n'ayant pas encore été atténuées par le roulage & les écornemens qui en font la fuite (165) feront plus groffières que celles de la rivière. Or, à raifon de la brièveté de la crue du torrent, on ne doit pas compter fur une augmentation d'eau de fa part, lors du volume d'équilibre : donc le volume d'eau de la rivière doit être regardé comme conftant, tandis que la groffièreté des matières du fond augmente ; mais (176 1°.) dans ce cas, la pente augmentera.

296. Si un torrent fe jette dans un torrent-rivière, les va- riations réfultantes dépendront du point où le confluent aura lieu. Lorfque ce point fe trouvera fur la partie où le torrent-rivière peut être regardé comme torrent, ces variations feront les mêmes que celles dont nous avons parlé au n. 291. Au contraire, lorfque ce point fera fur la partie où le torrent-rivière peut être regardé comme rivière proprement dite, elles fe rapporteront à ce que nous venons de dire (291 & 295). Dans l'efpace intermédiaire, les variations feront mi-parties & compofées.

§. IV.

Du Confluent d'une Rivière & d'un Torrent-Rivière.

Si la nature du torrent-rivière approche de celle du torrent, les effets font les mêmes qu'au confluent du torrent & de la rivière.

297. Nous avons démontré (278) que le gravier eft plus groffier dans le torrent-rivière que dans la rivière qui le reçoit, & (280) que le torrent-rivière a plus de pente que la rivière dans laquelle il s'évacue. Or, ces propriétés appartiennent auffi aux torrens (159 & 126) : donc tout ce que nous avons dit aux n. 292, 294 & 295 au fujet du confluent des torrens & des rivières, s'applique exactement au confluent des rivières & des torrens-rivières. Nous remarquons feulement que le torrent-rivière ayant toujours un certain volume d'eau (60), il arrive affez ordinairement que dans le cas du n. 294, il fe divife en plufieurs branches avant d'entrer dans la rivière.

Obfervations particulières.

Cet effet ne provient point de la caufe mentionnée au n. 288, puifque le torrent-rivière ayant plus de pente que la rivière, fes eaux doivent avoir auffi plus de force ; mais il réfulte de ce que les dépôts s'étendant fous la forme d'un conoïde extrêmement écrafé, les eaux dans les grandes crues n'étant point contenues, fe répandront de toutes parts, comme les torrens dans le cas dont nous avons parlé au n. 134. Or, parmi les diverfes faces de ce conoïde, il s'en trouve toujours plufieurs qui ont plus de pente que les autres, & qui (105, 2.) attirent le courant, qui alors fe divife en plus ou moins de branches, fuivant les circonftances.

La rivière d'Iffolle qui, dans le fait, n'eft qu'un torrent-rivière, puifque les *galets* ne font pas encore parfaitement arrondis à fon embouchure : cette rivière, difons-nous, qui fe jette dans le Verdon à Saint-André, dans le département des Baffes-Alpes, nous en fournit de fréquens exemples.

§. V.

§. V.

Du Confluent de deux Rivières.

298. D'après ce que nous avons dit au paragraphe Ier. de cette section, & qui se rapporte plus particulièrement au confluent de deux rivières, il ne nous reste à ce sujet qu'une observation à faire. Cette observation consiste en ce qu'ici la pente diminue en aval des confluens, au-lieu qu'elle augmente en aval de ceux dont nous venons de parler.

On peut en voir la démonstration au n. 190.

La pente diminue en aval du confluent de deux rivières.

§. VI.

Du Confluent de deux Torrens-Rivières.

299. Nous avons ici quatre cas à examiner, savoir :

1°. Si les deux courans approchent plus de la nature du torrent que de celle de la rivière.

2°. Si les deux courans approchent plus de la nature de la rivière que de celle du torrent.

3°. Si l'un se rapproche plus du torrent, & l'autre de la rivière.

4°. Si l'un & l'autre tombent dans l'état intermédiaire.

Le confluent de deux torrens-rivières renferme quatre cas.

300. Dans le premier cas on doit regarder les deux courans comme deux vrais torrens dont les loix du confluent se rapportent à ce que nous avons dit au n. 291.

Dans le second cas on doit regarder les deux courans comme de véritables rivières ; & alors on doit appliquer au confluent ce que nous avons dit au paragraphe précédent.

Dans le troisième cas l'un doit être regardé comme tor-

Ces cas se rapportent à quelqu'un des précédens.

R

rent, & l'autre comme rivière ; & l'on doit leur appliquer ce que nous avons dit aux n. 292, 294 & 295.

Dans le quatrième cas enfin, les variations tiendront plus ou moins de celles des trois précédens, suivant la nature des courans à leur confluent.

Venons à présent à la seconde partie de cet ouvrage.

DEUXIÈME PARTIE.

Des moyens d'empêcher les ravages des Torrens, des Rivières & des Torrens-Rivières.

SECTION I.

Des moyens d'empêcher la formation & les ravages des Torrens.

§. I.

Des moyens d'empêcher la formation des Torrens sur les Montagnes.

301. Nous avons dit (144) que la destruction des bois qui couvroient les montagnes étoit la première cause de la formation des torrens. Pour détruire l'effet, il faut extirper la cause. Donc, s'il reste encore de la terre végétale sur ces montagnes, le mieux seroit de les laisser se boiser en laissant ces terres en friche, &, à cet effet, d'en écarter tout ce qui pourroit porter atteinte aux arbres naissans. C'est pour cette raison qu'on devroit tenir la main à l'exécution la plus stricte des loix concernant la prohibition des chèvres; car on sait que la dent de cet animal est meurtrière pour les arbres naissans. Il n'est pas moins essentiel de pourvoir à la conservation des bois existans, puisque ces bois, qui ont empêché jusqu'aujourd'hui les torrens de se former, nous sont un sûr garant qu'ils en empêcheront encore la formation à l'avenir.

Empêcher la coupe des bois sur les montagnes.

R ij

Mode à suivre pour les défriche-mens sur les montagnes.

302. Les défrichemens (145) font la seconde cause de la formation des torrens : il faut donc, qu'après avoir été trop généralisés par les anciennes loix , ils soient réduits à leurs véritables limites. En conséquence nous croyons , qu'à cet égard , on devroit se conformer à ce qui suit.

1°. Un défrichement ne devroit jamais, sous quelque prétexte que ce fût, être permis sur le penchant d'une montagne qui auroit moins de 3 de base ou d'empattement sur 1 de hauteur verticale.

2°. Le défrichement pourroit être permis sous un plus grand empattement ou une moindre déclivité, mais néanmoins avec des restrictions , d'après le mode que nous allons proposer.

3°. Le défrichement ne devroit être autorisé que par lisières ou bandes transversales & horisontales ou de niveau, ou du moins à peu de chose près.

4°. Dans ce cas les bandes défrichées seroient séparées entr'elles par d'autres bandes pareillement horisontales ou de niveau qu'on laisseroit incultes, & sur lesquelles on permettroit aux bois de croître.

5°. Ces bandes incultes seroient destinées à remplacer les murs de soutenement prescrits par la loi dont nous avons parlé au n. 145. Il paroît qu'elles ne devroient pas avoir moins de 5 toises de largeur pour pouvoir, au besoin, détruire un torrent qui se formeroit sur la bande supérieure défrichée.

6°. La largeur des bandes défrichées pourroit être de 5 toises seulement dans le cas où l'empattement de la montagne seroit de 3 sur 1 de hauteur , & il paroît qu'elle pourroit croître en raison inverse de cet empattement jusqu'à ce qu'on fût arrivé à une pente qui ne laissât plus aucun sujet de craindre la formation des torrens ; auquel cas cette largeur pourroit être illimitée.

7°. Enfin, les défrichemens, dans tous les cas, ne devroient pouvoir s'effectuer qu'avec l'autorisation des autorités municipales refpectives, & d'après la vérification & le tracé préalable qui en feroit fait par un officier public, à ce prépofé dans chaque commune.

Il n'y a perfonne qui ne voie que, d'après un pareil règlement, on éviteroit, à l'avenir, tous les défaftres produits par les défrichemens arbitraires, & prefque toujours fort mal entendus pour le public & le particulier; défaftres dont nous avons fait l'énumération aux n. 146 & 152.

303. La nature n'eft que plus active lorfqu'elle eft aidée par l'induftrie humaine. Ainfi, dans le cas où l'on voudroit hâter fur certains penchans de montagnes la multiplication des bois, il ne feroit fouvent pas mal d'y femer, foit des glands, foit des faînes de l'efpèce d'arbres qu'on préfumeroit être propres aux localités. Il y a plus d'un pays où l'on s'eft parfaitement bien trouvé de l'ufage de ce moyen, qui paroît pourtant extraordinaire aux yeux du vulgaire.

Boifer les montagnes en femant des glands ou des faînes.

304. Il y a des cas où il refte affez peu de terre fur les montagnes pour faire préfumer que les bois n'y prendroient que de foibles accroiffemens : on pourroit alors, avec fuccès, gazonner ce terrein, en y femant des graines des plantes qui feroient jugées les plus propres aux localités. Le tiffu fuperficiel que le gazon formera fera un obftacle à la formation des torrens; & d'ailleurs, par ce moyen, on créera des pâturages utiles.

Ou les gazonner.

Ce font là les moyens de prévenir la formation des torrens fur les montagnes. Il nous refte à voir ceux qu'il faut employer pour détruire, lorfque la chofe eft poffible, les torrens déjà formés.

305. Il paroît que jufqu'à préfent il n'y a qu'un feul moyen connu pour détruire les torrens. Ce moyen confifte à les prendre, dès leur origine, & à barrer leur lit d'efpace en efpace avec des pieux enfoncés en terre, entrelacés d'arbres placés en travers & recouverts de pierres. L'enfemble formera un obftacle qui arrêtera les eaux lors des orages & les forcera à dépofer

Manière de détruire un torrent à fon origine.

tout ce qu'elles charient. A mefure que le fond s'exhauffera
par les dépôts, on exhauffera auffi les ouvrages jufqu'à ce que le
lit du torrent foit entièrement comblé. Alors, pour en prévenir une nouvelle formation, il fera très-prudent de complanter cet emplacement en brouffaille.

L'ufage des murs
pour cet objet, eft
défeЄueux & trop
coûteux.

306. Il y a des gens qui employent des murs au lieu de paliffades. Outre que cette méthode eft plus coûteufe, elle eft
beaucoup moins efficace que celle des paliffades; car les eaux,
en franchiffant le mur, forment une cafcade qui l'affouille &
en entraîne la ruine. Cette cafcade eft bien moindre avec des
paliffades, à caufe que les eaux paffent à travers. D'ailleurs
elle ne produit aucun effet dangereux, lorfqu'on a foin de placer une partie des branches des arbres extérieurement & du
côté d'aval pour recevoir le choc des eaux dans leur chûte &
en amortir la violence.

Cas où il eft im-
poffible de détruire
un torrent.

307. Ce moyen réuffit à fouhait dans tous les torrens naiffans, & qui n'ont pas encore creufé bien profondément leur
lit : l'expérience nous en garantit le fuccès. Mais il n'en eft pas
de même lorfque les torrens ont pris des accroiffemens confidérables, & qu'ils ont creufé de profonds vallons : dans ce cas,
on doit regarder leur deftruction comme impoffible; ce qui
prouve combien il eft néceffaire de s'oppofer au mal dès fon
principe.

308. Il y a encore deux cas où la même impoffibilité fe rencontre. Le premier eft celui où il ne refte plus que le rocher
nud fur les montagnes, & le fecond celui où le torrent eft
produit par une fondrière.

Dans le premier cas, quand même on forceroit les eaux
à combler le lit par les pierres qu'elles charient (120), ce
qui ne donneroit aucun bénéfice & ne pourroit s'effectuer
qu'à grands frais, ne reftant plus de terre végétale fur la
montagne & conféquemment ne pouvant pas fe couvrir d'ar-

bres, rien ne peut intercepter les eaux pluviales qui pour
lors fe frayeroient une autre route.

Dans le fecond cas, ces torrens doivent originairement leur
formation aux avalanches & aux éboulemens (13 & 14) , &
ces caufes ne peuvent être mifes que dans la claffe des
caufes fupérieures , auxquelles rien ne peut réfifter. Or ,
quand même on feroit des ouvrages fur le lit de ces torrens,
il eft bien vifible que le premier éboulement les empor-
teroit.

§. I I.

Des moyens d'empêcher les ravages des Torrens au bas des
Montagnes.

309. Nous avons déja dit (136) qu'il falloit néceffairement conduire le lit d'un torrent jufqu'à la rivière la plus voifine, & (139) que la chofe devoit avoir lieu par la voie la plus
courte. Nous avons pareillement vu (136 & 137) de quelle
manière on devoit déterminer la pente du lit, depuis la montagne jufqu'à l'embouchure. Nous ne reviendrons donc pas fur
ces objets. Celui dont il nous refte à nous occuper, eft d'af-
figner les moyens les plus fimples & les plus folides de contenir les eaux dans leur lit, & de les empêcher de s'extravafer
fur les domaines riverains. Or nous avons dit (133) qu'il y
a trois cas, favoir : 1°. Celui où le torrent s'établiroit en pleine
terre. 2°. Celui où il couleroit fuperficiellement ; & 3°. enfin , celui où il s'établiroit fur un remblai. Nous allons donc
examiner fucceffivement les moyens relatifs à chacun de
ces cas.

Trois cas à exa-
miner dans les tor-
rens au bas des mon-
tagnes.

310. Lorfque la pente du terrein intermédiaire à la montagne & à la rivière , eft telle que le torrent eft obligé d'y
creufer fon lit en pleine terre, on n'a pas befoin de faire

Le torrent fe ré-
duit de lui-même
dans le cas où fon lit
eft en pleine terre.

des ouvrages pour en contenir les eaux, puisqu'elles se trouvent alors resserrées dans le canal que le torrent s'est lui-même pratiqué. C'est le cas le plus avantageux ; & il seroit à desirer, pour le bien de la société, que tous les torrens pussent être conduits aux rivières voisines par de pareils moyens.

Moyen de le réduire dans le cas où sa pente est la même que celle du terrein.

311. Dans le cas où la pente du terrein seroit la même que celle que doit avoir le lit du torrent, les eaux couleront sur la superficie, & elles pourront s'extravaser pendant les crues ; alors on aura besoin de construire des ouvrages pour les contenir. Il en sera de même lorsque le terrein aura moins de pente, & que le torrent devra être conduit à la rivière par un remblai (134). Ainsi, ces deux cas considérés sous le rapport des ouvrages destinés à contenir les eaux ; s'identifient ; par conséquent, les moyens que nous allons prescrire s'appliqueront également à l'un & à l'autre, lorsque dans le troisième cas le remblai sera parvenu à la ligne de pente (137). Voyons d'abord le moyen de forcer le torrent à former le remblai de la chaussée sur laquelle il doit établir son lit.

Moyen de le réduire dans le cas où il doit être conduit sur une chaussée, Fig. 20.

312. Soit le torrent AB (fig. 20) qui descend des montagnes C,D,E, & qu'il s'agit de conduire à la rivière GHPQ à travers la plaine ZIHG en suivant la direction BF. On fera d'abord le nivellement détaillé de la ligne BF pour en avoir le profil. Aux points B,R,S,T, élevons des perpendiculaires à BF. Du point I tirons la ligne de niveau IO; traçons le profil IKLMN de BF, & fixons la ligne IN du fond du lit projetté (137). Les lignes KV,LX,MY seront les hauteurs respectives du remblai aux points correspondans R,S,T, de BF.

Menons de l'autre côté de BF la ligne ZJ parallèle à IO. Faisons ef, im & or égales respectivement aux lignes KV, LX & MY. Par les points e,i & o tirons les lignes ab, gh, np, égales entr'elles & à la largeur projettée du lit, augmentée de l'espace

néceſsaire

nécessaire à la construction des ouvrages destinés à contenir les eaux. Prenons ensuite $fc = fd = \frac{1}{2}ab + 2ef$; $mk = ml = \frac{1}{2}ab$ ou $\frac{1}{2}gh + 2im$; $rq = \frac{1}{2}np$ ou $\frac{1}{2}ab + 2ro$, & tirons les lignes bc, ad, hk, gl, pq, ns. On aura $abcd$, $ghkl$, $npqs$, qui seront les coupes ou profils transversaux du remblai aux points K, S, T correspondans.

Portons eb de B en t & en u; fc de R en c' & en d', mk de S en k' & en i'; rq de T en q' & en s', & eb de F en x & en y. Tirons les lignes $t'c'$, $c'k'$, $k'q'q'x$ d'une part, & $u'd'$, $d'i'$, $i's'$ & $s'y$ de l'autre.

L'espace $tc'k'q'xys'i'd'u$ compris entre toutes ces lignes, sera celui qu'occupera l'empattement du remblai destiné à servir de lit au torrent.

On doit avoir remarqué qu'en prenant $fc = \frac{1}{2}ab + 2ef$ nous avons fait les talus des coupes doubles de la hauteur. La chose devient indispensable pour donner une assiette solide aux ouvrages, & pour pouvoir complanter ces talus en broussailles qui les fortifient.

Ces opérations préliminaires faites, on construira une palissade en clayonnage de quelques pieds de hauteur de chaque côté de BF sur les lignes $tc'k'q'x$ & $ud'i's'y$. On creusera pareillement un fossé d'évacuation sur la ligne BF; & on laissera au torrent le soin de former son remblai par les dépôts qu'il chariera à chaque crue.

A mesure que ces dépôts parviendront à la hauteur des palissades, on en construira d'autres sur les dépôts mêmes, ayant soin, pour donner le talus projetté, de s'avancer à chaque fois vers BF du double de la hauteur de la palissade précédente.

C'est par ce moyen qu'on parviendra à forcer le torrent à combler le vuide IKLMNYXV & à établir son lit suivant la pente de la ligne IVXYN. Avant de traiter des moyens de l'y

S

contenir , nous allons dire un mot sur la largeur à lui donner
& la manière de la fixer.

313. Nous avons vu (142) que le remblai sera d'autant
moins élevé que le lit du torrent sera plus resserré. D'où il suit
que , pour économiser & accélérer en même tems le remblai , il faut réduire la largeur autant qu'il sera possible. Mais
nous avons vu aussi (132) que c'étoit la pente dans la partie
KC' (fig. 6) qui détermine celle sur la partie C'C : par conséquent, pour ne rien donner au hasard , on doit d'abord s'assurer , par des rétrécissemens d'expérience qu'on fera sur la partie KC', de la moindre largeur à donner & de la pente que le
lit y prendra. Par ce moyen on connoîtra la pente & la largeur
à donner au lit projetté sur la partie C'C.

Quant à la largeur à ménager de chaque côté du lit sur le
couronnement du remblai , pour l'emplacement des ouvrages
destinés à contenir les eaux , nous pensons qu'on ne peut pas
le fixer au dessous de 4 pieds.

On peut employer des palissades avec des buissons pour conte-nir le torrent.

314. Lorsque la largeur du lit est fixée , le moyen le plus
simple d'y contenir les eaux est de le border, de chaque côté ,
d'une palissade entrelacée de buissons. L'expérience prouve
que les buissons , ainsi employés , produisent le meilleur effet.
Mais comme ces sortes d'ouvrages ne durent qu'un certain
tems , il est très-prudent de les accompagner de plantations de
toutes sortes de broussailles & sur-tout d'aubépine : cette espèce
est reconnue la meilleure pour ces sortes d'objets.

Emploi des mu-railles pour le même objet.

315. Dans certains endroits au lieu de palissades & de haies
vives en broussailles , on emploie des murailles. Il faut conve-
nir que, si ce moyen n'est pas le plus économique , il est du
moins le plus sûr ; mais il a besoin d'être employé avec précaution ; car, comme dans certains cas , le torrent creuse son lit,
il est possible qu'il affouille les ouvrages , à moins qu'ils ne soient
établis bien profondément. Aussi, lorsqu'on emploie des murs,
pour cet objet , on doit donner au lit une largeur assez considé-

rable pour que l'abaissement du fond n'y ait jamais des suites fâcheuses. C'est ce qu'on a fait aux torrens de Mezel qui s'évacuent dans la rivière d'Asse, dans le département des Basses-Alpes.

316. On pourroit aussi, dans le même cas, ne donner que la moindre largeur possible (213), & employer des radiers par intervalles, pour garantir les murs des affouillemens. Mais nous ne devons pas nous dissimuler que ce moyen a aussi ses inconvéniens; car, si à la suite d'une longue & forte crue, le fond par le moyen de la corrosion doit s'établir au-dessous du couronnement du radier, il y aura une cascade (213) qui le dégradera en l'affouillant. C'est ce qui est arrivé à Castellanne, dans le département des Basses-Alpes, où l'on avoit fait usage de ce moyen sur le torrent de la Cébière.

Usage des radiers lorsqu'on emploie des murailles.

SECTION II.

Des moyens de contenir les Rivières & les Torrens-Rivières.

317. Nous diviserons cette section en deux chapitres.

Dans le premier nous traiterons des digues;

Dans le second nous les appliquerons aux torrens-rivières & aux rivières.

CHAPITRE I.

Des Digues.

§. I.

Des Digues considérées par rapport à leur direction.

Quel est l'objet des digues. 318. L'OBJET des digues est de garantir les berges de la corrosion. Jusqu'à présent on n'a guères employé, pour cet objet, que des digues obliques ou parallèles à la direction du courant. Mais les unes & les autres entraînent après elles divers inconvéniens que nous allons successivement faire connoître. Commençons par l'examen des digues obliques.

Inconvéniens des digues obliques à la direction du courant. 319. Soit ABCD (fig. 21) le lit majeur de la rivière EFGH, qui tend à se porter, suivant sa première direction, sur la partie Fig. 21. KB de la berge AB, & à s'établir sur le prolongement de son cours FMBNG. Supposons que, d'après l'usage reçu en pareilles circonstances, pour l'en détourner, on construise la digue KL oblique à la direction du courant, il en résultera les inconvéniens suivans :

1°. Nous avons déjà vu (232 & 234) que le courant s'établira à son pied, & qu'il l'affouillera. Par conséquent, si la digue n'est pas profondément fondée, elle s'écroulera. Or, cela n'arriveroit pas, si elle n'étoit pas affouillée : donc une pareille direction provoque la ruine des ouvrages.

2°. Si le courant, après avoir parcouru la longueur de la digue KL, continue à se mouvoir sur cette direction, il se portera sur la berge DC & la corrodera. Qu'on entreprenne de la mettre à couvert par une autre digue oblique PQ, cette

digue portera, par la même raifon, le courant fur la partie inférieure de la berge AB, & ainfi de fuite; de forte qu'on ne
pourra garantir un côté qu'aux dépens de l'autre, & en brifant
continuellement la direction du courant. Or, l'objet d'une
digue doit être de détruire un mal fans en produire d'autre:
donc la digue oblique ne peut pas remplir cet objet.

3°. On ne conftruit la digue KL, que parce que la partie KLB
du lit majeur eft plus baffe que la partie reftante, & qu'à raifon
de cela (105 2°.), la rivière tend à s'y établir: fon objet eft
donc d'en détourner le courant. Or, nous avons vu (237) que
les matériaux enlevés par l'affouillement le long de la digue,
venant à s'arrêter vers RS, forment un obftacle qui fouvent
détermine le courant à fe porter par la route TVNS, fur la
partie poftérieure de la digue qui eft toujours la plus baffe:
donc la digue oblique ne remplit pas fon premier objet.

4°. Enfin, le premier but qu'on doit fe propofer en conftrui-
fant une digue, eft d'éloigner le courant, & pour cela, de forcer la rivière à dépofer & à produire des atterriffemens qui
exhauffent le côté d'où on veut l'éloigner & le rendent plus
haut que le refte du lit: car alors (105 2°.) le courant fera forcé
de fe retirer, & l'on extirpe le mal dans fa racine. Or, (234
& 235) la digue oblique, loin de produire des atterriffemens,
produit au contraire des affouillemens; de forte que cette
partie du lit qui étoit déjà plus baffe que la partie reftante,
s'approfondit encore davantage par la corrofion; donc la digue
oblique produit un effet diamétralement oppofé à celui qu'on
devroit avoir en vue & qu'on eft cenfé fe propofer.

Tous ces inconvéniens font amplement prouvés par l'expérience. Les digues conftruites fuivant cette direction fur la
Durance, nous en offrent des exemples fans nombre.

320. On voit, par cette énumération, que les digues obliques à la direction du courant, font vicieufes fous tous les
rapports; qu'elles ne produifent jamais l'effet qu'on fe propofe,

& qu'elles en produisent toujours un contraire à celui qu'on auroit dû avoir en vue ; par conséquent, elles doivent être proscrites, lorsqu'il s'agira de mettre à couvert du courant, une berge ou un quartier riverain.

Les digues obliques font essentielles pour établir des prises d'eau de canaux. Fig. 21.

321. Cependant, la propriété qu'ont ces digues d'attirer le courant & de l'obliger à les affouiller & à s'établir à leur base (232 & 234) nous offre un avantage bien précieux quoique peu connu jusqu'aujourd'hui. Cet avantage consiste à pouvoir établir, sur les rivières à fond de gravier, des prises d'eau pour des canaux, de manière que les eaux n'y manquent jamais, & que le gravier, pendant les crues, n'y puisse pas entrer ; & il est d'autant plus précieux, que ces rivières, ayant le plus de pente, sont les plus propres à la dérivation, soit pour l'arrosage, soit pour la navigation.

En effet supposons la digue KL construite en blocaille & en pierre sèche, il est visible que les matériaux laisseront dans leurs joints beaucoup de vuides & d'interstices ; que derrière la partie A'B', le long de laquelle le courant est parfaitement établi, on creuse le canal A'D'C'B, d'abord évasé en A'B' & ensuite réduit à sa véritable largeur C'D' ; qu'on établisse le platfond à la profondeur convenable au-dessous de la superficie des plus basses eaux de la rivière ; qu'on pave en dalles ce platfond, & qu'on fortifie, par un perré, les talus intérieurs sur l'espace A'D'C'B', pour éviter l'effet des affouillemens & les dégradations ; enfin, qu'on barre le canal en C'D' par un massif supérieur aux plus hautes eaux des crues, & percé de portes à vannes, qu'on fermera, à quelques pouces près, dans les hautes eaux, on sent, au premier abord, que les eaux de la rivière trouvant un endroit inférieur à leur superficie, s'y précipiteront par les vuides des joints des pierres, & de-là alimenteront le canal ; on sent aussi que jamais les eaux n'y manqueront, puisque la digue attire le courant (232 & 234) ; on sent, enfin, que dans les crues le gravier ne pourra pas entrer

dans le canal , puifqu'il eft pouffé dans le fens du courant, &
que les eaux n'entrent dans le canal que par épanchement latéral & à travers les joints.

Au furplus, cet objet a befoin de plus grands développemens :
nous y reviendrons dans le traité des canaux d'arrofage , que
nous publierons bientôt. En attendant, il nous fuffit de dire que
c'eft d'après ces principes que nous avons fait exécuter, il y a
environ dix ans, le canal de Château-Renard, dans le département des Bouches-du-Rhône , canal qui eft dérivé de la
Durance , & dont la prife d'eau a été établie dans la digue de
Noves.

322. Venons à préfent aux digues parallèles à la direction du
courant. L'unique objet de ces digues eft de fortifier les bords
& de les mettre à l'abri de la corrofion ; par conféquent elles
ne peuvent remplir leur objet que par leur continuité, ce qui
deviendroit énormément coûteux , fi l'on vouloit les employer
à réduire une rivière dans une partie confidérable de fon cours.
D'ailleurs nous avons vu (238) que lorfqu'elles font employées
fur des rivières dont le lit eft trop large, elles attirent le courant de la même manière que les digues obliques ; par conféquent ces fortes de digues font d'un ufage très circonfcrit, &
ne fauroient être employées d'après les principes reçus, à la réduction du lit des rivières qui eft l'objet principal que nous
avons en vue.

*Infuffifance & in-
convéniens des di-
gues parallèles à la
direction du courant.*

323. Puis donc qu'on ne peut fe fervir ni de digues obliques
ni de digues parallèles à la direction du courant, il ne nous
refte plus que les digues perpendiculaires. Voyons fi cette direction peut remplir nos vues.

*Les digues per-
pendiculaires à la di-
rection du courant ,
font les feules qu'on
puiffe employer pour
garantir les bords des
rivières.*

Nous avons déjà dit (319 4°.) que l'objet d'une digue devoir
être d'éloigner le courant. Comme (105 2°.) les eaux fe portent
conftamment vers l'endroit le plus bas , il s'enfuit que celui où
l'on veut conftruire la digue, eft cenfé plus bas que le refte du
lit ; car , s'il étoit plus haut , par le principe que nous venons

d'indiquer (105 2°.), le courant s'en éloigneroit de lui-même,
fans avoir befoin d'ouvrages de main d'homme. Donc, puifqu'il
ne fuffit pas de pallier le mal , & qu'au contraire, il faut le détruire en extirpant la caufe qui le produit ; il faut, d'après le
même principe , faire en forte que l'endroit dont il s'agit devienne le plus haut ; car alors il eft vifible que le courant s'en
éloignera de lui-même.

Faut-il , en conféquence, que l'homme encombre cet endroit, comme il encombre, par des matériaux de tranfport, les
inégalités d'une route ? Non ; la nature, toujours fage & pré-
voyante dans fes opérations, a conftamment placé le remède à
côté du mal. En effet, fi la rivière, par fes corrofions fur le
fond , a rendu cet endroit plus bas que les autres, elle charie
auffi dans les crues beaucoup de matières étrangères, qui peuvent réparer fes défordres en s'arrêtant à l'endroit corrodé. Par
conféquent, la queftion fe réduit à forcer la rivière à réparer
elle-même le mal qu'elle a produit par fes corrofions, en l'obli-
geant à exhauffer, par des dépôts, les endroits corrodés, & à
les rendre plus hauts que le refte du lit.

Ce n'eft pas tout, nous avons vu (1re. Partie, Section III,
Chapitre I & §. I, & Chapitre II, §. I.) que la groffièreté des
matières que la rivière charie eft proportionnelle à leur force.
La chofe d'ailleurs eft affez fenfible par elle-même, car il
eft clair que, plus le courant aura de force, plus l'effet qu'il
produira à cet égard fera confidérable ; or, dans ce cas, l'effet
n'eft que le tranfport des matières plus ou moins pefantes,
plus ou moins groffières ; d'où il fuit que les dépôts feront
plus ou moins groffiers, felon que la rivière aura plus ou moins
de force à l'endroit où ils fe formeront. Ces dépôts d'exhauffement peuvent donc être en gravier, ou en fable ou en limon ; mais il ne fuffit pas de gagner du terrein fur le lit
d'une rivière, il faut encore que ce terrein foit utile & pro-
fitable

fitable à l'agriculture, & que fous le moindre efpace de tems, on puiffe le cultiver & le rendre produétif.

D'après cela il eft évident que fi un terrein formé par les dépôts n'étoit que gravier ou fable, il feroit ftérile par lui-même ; qu'il ne pourroit être rendu à l'agriculture que lorf-qu'il fe feroit couvert d'une couche de terre végétale, & que la chofe ne pourroit avoir lieu qu'après un laps de tems plus ou moins long, felon les circonftances. Au contraire, fi les dépôts n'étoient qu'en limon, ils pourroient immédiatement après la retraite de la rivière, être exploités & mis en pro-duit, d'autant mieux qu'ils font affez généralement compofés de la partie la plus graffe des terres. Par conféquent, il eft vifible qu'il eft effentiel, pour le bien de l'agriculture, que les dépôts d'exhauffemens ne foient compofés que de limon & non de fable ni de gravier. D'où il fuit que, d'après ce que nous avons dit ci-deffus, la force du courant doit devenir la moindre poffible : car, fans cela, les dépôts feroient plus groffiers.

L'on voit par-là que la queftion fe réduit à détruire la force du courant le plus exaétement poffible, fur l'endroit à ex-hauffer, ou ce qui eft la même chofe, à y rendre les eaux mortes & ftagnantes, du moins à peu de chofe près ; or, cette deftruétion ne peut s'opérer que par le moyen des digues. Les digues parallèles au courant ne peuvent pas l'effeétuer, puifqu'à raifon du parallèlifme, il ne doit pas y avoir de ré-fiftance oppofée. Nous avons vu que les digues obliques at-tiroient le courant, & que loin de détruire fa force, elles lui donnoient une nouvelle énergie. Il n'y a donc que les digues perpendiculaires qui, par leur direétion, puiffent dé-truire radicalement & fans décompofition, l'intenfité du cou-rant, & en rendre les eaux mortes & ftagnantes.

Donc *il n'y a que les digues perpendiculaires à la direétion du courant qui puiffent extirper la force du mal.*

T

La digne perpen-
diculaire produira
des dépôts en amont.
Fig. 22.

324. Soit donc la rivière KLMN (fig. 22) qui fe porte vers
BC , pour corroder la partie inférieure de la berge DC. Si l'on
conftruit la digue AB parallèle à la berge & au lit général , elle
garantira la berge fur toute la partie correfpondante. Mais ,
d'une part , elle ne peut la mettre à couvert en entier , fans
être prolongée fur toute fa longueur , ce qui entraîneroit des
dépenfes énormes ; & de l'autre , elle ne détruira pas la caufe
première qui attire le courant , & qui confifte en ce que la partie
du lit du côté de CD eft plus baffe que du côté de GH.

Si on remplace cette digue par la digue oblique AE, elle forcera
le courant à s'établir à fa bafe , & enfuite elle le portera fur
la berge oppofée ; plus fouvent même le courant la contournera
pour fe porter fur la partie BC vers laquelle fe trouve , par hypothèfe , la plus forte pente ; mais dans tous les cas , la caufe du
mal fubfiftera toujours ; car il n'y aura point de dépôt & par
conféquent aucun exhauffement du côté de la berge DC.

Enfin , qu'on fubftitue à ces deux digues , la digue perpendiculaire AF. Etant directement oppofée à l'action du courant ,
la force des eaux fera totalement détruite. N'y ayant point de
pente dans le fens tranfverfal AF , la rivière fe détournera à
une certaine hauteur N, pour prendre fa route par la tête de la
digue & s'établir fur NOPQ. Les eaux feront donc ftagnantes
au-devant de la digue AF, jufqu'à une certaine hauteur K en
amont. Donc il fe formera des dépôts fur toute la partie en
amont de AF. Donc cette partie fera exhauffée & la caufe
du mal fera détruite.

Elle produira auffi
des dépôts en aval.
Fig. 22.

325. Mais ce n'eft pas feulement fur le devant ou en amont ,
que la digue perpendiculaire occafionnera des dépôts ; elle en produira encore fur le derrière ou en aval. En effet , il eft aifé de fentir
que dans une crue , les eaux feront fupérieures à la fuperficie
du gravier du lit majeur , & qu'en aval du point F elles s'extra-
vaferont fuivant leur niveau & fe répandront fur toute la partie
FACQ poftérieure de la digue. Or ces eaux ne font plus pouffées

par les eaux correspondantes en amont de AF à cause de l'inter-
position de la digue qui rompt toute continuité. Elles n'auront
donc que la vîteſſe qu'elles acquerreront par la pente de cette
partie du lit, vîteſſe qu'on ſent bien devoir être, ſous tous les
rapports, incomparablement moindre que celle du courant
principal. D'un autre côté, obligées de rentrer enfin dans le
courant, elles en éprouveront la même réſiſtance qu'é-
prouve (286) un courant foible, quand il ſe préſente pour entrer
dans un plus fort; c'eſt-à-dire qu'elles ſeront obligées de s'enfler,
& par-là même de perdre le peu de vîteſſe qu'elles auroient pu
avoir acquiſe.

Ainſi la vîteſſe des eaux extravaſées en aval de la digue AF,
ſera très-petite. Or les eaux dépoſent d'autant plus qu'elles ont
moins de vîteſſe. Donc elles dépoſeront auſſi ſur le derrière ou
en aval de la digue perpendiculaire AF.

326. L'on voit, par tout ce que nous venons de dire, que les
digues perpendiculaires ont la propriété d'obliger le courant à
dépoſer en amont & en aval & à exhauſſer les endroits les plus
bas par des dépôts de limon & non de gravier, dépôts qui peuvent
être tout de ſuite rendus à l'agriculture, ce que n'opèrent pas
les digues obliques, ni les digues parallèles. Les digues perpendiculaires ſont donc les ſeules qui puiſſent détruire la cauſe qui
porte un courant vers un endroit déterminé, en rendant cet
endroit plus élevé que le reſte du lit.

Au reſte, nous ne haſardons rien : car tout cela eſt pleine-
ment confirmé par des expériences directes, que nous avons
faites à ce ſujet ſur la Durance.

327. L'uſage conſacré par le tems, vouloit que le *maximum*
de l'angle BAE, formé par la direction générale du lit & par
celle d'une digue, n'excédât jamais 45 degrés ou la moitié du
quart de cercle. Il ſeroit difficile, pour ne pas dire impoſſible,
de donner la raiſon d'un pareil règlement : on ne pouvoit en
cela avoir que deux objets en vue ; ſavoir : 1°. d'éloigner le

Erreur des an-
ciens au ſujet de
l'angle d'obliquité
des digues.

courant de l'endroit qu'on vouloit mettre à couvert ; 2°. de nuire le moins possible à la berge oppofée. Or, l'un & l'autre de ces deux objets auroient été beaucoup mieux remplis fous un angle au-deffus qu'au-deffous de 45 degrés. En effet :

1°. Soit SR la force du courant : abaiffons la perpendiculaire ST, elle exprimera la force détruite, & TR la force réfidue. Pour éloigner le courant de cet endroit, il faut occafionner des dépôts, & conféquemment augmenter la force détruite ST. Or, ST ne peut augmenter que par l'augmentation de l'angle SRT = EAB, & elle diminuera lorfque cet angle deviendra plus petit : donc on auroit eu plus de dépôts, & conféquemment on auroit mieux réuffi à éloigner le courant par un angle EAB au-deffus de 45 degrés, que par le même angle au-deffous.

2°. Plus l'angle SRT = EAB fera petit, plus la force réfidue TR & la pente dans le fens de AE feront grandes : par conféquent, la rivière aura bien plus d'énergie pour fe diriger fuivant AE, & nuire à la berge oppofée. Au contraire, plus l'angle SRT fera grand, plus la force réfidue TR, & la pente fuivant AE diminueront. Donc, alors le courant aura d'autant moins d'énergie pour établir fon cours fuivant la direction de AE, & arrivé à l'iffue de la digue en E, trouvant plus de pente dans le fens EV du lit général que dans le fens EX du prolongement de la digue, il fe dirigera plutôt fuivant EV que fuivant EX : donc l'angle au-deffus de 45 degrés feroit moins préjudiciable à la berge oppofée que l'angle au-deffous.

Conféquences que l'on doit en tirer.
Fig. 11.

328. De ce que nous venons de dire, on doit conclure que lorfque les digues obliques approchent de la direction perpendiculaire, elles peuvent auffi produire des dépôts, car, dans ce cas, la partie détruite ST de la force du courant, augmente continuellement, tandis que la force réfidue TR diminue toujours plus ; donc, lorfque la force détruite fera telle que la force reftante ne fuffira plus au tranfport des ma-

tières, les dépôts commenceront. Mais il y a ceci à obferver : c'eft qu'alors les dépôts feront en gravier ou en fable ; car, ils ne feront en limon, que lorfque la force reftante fera nulle. Ce qui eft conforme à l'expérience.

Revenons aux digues perpendiculaires.

329. Lorfqu'il s'agit d'employer ces digues pour réduire une rivière dont le lit majeur eft fort large, il fe rencontre fouvent des cas où leur longueur feroit des plus 'confidérables, & où conféquemment elles entraîneroient dans des dépenfes énormes. Il s'agit donc de voir s'il ne feroit pas poffible d'en rendre la conftruction plus aifée & plus économique.

On doit conftruire un éperon à la tête de la digue perpendicu-laire, pour la mettre à couvert.
Fig. 23.

Soit pour cela ABCD (fig. 23) le lit majeur d'une rivière à réduire, foit pareillement la digue perpendiculaire EF ; à fon extrêmité conftruifons un éperon GH qui lui foit auffi perpendiculaire ou qui foit parallèle à la direction du courant, & difpofons-le de façon que la plus grande partie FG foit du côté d'amont ; s'il furvient une crue, l'efpace EFGK fera occupé par des eaux mortes, puifqu'elles n'auront point d'iffue. Suppofons qu'une branche quelconque LMNO fe porte fur la digue perpendiculaire EF ; imaginons la maffe d'eau fta-gnante EFGK divifée en une infinité de tranches verticales 1, 2, 3, 4, 5, &c. Toutes ces tranches ne pourront être refoulées par le courant fans détruire une partie de fa viteffe & de fa force. La tranche 1 lui en fera donc perdre un degré, la tranche 2 lui en détruira un fecond, & ainfi de fuite ; de forte que le courant n'arrivera pas jufqu'à la digue EF, fi le nombre de tranches eft affez confidérable, & comme (97) la réfiftance fe fait fentir de proche en proche en amont juf-qu'à une affez grande diftance ; que (105. 3°.) le courant fe porte toujours vers l'endroit où il trouve moins de réfiftance, & qu'il eft vifible qu'il en trouve moins entre l'éperon GH & la berge DC, que dans la partie correfpondante à la digue EF ; à une certaine hauteur la branche LMNO fe détournera

& prendra la position PQRS en paſſant le long de l'éperon GH ; dans ce cas les eaux qui occuperont l'eſpace APFE ne feront que des eaux épanchées latéralement, & qui feront les fonctions de berge pour ſoutenir le courant dans ſa nouvelle poſition PQRS.

La choſe eſt conſtatée par l'expérience de pareilles digues que nous avons fait exécuter ſur la Durance.

L'éperon empê-
chera le courant d'at-
teindre la digue per-
pendiculaire.
Fig. 23.

330. Pour mieux ſe convaincre de la vérité de notre aſſer-tion, ſuppoſons qu'un filet quelconque LO de la branche LMNO parvienne juſqu'à la digue EF, & la choque au point T. Ce filet ne pouvant pas continuer ſa route par l'interpoſition de la digue EF, ni s'échapper du côté de la berge AE dont la hauteur eſt ſuppoſée ſupérieure à la ſurface des eaux, ſera néceſſaire-ment forcé de s'échapper vers PG, en paſſant à la tête G de l'éperon. Mais la pente, ſuivant la ligne droite LG, eſt plus grande que ſuivant la ligne briſée LTG. Donc (105 2°.) le filet LO ſuivra plutôt la direction LG que LTG : ainſi l'expé-rience & les loix de la nature ſont d'accord ſur cet objet.

Autre manière
d'enviſager la choſe.
Fig. 23.

331. On peut enviſager, ſous un autre point de vue, ce que nous avons dit au n. 329 au ſujet de la réſiſtance oppoſée par les diverſes tranches 1, 2, 3, &c. Servons-nous, pour cela, d'une comparaiſon : nous voyons tous les jours les plus grandes forces détruites par des réſiſtances qui cèdent peu-à-peu. Un boulet de canon, par exemple, eſt amorti par la réſiſtance d'un ballot de laine. Dans ce cas, les divers filamens cèdent en ré-ſiſtant & détruiſent, à chaque inſtant, une partie de la force du boulet, juſqu'à ce que la ſomme de ces deſtructions par-tielles ſoit égale à la force totale primitive ; or les lames d'eau 1, 2, 3, &c. produiſent le même effet ſur le courant LMNO. Donc elles doivent auſſi détruire ſa force par degrés.

Nous pouvons donc dire que la maſſe d'eaux mortes & dor-mantes EFGK eſt une digue d'eau que le courant doit forcer avant de parvenir à la digue EF , & qui eſt deſtinée à mettre à couvert EF par ſa réaction contre l'action du courant.

332. On doit ſentir à préſent quel eſt l'objet de l'éperon GH & pourquoi il va au-devant du courant. C'eſt cet éperon qui , comme on voit, eſt la cauſe première de la maſſe d'eau ſtagnante qui met la digue EF à couvert de l'action du courant. Quelque ſoit la longueur de EF , l'effet produit par l'éperon n'en ſera pas moins le même. Il ſe formera conſtamment une digue d'eau EFGK au-devant de EF qui détruira la force du courant & l'empêchera de parvenir juſqu'aux ouvrages. Or , non-ſeulement EF ne ſera point dégradée par le courant , mais encore elle ſera fortifiée par les dépôts qui ſe formeront au-devant par la digue d'eau. Ainſi on doit regarder l'éperon GH comme la partie eſſentielle des ouvrages. En conſéquence il convient de l'enviſager ſous tous ſes rapports ; mais auparavant nous allons déduire, de ce que nous avons dit , une conſéquence infiniment eſſentielle dans la pratique & qui entraîne après elle la plus grande économie.

L'éperon occaſionne une maſſe d'eaux ſtagnantes au-devant de la digue. Fig. 23.

333. Puiſque par le moyen de l'éperon GH il n'y aura aucun choc ſur EF , & que cette digue ne fera d'autres fonctions que de ſoutenir la preſſion de la maſſe d'eaux ſtagnantes ſur EFGK , il ſeroit très-inutile de conſtruire EF avec la même ſolidité & les mêmes précautions que ſi elle devoit recevoir l'action du courant : en conſéquence , il ſuffira que la digue EF ſoit une ſimple chauffée en terre ou en gravier , & dont le couronnement ſoit ſupérieur à la ſuperficie des plus hautes eaux.

Donc il ſuffira que la digue ne ſoit qu'une ſimple chauffée en terre ou en gravier. Fig. 23.

334. Quant à l'éperon GH , il y a pluſieurs obſervations à faire.

1°. Le courant devant néceſſairement s'établir le long du parement GH , & y exercer ſon action latérale & celle de corroſion ſur le fond , il eſt eſſentiel qu'il ſoit fortifié de façon que ces actions ne puiſſent point le dégrader ; car étant l'ame de l'ouvrage , une fois détruit , la ruine de tout le reſte s'en ſuivroit.

Obſervations eſſentielles ſur la conſtruction de l'éperon. Fig. 23.

2°. La digue EF sera d'autant mieux mise à couvert par la digue d'eau EFGK que le nombre de tranches ou lames élémentaires 1, 2, 3, &c. sera plus considérable. Or ce nombre dépend de la longueur de la partie FG de l'éperon en amont de la ligne EF. Donc les ouvrages sur EF seront d'autant mieux assurés que la partie FG de l'éperon sera plus longue.

3°. Arrivé en H, le courant doit s'extravaser sur les derrières de EF; & il est possible qu'il y ait un mouvement de turbination qui produise un gouffre. Il faut donc éloigner ce danger de EF, qui n'étant qu'en terre & gravier (333) en seroit infailliblement dégradée; en conséquence, l'éperon doit déborder la digue EF en aval d'une certaine quantité FH.

335. Il ne suffit pas de fortifier le parement extérieur de l'éperon; les deux abouts G & H, & une partie des paremens de revers doivent être aussi soigneusement fortifiés; en effet:

1°. Le courant PQRS en s'établissant le long de GH, agira nécessairement sur l'about G; d'autre part les eaux qui couleront pendant les crues sur l'espace AKGP, ne rentreront, dans le courant, qu'en G; ainsi, sous ces deux rapports, l'about G exige d'être soigneusement fortifié.

2°. A raison de ce que nous venons de dire, il pourra arriver que vers l'about G & intérieurement à l'espace EFGK, il s'établisse, dans certaines circonstances, des gouffres résultans des mouvemens de turbination; par conséquent, il est prudent de fortifier pareillement le revers de l'éperon vers l'about G.

3°. C'est par la même raison qu'on doit pareillement fortifier avec soin l'about H d'aval & le revers correspondant à FH.

336. Pour déterminer le filet LO à prendre la direction LG, il faut que la pente par LG soit plus grande d'une quantité déterminée que la pente par la ligne brisée LTG; or,

plus

plus la pente de la rivière sera grande, moins il faudra de longueur à la ligne brisée LTG pour se procurer une différence déterminée de pente sur des espaces égaux à LG. Au contraire, plus la pente sera petite, plus la ligne brisée doit être longue. Donc la ligne TG sera plus courte dans le premier cas, & plus longue dans le second : il en sera par conséquent de même de FG. Donc *la longueur FG de l'éperon en amont, sera sensiblement en raison inverse de la pente de la rivière.*

337. Pour ce qui est de la longueur de la partie FH en aval, comme elle est affectée (334 3°.) à garantir la digue EF de l'effet des gouffres produits par le mouvement de turbination des eaux, elle doit visiblement être proportionnée à la longueur de ces gouffres. Or, cette longueur est plus ou moins grande, suivant le volume d'eau des rivières. Conséquemment, la longueur de la partie FH de l'éperon en aval de la digue, sera comme le volume d'eau de la rivière sur laquelle on opérera.

Quelle doit être la longueur de la partie en aval.
Fig. 23.

338. On voit par-là que c'est à l'expérience qu'il faut recourir, pour trouver la longueur des parties d'amont & d'aval de l'éperon. Lorsqu'on s'en sera assuré sur une rivière dont on connoîtra le volume d'eau & la pente, il sera aisé de trouver ces dimensions dans toute autre rivière.

Expériences relatives à ces dimensions.

Nous fîmes nos premiers essais à ce sujet sur la Durance à Orgon, dans le département des Bouches-du-Rhône. En cet endroit, la pente réduite de la rivière est d'environ 14 pouces sur 100 toises de longueur. Nous ne donnâmes d'abord que 15 toises de longueur à FG ; l'expérience nous fit voir qu'elle étoit insuffisante, & que la rivière, ayant abaissé son lit devant l'éperon, il pouvoit se former des branches qui circulassent dans l'espace AEFP pour rejoindre la branche-mère en G. Nous avons évité en grande partie cet inconvénient en donnant 25 toises à FG. Cependant cette longueur est encore insuffisante, & il paroît que, sur cette rivière, FG ne doit pas avoir moins de 50

V

toiſes ; nous nous en ſerions aſſurés poſitivement, mais la révolution & diverſes circonſtances particulières ne nous l'ont pas
permis.

Quant à FH nous lui avons conſtamment donné de 8 à 10
toiſes, & l'expérience nous a fait voir qu'elle ſuffiſoit ſur la
Durance.

Les atterriſſemens produits par les dépôts, auront la forme d'un glacis incliné vers le courant.

339. Nous terminerons ce paragraphe en diſant encore un
mot ſur les atterriſſemens produits par les digues perpendiculaires. Les eaux dépoſeront d'autant plus qu'elles ſeront plus
ſtagnantes ou qu'elles auront moins de mouvement. Or, plus
elles ſeront éloignées du courant, plus elles ſeront tranquilles ;
au lieu, qu'en avançant vers la rivière, elles participeront toujours plus à ſon mouvement. Donc les dépôts ſeront plus conſidérables loin du courant & ils diminueront en s'approchant.
Par conſéquent *ils auront la forme d'un glacis incliné vers le
courant*, & c'eſt ce que l'expérience juſtifie.

§. I I.

*Des diverſes eſpèces de Digues ; leur profil, leurs matériaux, leur
conſtruction, & des cas où on doit les employer.*

Problème relatif au profil des murs d'un baſſin.
Fig. 24.

340. Avant d'entrer en matière, nous allons chercher une
formule générale qui, avec quelques modifications, puiſſe
s'adapter à la plupart des digues dont nous traiterons.

Suppoſons que AK (fig. 24.) ſoit le parement intérieur du
mur d'un baſſin dans lequel l'eau s'élève juſqu'en A, & que ce
mur ſoit compoſé de lames horiſontales P*m* infiniment minces
& liées entr'elles par le ſeul frottement. Il s'agit de trouver
l'équation à la ligne AML qui terminera les lames P*m*, *pm'* &c.,
de façon qu'elles ſoient en équilibre avec l'action de l'eau.

S'il n'y avoit point de frottement, une lame quelconque P*m*
étant pouſſée, gliſſeroit ſur l'inférieure *pm'*. Mais à cauſe de la

réſiſtance du frottement, avant qu'elle ſoit ſur le point de gliſſer, il faudra qu'il y ait une certaine quantité de force abſorbée. Ainſi, le corps qui oppoſera cette réſiſtance, recevra lui-même cette force : or, cette réſiſtance eſt oppoſée par les irrégularités de la ſurface ſupérieure de la lame pm', qui engrènent celles de la ſurface inférieure de la lame Pm. Donc, dans le cas d'équilibre, l'action de l'eau ſur la lame Pm ſe tranſmet à la lame pm'.

Par un ſemblable raiſonnement, on voit que cette même action doit ſe tranſmettre à toutes les lames inférieures & qu'il en ſera de même des actions ſur les lames pm', $p'm''$, &c. Donc, dans l'équilibre, une lame quelconque eſt cenſée éprouver, de la part de l'eau, une action égale à l'action entière de l'eau ſupérieure.

Nommons AP, x & PM, y. Pp ſera $= dx$. Soient la peſanteur ſpécifique des matériaux $= q$; le rapport de la preſſion à la réſiſtance du frottement $= m$; la vîteſſe produite par la gravité en une ſeconde, c'eſt-à-dire 30 pieds $= p$, & la force du choc perpendiculaire de l'eau mue, avec un pied de vîteſſe par ſeconde, contre une ſurface immobile d'un pied carré $= n$; nous aurons l'action de l'eau ſur P$p = \int 2npx\,dx$.

La tranche Pm portera toute la partie ſupérieure APM $= \int y\,dx$. Donc la réſiſtance du frottement ſera $= \frac{q \int y\,dx}{m}$

Et puiſqu'il doit y avoir équilibre entre l'action de l'eau & la réſiſtance du frottement, nous aurons l'équation $\frac{q \int y\,dx}{m} = \int 2npx\,dx$, ou en différenciant les deux membres, $\frac{qy\,dx}{m} = 2npx\,dx$: d'où l'on tire $y = \frac{2mnpx}{q}$; équation au triangle.

Pour conſtruire ce triangle ſur la verticale AC (fig. 25.), prenons AT $= q$, & tirons l'horiſontale TV $= 2mnp$. Si nous joignons le point A au point V par la droite AVF, le triangle ACF ſatisfera à la queſtion : car en nommant AR, x & RH, y, on aura la proportion $q : 2mnp :: x : $ RH $= y \frac{2mnpx}{q}$.

Fig. 25.

V ij

341. Menons AD parallèle à CF & , par un point quelconque G pris sur cette ligne , tirons aux points C & F les lignes GC, GF ; les élémens du triangle GCF seront égaux aux élémens correspondans du triangle ACF. Donc le triangle GCF satisfera aussi à la question. Il en sera de même de tout autre triangle qui aura pour base CF & son sommet en quelque point de AD.

Applications aux digues sur les rivières.
Fig. 25.

342. Appliquons aux digues sur les rivières la solution de ce problême. Supposons qu'une rivière choque le parement AC , que ses eaux s'élèvent jusqu'en B , & , qu'en cet endroit, la hauteur due à leur vîtesse soit AB ; il est évident , qu'abstraction faite des obstacles qui empêchent (97) que la vîtesse des eaux inférieures ne soit exprimée par les ordonnées d'une parabole , l'action sur BC sera à-peu-près la même que dans le problême du n. 340 , si l'on eût supposé le réservoir entretenu plein & un orifice vertical rectangulaire de la hauteur de BC. Nous disons *à-peu-près* ; car (340) l'action de l'eau sur AB se fait sentir à toutes les lames inférieures dans le réservoir entretenu plein , tandis que , dans les rivières , la partie AB n'éprouve aucune action. Mais la différence est à l'avantage des travaux dont nous traitons , puisque nous supposons par-là que l'action sur la digue est un peu plus grande que dans la réalité ; ce qui n'est pas un défaut. Donc tout ce que nous venons de dire (340 & 341) peut s'appliquer aux digues sur les rivières , & , par conséquent , le triangle ACF ou tout autre de même base & de même hauteur pourra en être le profil.

L'expérience rend inutile la solution de ce problème.
Fig. 23.

343. Tel est le résultat de la pure théorie. Si l'architecture hydraulique étoit encore au berceau , la formule du n. 340 pourroit nous diriger dans nos essais & nos expériences ; mais aujourd'hui il seroit inutile & même déplacé de s'y conformer : car elle nous jetteroit dans des dépenses sans fin pour faire des expériences qui , dans tous les cas , nous fissent connoître le rapport de la force de tenacité des matériaux à leur pres-

fion ; & elle ne nous fait voir qu'une chofe que tout le monde
fait, favoir : que les ouvrages fur les rivières doivent avoir
un empattement & plus de largeur à la bafe qu'au couronnement, mais la loi de diminution eft infiniment mieux &
plus fûrement déterminée par l'expérience que par l'équation.
En effet, en recueillant tout ce que nous avons obfervé, foit
fur nos ouvrages, foit fur ceux d'autrui, nous pouvons réfumer
ce qui fuit, favoir :

1º. Dans les digues EF (fig. 23ᵉ.) conftruites en terre ou
en gravier & deftinées à être terminées par un éperon GH,
le couronnement doit avoir 9 pieds de largeur, & les talus,
tant antérieurs que poftérieurs, une faillie de 3 de bafe fur
2 de hauteur ; ils peuvent même être réduits à la diagonale
du carré, ou à un de bafe fur un de hauteur.

2º. Les mêmes dimenfions auront lieu dans les mêmes
digues lorfqu'elles feront fortifiées d'un péré quelconque.

On peut même, dans l'un & l'autre cas, réduire la largeur
du couronnement fuivant le volume d'eau & la rapidité des
rivières, mais on doit conftamment obferver qu'il vaut mieux
pêcher par excès que par défaut.

3º. Dans les digues en pierre, l'épaiffeur à la bafe doit
être égale à la hauteur. Quant à la largeur du couronnement,
elle varie fuivant les conftructions & les circonftances.

Si la digue eft parementée en taille & conftruite à mortier
de chaux & fable, le couronnement aura 5 pieds de largeur
fur les rivières fort rapides, & fon *minimum* fera de 3 pieds
dans celles qui ont peu de vîteffe.

Si elle eft conftruite en blocaille ou en pierre d'échantillon,
& fans mortier, le *maximum* de la largeur au couronnement
fera de 7 à 8 pieds, & le *minimum* de 4 pieds.

Au furplus, nous parlons des digues fur les rivières : car
s'il eft queftion d'un ouvrage fur un torrent-rivière pris à

l'endroit où il tient plus du torrent que de la rivière, on fent
bien qu'il y auroit des modifications.

En un mot, comme dans une infinité de cas les ouvrages
dépendent des localités qu'on fait être variées à l'infini, il y
a auffi une infinité de circonftances où la fagacité & les connoiffances de l'ingénieur doivent fuppléer à ce qui peut manquer à ce traité : car on doit fentir qu'il eft impoffible d'établir
des principes qui embraffent tous les cas fans aucun amende-
ment.

Nous allons à préfent entrer dans les détails de chaque efpèce
de digue en particulier.

ARTICLE PREMIER.

Des digues en terre ou gravier qui doivent être terminées
par un éperon.

Dimenſionsdes di-
gues perpendiculai-
res.

344. D'après ce que nous avons vu (324 & 333), ces digues
doivent être employées dans le cas où il s'agit de forcer la
rivière à exhauffer, par des dépôts, une partie déterminée du
lit, & elles doivent être perpendiculaires à la direction du
courant, s'il s'y eft déjà établi, ou à celle qu'il prendroit,
s'il s'y établiffoit.

Par le même n. 333 leur hauteur doit être fupérieure à la fuperficie des plus hautes eaux de la rivière ; cet excédent doit
être au moins de 18 pouces. Ainfi la première chofe à faire en
pareil cas eft de s'affurer, avant tout, de la plus grande hauteur
des eaux, dans les plus fortes crues, & de la rapporter, par le
niveau, à un point fixe pris fur la terre ferme adjacente. Ce
point fervira de repére lors de la conftruction.

On prendra, pareillement au niveau, le profil du fol, fur la
direction de la digue à conftruire, & on le rapportera au repére
dont nous venons de parler. Alors on aura toutes les données

pour avoir les coupes & profils de l'ouvrage. Mais avant d'en
parler, nous allons dire un mot des matériaux qu'on doit employer.

345. Nous avons déjà dit (333) qu'il suffisoit, par le moyen
de l'éperon GH, que la digue EF fût une simple chauffée en
terre ou en gravier. On ne doit pas se dissimuler que la terre est
préférable au gravier; 1°. Parce que les matériaux, tassés seulement par le roulage des voitures qui servent à leur transport,
se lient mieux; 2°. parce que les terres empêchent les filtrations de l'amont à l'aval à travers la chauffée; ce qui mérite
d'être pris en considération; 3°. enfin, parce qu'après l'atterris-
sement formé & la retraite des eaux on peut fortifier les talus
avec de la broussaille qui croîtra bien mieux dans la terre que
dans le gravier.

(en marge) Matériaux des digues perpendiculaires.

Mais aussi, d'un autre côté, le gravier a son avantage, en
ce que, 1°. étant ordinairement sur la place, il en coûte très-
peu pour le transport; 2°. l'agitation des eaux stagnantes ne
dégrade pas les talus par la corrosion, ainsi que cela a lieu sur
les talus en terre.

Nous avons expérimenté l'un & l'autre, & nous avons trouvé
que la manière la plus économique & la plus sûre étoit de faire
la chauffée en gravier, ayant seulement soin de ménager, dans
le noyau & de bas en haut, un conroi de terre bien battue
d'environ 2 pieds d'épaisseur, pour arrêter les filtrations. Dans
ce cas les talus doivent être les plus grands possible. Par-là,
l'agitation des eaux ne les dégradera pas.

346. Mais si la terre étoit plus à portée que le gravier, on
sent bien qu'il faudroit l'employer de préférence. Alors on donnera le talus de 3 de base sur 2 de hauteur (343 1°.) & on le
couvrira d'une couche de gravier d'un pied d'épaisseur. A défaut, il faudroit le garantir par des clayonnages ou palissades
tressées en osier au droit de la ligne de la surface des eaux.

347. Ainfi le profil tranfverfal ou la coupe de ces digues fera un trapèze tel que ABCD (fig. 26), dans lequel EF eft la ligne des plus hautes eaux, & AG ou DH eft à GB ou HC.:: 2 : 3. Et dans le cas ou la digue feroit en gravier, KLMN exprime-roit le conroi en terre (345).

348. L'exécution de la chauffée ne fouffre aucune difficulté lorfqu'il n'y a pas de l'eau dans l'endroit où elle doit être conf-truite : elle n'en fouffre pas davantage, s'il n'y a de l'eau que dans les crues; mais lorfqu'il y en a habituellement, il eft à propos de détourner préalablement la branche qui y eft établie. Nous donnerons plus bas les moyens à employer pour cet objet.

349. S'il n'étoit pas poffible de mettre à fec l'emplacement propofé, comme, par exemple, fi la rivière n'avoit pas un lit majeur, la conftruction en feroit plus difficile; mais elle pour-roit néanmoins s'effectuer par la méthode fuivante.

Soit ABCD (fig. 27.) le lit de la rivière, & GHLK la fu-perficie fur laquelle on doit établir l'empattement de l'ouvrage; on cernera cet efpace par des pieux plantés à environ 15 pouces, plus ou moins, de diftance les uns des autres, fur les lignes GH, HL & LK.

Si la rivière n'eft pas rapide, on clayonnera ces paliffades, & enfuite on comblera l'efpace qu'elles renferment, avec du gravier ou de la pierraille, & à défaut avec de la terre. On formera ainfi une platte-forme au-deffus de la furface des eaux, & fur cette platte-forme on conftruira la chauffée ainfi que fur un emplacement à fec.

Si la rivière a beaucoup de rapidité, on n'aura pas befoin de treffer la paliffade; mais on jettera de la blocaille en amont de GH & de KL & le long de HL intérieurement. Les pieux feront deftinés à arrêter ces blocs contre l'action du courant. Lorfqu'ils feront parvenus à la furface des eaux, on remplira le vuide reftant fur GHLK avec du gravier ou de la pierraille,

jufqu'au

jufqu'au-deffus de l'eau & fur cette platte-forme on conftruira la digue.

Au furplus, on doit obferver de n'exécuter ce genre de travaux que dans le tems des baffes eaux, & d'en preffer l'exécution pour ne pas fe laiffer furprendre par les crues.

ARTICLE II.

Des digues à pérés.

350. Par digues à *pérés*, on entend les digues en terre ou gravier dont le parement expofé à l'action du courant, eft revêtu en pierre sèche. On diftingue trois fortes de pérés.

Il y a trois fortes de pérés.

Le péré de la première forte eft compofé de pierres d'appareil, ayant la forme de dalles. Ces pierres font fort en ufage fur la Durance dans la partie inférieure de fon cours ; elles ont ordinairement de 6 à 7 pieds de longueur, au-delà de 2 pieds de largeur, & au moins 18 pouces d'épaiffeur. Nous donnerons à cette forte de péré le nom de *péré en dalles.*

Le péré de la deuxième partie eft compofé de pierres en blocs bruts & de forme irrégulière ; on l'emploie quand on n'a pas en fa difpofition des carrières d'où l'on puiffe tirer des dalles. Nous l'appellerons *péré en blocaille.*

Le péré de la troifième forte eft compofé de pierres brutes & d'une groffeur au-deffous des blocs. On y a recours lorfqu'on manque de dalles & de blocs. Nous l'appellerons *petit péré.*

Conditions & qualités générales des digues à pérés.

351. Les digues à pérés peuvent être employées très-utilement par-tout & particulièrement aux éperons des digues perpendiculaires, aux chauffées des chemins établis dans le lit des rivières &c. ; mais elles exigent diverfes précautions qui diffèrent fuivant l'efpèce de péré. En général, on doit regarder comme principe fondamental que les pérés foient compofés des plus groffes pierres poffibles difpofées de façon que, quoiqu'il

arrive, elles mettent conſtamment la chauſſée à couvert de l'action des eaux. Par conſéquent, comme le courant eſt cenſé s'établir à leur baſe & les affouiller, il faut que les pérés ſoient mis à l'abri des affouillemens par des *bermes* ou *crêches* qui les ſoutiennent au beſoin.

Nous allons entrer dans les détails qui appartiennent à chaque eſpèce de péré reſpectivement en commençant par la première.

Conſtruction des digues à péré en dalles.

352. Les pierres des pérés en dalles doivent être ſimplement couchées le long du talus de la chauſſée ſur leur plus grande face, de façon que leur longueur ſoit dans le ſens de la pente du glacis. Il eſt à propos qu'elles aient toutes la même largeur, qu'elles ſoient placées, bout-à-bout, les unes à la ſuite des autres, ſur la hauteur du talus, de manière qu'elles ne ſoient point en liaiſon & que leurs joints, dans ce ſens, ſe correſpondent, & enfin que ces mêmes joints ſoient aiſés & ouverts d'environ 2 pouces ou plus.

On doit auſſi obſerver que le talus de la chauſſée ſoit le plus rapide poſſible. Ainſi, s'il eſt en terre, comme les terres ont un certain degré de tenacité, ſur-tout lorſqu'elles ont été battues ou foulées, l'angle formé par la ligne du talus & celle du niveau devroit excéder 45 degrés. Si, au contraire, il eſt en gravier, il ſuffira qu'il prenne l'angle naturel.

Enfin, lorſqu'on exécutera ces ouvrages ſur des rivières fort rapides, dont les crues ſeront fort longues, & qui, par conſéquent, affouilleront beaucoup, on ne ſe bornera pas à une ſimple aſſiſe de dalles; mais on en emploiera deux, trois & même quatre & plus, ſuivant les circonſtances & la nature de la rivière ou la profondeur des affouillemens, obſervant toujours de les placer, ainſi qu'il a été dit ci-deſſus, & d'interpoſer une couche de ſable groſſier de deux poouces d'épaiſſeur.

Fig. 28.

Ainſi ABCD (fig. 28.) eſt la coupe tranſverſale de la chauſſée, & BÇ le talus expoſé à l'action du courant. On y voit

quatre affifes de dalles repréfentées par les nombres 1, 2, 3 &
4 refpectivement, placées les unes fur les autres, & féparées par
une couche de fable.

Dans la figure 29, EFGH repréfente le plan du talus BC de
la figure 28. On y voit que les pierres K, L, M font placées
bout à bout dans le fens de leur longueur & qu'elles fe corref-
pondent exactement. On y voit auffi qu'il en eft de même des
pierres N, P, Q, & que ces trois dernières font féparées des trois
premières par un joint qui laiffe un certain vuide dans l'entre-
deux des deux files.

La raifon de cette conftruction eft fimple & fe préfente
d'elle-même; car, fi l'on fuppofe que la berme dont nous parlerons bientôt & qui défend la bafe de la digue ABCD (fig. 28°.)
s'enfonce par l'effet de la corrofion & de l'affouillement,
l'affife 4 n'étant plus foutenue, defcendra & fuppléera à la
berme; fi le volume eft infuffifant, elle fera fuivie de l'affife
3, & enfuite de l'affife 2.; d'où il fuit que le talus de la
chauffée ne fera jamais à découvert, & que fi l'on prévoyoit
des progrès effrayans dans les affouillemens, on auroit le tems
néceffaire pour remplacer les affifes qui font defcendues,
jufqu'à ce qu'enfin l'ouvrage eût pris une affiette invariable par
la ftabilité du fond; par conféquent, il eft effentiel de faciliter
la defcente des dalles.

Or, 1°. plus il y aura de pente dans le talus de la chauffée,
plus la defcente des dalles fera facile.

2°. Elle fera encore facilitée par le lit de fable groffier
interpofé entre les affifes 1, 2, 3 & 4: car les grains de ce
lit de fable feroient comme des rouleaux pour faire gliffer les
affifes fupérieures fur les inférieures.

3°. Elle fera facilitée enfin par l'intervalle des joints dans
le fens de la pente du talus, tel que celui qui fépare les
pierres K, L, M, des pierres N, P, Q, (fig. 29°.) & qui rend les
trois premières indépendantes de leurs voifines.

X ij

Fig. 29.

Fig. 28.

Fig. 29.

Donc, par cette conftruction, les dalles auront conftamment la liberté de glifler fucceffivement les unes fur les autres fans fe gêner mutuellement, & tout fera défendu en même-tems, la bafe & le talus. Par conféquent c'eft cette forme qu'il paroît qu'on doit adopter dans les digues à péré en dalles.

C'eft d'ailleurs ce que l'expérience nous a appris dans la conftruction des digues fur la Durance.

La bafe ne doit pas être défendue par un pilotage.

353. Puifque la bafe doit effentiellement être mife à couvert des affouillemens, le premier moyen qui femble fe préfenter de lui-même eft le pilotage. Mais outre que ce moyen eft exceffivement coûteux dans les rivières fujettes à corroder & à affouiller le fond, telles que toutes les rivières qui charient du gravier, il feroit infuffifant pour cet objet; car il n'empêcheroit par les eaux d'agir dans l'entre-deux des pilotis jufqu'à ce qu'elles fuffent parvenues au droit de la chauffée qui, dès-lors fe trouvant minée, feroit ruinée à fond. Il n'y auroit que le cas où l'on emploieroit des pal-planchers, que le pilotage pourroit remplir cet objet. Mais le nôtre eft d'économifer dans les frais de conftruction, &, affurément, en employant ce moyen, nous n'en prendrions pas la route.

Defcription des bermes à fubftituer aux pilotages.

354. Le fecond moyen de garantir la bafe des digues, & qui, fans contredit, eft le plus fimple, le plus fûr & le plus économique fur ces fortes de rivières, & même fur toutes les rivières poffibles, confifte dans l'emploi des *bermes* ou *crèches*. Les *bermes* ne font autre chofe qu'un tas de pierres de même volume que celles qui compofent le péré, & qu'on place à la bafe de la digue & au-devant du parement. A mefure que le courant affouille, ces pierres defcendent; mais elles ne peuvent pas être entraînées, foit (208) parce qu'elles font trop volumineufes, foit fur-tout parce qu'elles fe foutiennent mutuellement. Elles defcendront donc jufqu'à ce que les plus baffes fe foient enfoncées en totalité ou en partie dans le gravier du fond après l'affouillement, & dans cet état, elles ferviront de

bafe aux pierres fupérieures , qui , pour lors , ne permettront plus au courant d'agir fur la bafe de la digue. Ainfi, quand les chofes feront parvenues à ce point , on peut être affuré que la ftabilité de la digue fera à toute épreuve.

355. De-là on pourra évaluer , au moins par approxima- Détermination des dimenfions des bermes. tion , la hauteur à donner aux bermes : car , puifqu'elles doivent combler avec ufure le vuide occafionné par l'affouillement , fi , par obfervation ou par quelque moyen déduit des principes que nous avons établis , on détermine la profondeur de la corro- fion qui doit avoir lieu au pied de la digue , & qu'à cette pro- fondeur , on ajoute 1°. la plus baffe pierre qui (208) eft cenfée Dimenfions des bermes. enterrée dans le gravier ; 2°. les deux plus hautes qui doivent couvrir le pied de la digue ; on aura la hauteur totale approchée de la berme.

Quant à la largeur , on fent qu'elle doit encore être propor- tionnée à la profondeur de l'affouillement. Car , en defcendant , les pierres prendront un talus quelconque , qu'on peut fuppofer de 45 degrés , & dont l'empattement fera en proportion avec cette profondeur.

Il ne refte donc plus que la largeur du couronnement de la berme à déterminer. Cette détermination dépend de la nature de la rivière & de l'expérience. Plus la rivière fera confidérable & rapide , plus cette largeur doit être grande , pour amortir, autant qu'il fera poffible , par les parties faillantes des pierres & par la diminution de profondeur des eaux , l'action du courant fur la digue pendant les crues. Sur la Durance , par exemple , il paroît prouvé par l'expérience , que cette largeur doit être d'en- viron 9 pieds.

Ainfi , dans la figure 28 , fuppofons que le gravier s'élevât Fig. 28. primitivement jufqu'à la ligne RY , & que , par l'effet de la cor- rofion , le fond fe foit abaiffé jufqu'à la ligne VX ; que VS repréfente la hauteur de l'affife enterrée dans le gravier du

fond (208), & que l'angle STY soit de 45 degrés, le trapèze RSTY sera la section approchée de la berme.

Au surplus, comme cette partie est essentielle, on doit
observer qu'il vaut mieux pécher par excès que par défaut.

Dans les digues à péré de dalles, les bermes seront aussi en dalles.
Fig. 28.

356. Dans le cas dont nous parlons, & où le péré doit être
en dalles, la berme RSTY sera aussi en dalles. Les dalles de la
base pourroient être couchées, & les supérieures inclinées :
mais comme elles sont toutes destinées à descendre, pour faciliter cette descente & maintenir leur arrangement, autant qu'il
sera possible, il sera mieux de les incliner toutes sous le même
angle que les assises 1, 2, 3 & 4 du parement de la chaussée :
alors il n'y aura que la tête des plus basses qui s'enfoncera
dans la partie VSTX du fond au-dessous de la ligne
VX (208).

Revenons à présent à nos digues à pérés en dalles.

357. Lorsque la digue devra servir d'éperon à une chaussée
perpendiculaire, telle que celle dont nous avons parlé à l'article précédent, la hauteur & le couronnement de la chaussée
ABCD (fig. 28) seront les mêmes que la hauteur & la largeur du couronnement de la chaussée perpendiculaire ABCD
(fig. 26). Les talus seront pareillement les mêmes par-tout
où il n'y aura pas de pérés, mais dans la partie à pérés, ces
talus seront plus rapides, conformément à ce que nous avons
dit (352); par conséquent, on voit que *le couronnement doit
être supérieur aux plus hautes eaux de la rivière.*

Cas où la digue seroit destinée à servir de chaussée pour un chemin.

358. Si la digue est destinée à servir de chaussée pour un
chemin à établir dans le lit d'une rivière, la largeur de son
couronnement sera égale à celle qu'on voudra donner au
chemin ; à cela près, tout le reste sera le même que dans
le cas du n. 357.

Cas où la digue seroit oblique au courant.
Fig. 28.

359. La même identité aura encore lieu en tout point avec
les chaussées perpendiculaires, & en se conformant à ce qui est
dit au même n. 357, si par quelque raison que ce fût la digue

devoit être oblique à la direction du courant ; dans ce cas, on auroit seulement soin d'observer (232) que l'affouillement au pied de la digue seroit plus profond, & que pour cette raison (355) la quantité de matériaux de la berme RSTY (fig. 28) seroit plus considérable.

360. Lorsque la digue devra être construite sur un emplacement à sec, on creusera des fondations, autant que les eaux qu'on rencontrera à une certaine profondeur pourront le permettre pour l'établissement des dalles, tant des assises 1, 2, 3, 4 du péré, que de celles de la berme. Ce sera dans ces fondations qu'on placera les matériaux tant de l'un que de l'autre.

Cas où la digue doit être construite hors de l'eau. Fig. 28.

Ainsi soient AB (fig. 30) la surface du gravier, CD la ligne à laquelle on rencontre les eaux qui filtrent à travers le gravier, EF la ligne jusqu'à laquelle on pourra creuser, GH la ligne des plus hautes eaux de la rivière dans les grandes crues, & KL celle à laquelle on devra porter le couronnement de la chauffée AMNP. On creusera d'abord l'espace PQFB en talutant PQ suivant la ligne PN, & ce sera à partir de la ligne QF qu'on exécutera tant le péré NQRS que la berme RFVT conformément à ce qui a été dit ci-dessus.

Fig. 30.

Dans ce cas les déblais de la tranchée PQFB serviroient au remblai de la chauffée AMNP.

361. Lorsqu'on doit construire dans l'eau, il y a plus de difficultés. Cependant quoique ces difficultés entraînent plus de dépenses, il faut tâcher d'y apporter la plus grande économie.

Cas où la digue doit être construite dans l'eau.

En examinant la chose de près, on verra que la question se réduit à préparer, au-dessus des eaux, une plate-forme sur laquelle on puisse établir les ouvrages & qui leur serve de base. Cette plate-forme ne peut être faite que par encombrement, & cet encombrement doit réunir la plus grande solidité à la plus grande économie.

Or ici il se présente divers cas, savoir : 1°. celui où la digue doit être parallèle au courant ; 2°. celui où elle doit le couper, foit obliquement foit perpendiculairement ; &, dans l'un & l'autre cas, le courant peut avoir plus ou moins de rapidité. Or nous allons examiner tous ces cas, & tâcher d'allier, dans chacun, l'économie avec la folidité.

Conftruction d'u-
ne digue parallèle le
long d'une berge.
Fig. 31.

362. Suppofons d'abord qu'il foit queftion de conftruire la digue dans l'eau, le long de la berge, & parallèlement au courant. Soient la rivière ABCD (fig. 31.) EGHF la coupe de fon lit, EF la ligne de la furface des eaux, DC la berge à défendre par la digue à conftruire, & MNKL l'empattement de cette digue dans le lit du courant. Puifqu'il s'agit de mettre la berge DC à couvert, on fuppofe, par-là même, que le courant la corrode, & que, par conféquent (105 2°.), le lit y eft plus bas, ainfi qu'on le voit dans la fection EGHF. On fera donc glifler dans l'eau, le long de la berge CD, des dalles les unes devant les autres, & un peu inclinées fur l'efpace MNKL, jufqu'à ce qu'elles paroiffent à la fuperficie du courant. Ce fera alors fur cette plate-forme qu'on établira le refte des ouvrages, en obfervant de laiffer en faillie la largeur PQ, néceffaire à la berme qu'on exhauffera convenablement. On voit dans la coupe le profil OPQRSTFH des travaux.

Dans ce cas, fi le courant eft rapide, on plantera une file de pieux fur LK, pour empêcher que l'eau n'entraîne & ne dérange les dalles pendant la conftruction, & l'on commencera les travaux en L en remontant vers D ; mais fi le courant n'eft pas fort, on n'aura pas befoin de pieux, & l'on pourra indiftinctement commencer les travaux en L ou en M, & les diriger en amont ou en aval à volonté.

Ainfi ce cas, comme l'on voit, eft peu fufceptible d'économie.

Simplification de
cette conftruction.

363. Dans ce même cas, fi la berge qu'on veut fouftraire à la corrofion fait partie des crémens de la rivière, & que la digue à conftruire ait principalement pour objet d'arrêter

les

les progrès de cette corrofion, on peut opérer d'une manière
plus régulière que celle que nous venons de prefcrire. Pour
cela, à la diftance de quelques toifes de DC & parallèlement
à cette ligne, ou dans la direction qu'on voudroit donner à
cette digue, on ouvriroit une tranchée dans les terres, &
l'on conftruiroit la digue conformément à ce qui a été dit
au n. 360.

364. Suppofons à préfent que la digue à conftruire dans
l'eau doive être oblique ou perpendiculaire au courant, pour
obvier à la perte des matériaux par l'action des eaux, & en
même tems pour économifer autant qu'il fera poffible, on
conftruira l'empattement de la digue & de la berme, & on
formera la plate-forme au-deffus de la furface du courant,
conformément à ce qui a été dit au n. 349.

Venons aux digues à *péré en blocaille.*

365. Nous avons dit (4) que la mer ne s'étoit jamais élevée
au-deffus de 230 toifes par rapport à fon niveau actuel ; par
conféquent, dans tous les pays fupérieurs à cette hauteur,
on ne trouvera pas des pierres d'appareil pour les employer
comme dalles. Il y a auffi, au-deffous de cette hauteur, bien
des endroits où l'on n'en trouve point. Dans tous ces cas,
on emploie les pérés en blocailles, lorfqu'il fe rencontre quelques
montagnes à portée d'où l'on peut tirer des blocs.

L'emploi de ces blocs tant pour les pérés que pour les bermes
eft fondé fur le même principe que celui des dalles, c'eft-à-dire
qu'il faut que le parement de la chauffée & fa bafe foient conftamment à couvert de l'action des eaux : d'où il fuit que, dans
la conftruction de ces fortes de digues, on doit :

1°. Employer double ou triple péré fuivant les circonftances
& la nature de la rivière fur laquelle on opère.

2°. Donner au péré le talus le plus rapide poffible pour faciliter la defcente des blocs lorfque la rivière affouillera.

3°. Faire en forte que les blocs ne foient pas trop ferrés les

**Conftruction d'u-
ne digue oblique dans
l'eau.**

**Cas où l'on em-
ploie les digues à pé-
ré en blocaille.**

**Conftruction de
ces digues.**

Y

uns contre les autres & qu'ils ne fe gênent pas mutuellement dans leur defcente.

Du refte les digues à péré de blocaille fe conftruifent de la même manière que celles à péré de dalles. Ainfi nous ne nous étendrons pas davantage fur cet objet.

Digues à petit péré ; cas où on les emploie ; leur conftruction. 366. Lorfqu'on ne peut fe procurer ni des dalles ni des blocs, on a recours aux digues à petit péré. Ces digues ont befoin d'une attention particulière ; car il faut que le talus de la chauffée foit conftamment couvert : & comme les pierres n'ont pas affez de maffe pour réfifter par elles-mêmes à l'action du courant, il faut qu'elles fe foutiennent mutuellement. D'où il fuit qu'elles doivent former un pavé ferré, de façon qu'elles ne puiffent pas en être détachées par le courant; car on fent que leur force confifte dans l'union & l'affemblage, & que l'enlèvement d'une pierre entraîneroit néceffairement la ruine de l'ouvrage.

Par-là même que les pierres ne font pas affez volumineufes, on ne peut pas, dans ce cas, les employer à la berme. Auffi cette partie de la digue ne peut guères alors être faite qu'en pilotage : pour cela, on plantera, tout le long du péré, au pied de la digue, un double rang de pilotis le moins efpacés qu'il fera poffible, & on en remplira l'entre-deux, foit de tunage, foit de pierres affez confidérables pour ne pouvoir pas s'échapper entre les pilotis.

Ce genre de péré, étant le plus foible de tous, il ne feroit pas mal à propos de le doubler ou tripler fuivant les circonftances ; en quoi il faut fe conformer à la nature du courant auquel on veut s'oppofer. Dans ce cas, fi, par quelque accident que ce foit, le premier péré venoit à être dégradé, il refteroit le fecond.

C'eft encore d'après le principe, que les pierres font peu volumineufes, que le glacis de la chauffée doit, dans ce péré, avoir le moins de rapidité ou le plus d'empâtement poffible.

Par-là, les pierres auront moins de tendance à defcendre & fe foutiendront beaucoup mieux.

367. Dans le cas de ces mêmes pérés, on pourroit fuppléer par l'art à ce qui manque au volume des pierres. Pour cela, il n'y auroit qu'à fubftituer au péré un mur en bâtiffe, couché fur le glacis, & dont l'épaiffeur feroit d'environ 18 pouces, plus ou moins, fuivant les circonftances. Le parement vifible de ce mur feroit en forme de pavé. On ne conftruiroit ce mur que par pans d'environ 6 ou 7 pieds de largeur & on féparoit tous ces pans par un vuide de 2 ou 3 pouces. Ils feroient établis fur une couche de fable ou de gravier dont on couvriroit préalablement le talus de la chauffée qui, dans cette conftruction, devroit être affez rapide pour permettre à ces pans de defcendre en cas d'affouillement.

Moyen fimple de transformer les digues à petit péré en digues à péré en dalles.

On pourroit auffi employer plufieurs pérés femblables, les uns fur les autres. Dans ce cas on auroit foin d'en féparer les affifes par une couche de fable, ainfi que nous l'avons indiqué (352) pour les pérés en dalles.

Nous devons obferver que cette conftruction ne peut avoir lieu que pour les digues qu'on exécute à fec; car il eft vifible qu'il feroit impoffible d'exécuter le péré dans l'eau.

Quant à la berme à employer, fa conftruction dérive du même principe. Après en avoir fixé les dimenfions fuivant ce que nous avons dit au n. 355, on creufera fes fondations & celles du péré conformément à ce qui a été dit au n. 360; mais on ne les portera que jufqu'à la furface CD (fig. 30) des eaux de filtration. A cette profondeur on conftruira la berme DXTV par couches & par pans en maçonnerie, ainfi qu'on aura déjà traité le péré NSXY.

Y ij

ARTICLE III.

Des Digues à pierre sèche.

Digues à pierre sèche en dalles ou en blocaille.

368. Les digues dont nous parlons n'ont ni chauffée ni péré; elles font entièrement en pierre, & comme ces pierres ne font point liées entre elles par aucun mortier, on fent qu'elles doivent être compofées des plus gros matériaux poffibles ; conféquemment elles ne peuvent être qu'en dalles ou pierres d'appareil, & en blocaille. Ce font ces fortes de digues qu'on a prefque toujours employées fur la Durance. Nous allons examiner fucceffivement leur conftruction, leurs vices & leur réforme, en commençant par les digues à pierres d'appareil ou en dalles.

Conftruction des digues en dalles, ufitée fur la Durance. Fig. 32.

369. Nous avons déjà parlé (350) de la forme & des dimenfions des pierres. La manière dont on les emploie eft repréfentée par la figure 32, dans laquelle ABCD eft le plan de la bafe, & EFGH la coupe tranfverfale prife fur la ligne quelconque KL : FG eft le parement du côté de la rivière. On voit dans cette figure :

1°. Que les pierres font employées fur leur lit par affifes réglées ;

2°. Que chaque affife eft compofée de trois parties AMQD ; MNPQ & NBCP ;

3°. Que les pierres des parties en parement font employées par boutiffes & que chaque pierre y fait parpin ;

4°. Que dans la partie intermédiaire MNPQ qu'on appelle *la clef*, on ne fait pourquoi les pierres y font employées par carreaux.

5°. Enfin que celles du parement du côté de la rivière ont une très-petite retraite à chaque affife ; cette retraite, fuivant l'ufage, n'eft guères que d'un pouce ou deux.

Quelquefois on supprime *la clef* MNPQ. Il y a même des cas où l'on n'emploie que la partie en parement BCPN. Mais la construction la plus générale est telle que nous venons de la décrire.

Dans tous les cas, pour mettre la digue à couvert des affouillemens, on forme une berme au-devant du parement FG avec des pierres de même dimension que celles de l'ouvrage. Ces pierres sont accumulées dans le courant au pied de la digue. Dans le pays, on leur donne le nom de *brisans*, parce qu'elles sont destinées à briser le choc des eaux.

370. Cette construction paroît être vicieuse sous les rapports suivans.

Vices de cette construction. Fig. 32.

1°. En général elle absorbe beaucoup trop de matériaux, & par-là, elle devient trop coûteuse.

2°. La clef, qui par sa dénomination, devroit lier les pierres des deux paremens, les isole au contraire & les rend indépendantes les unes des autres.

3°. Il est rare que le volume des matériaux de la berme soit proportionné à la profondeur des affouillemens.

4°. Le parement FG n'a pas assez de retraite, d'où il résulte qu'à la suite des affouillemens, l'ouvrage s'écroule.

Cela est constaté par l'expérience. Il y a peu de digues de cette nature sur la Durance qui n'aient été ruinées & reconstruites.

371. Si l'objet de la digue exige absolument que le corps de l'ouvrage soit entièrement en pierre, il ne faut jamais perdre de vue que les matériaux du parement doivent être disposés de manière qu'ils puissent constamment s'accommoder à l'état de la rivière & mettre les travaux à couvert des affouillemens. Par conséquent il est aisé de voir, qu'en pareil cas, il faut adopter le profil représenté par la fig. 33 ; ABCD est le corps de la digue, BCGE en forme le péré en dalles & FHKL en est la berme. Ainsi cette construction se rapporte aux digues à

Réforme de cette construction. Fig. 33.

pérés en dalles, dont nous avons parlé dans l'article II auquel nous renvoyons.

Simplification à y introduire. Fig. 33.

372. Puisque le corps ABCD de la digue doit être constamment mis à couvert par le péré BEGC, on voit, au premier abord, qu'il est inutile d'y employer des pierres d'appareil & qu'il suffira de le construire en moëllon ordinaire qu'on peut se procurer à bien moins de frais. Par ce moyen, les travaux seront considérablement simplifiés, & il en résultera une grande économie.

Venons aux digues en blocaille.

Description & défauts des digues en blocaille, usitées dans la ci-devant Provence.

373. Les digues en blocaille usitées sur la Durance & les autres rivières de la ci-devant Provence, ne sont autre chose qu'un simple mur, plus ou moins épais, construit sur le gravier, dont le parement a très-peu de retraite & dont la base est défendue par une berme.

Le vice général de ces digues consiste dans l'insuffisance du volume de la berme & dans celle de la retraite du parement; d'où il résulte que, lors des affouillemens, l'ouvrage s'écroule, & les matériaux, s'éboulant dans le courant, forment alors la véritable berme sur laquelle on est obligé de construire une seconde digue.

Réforme de cette construction. Fig. 33.

374. Pour réformer ce genre de digue, on doit encore adopter le profil de la fig. 33, en observant que, dans le cas dont il s'agit, il n'y a point de pierre d'appareil & que tout est en blocaille. Dans cette figure, le corps ABCD de la digue sera un mur dont le parement BC aura la retraite convenable aux pérés en blocaille. BEGC en sera le péré & FHKL la berme. Cette construction, se rapportant alors aux digues à péré en blocaille, on se conformera à ce que nous avons dit à ce sujet dans l'article précédent.

Simplification à y introduire. Fig. 33.

375. Dans cette construction, le corps ABCD de la digue étant toujours garanti par le péré, on pourra le simplifier ainsi que nous l'avons dit au n. 372.

ARTICLE IV.

Des Digues en maçonnerie.

376. Si les digues en maçonnerie font les plus folides, elles font auffi les plus coûteufes: car elles exigent impérieufement d'être établies fur le ferme ; & comme il eft affez rare de le rencontrer dans le lit des rivières dont nous parlons (154), il s'enfuit qu'il faut, le plus fouvent, recourir au pilotage, moyen extrêmement difpendieux. Ainfi ces fortes de digues ne doivent être employées que dans les cas où la chofe eft indifpenfablement néceffaire. Au furplus, comme ce fujet a déjà été traité par divers auteurs, nous n'en dirons ici qu'un mot.

Cherté des digues en maçonnerie.

377. Les digues en maçonnerie fe diftinguent par leur parement. Les unes font parementées en taille & les autres en moëllon. Dans ce dernier cas, le moëllon doit être piqué; fans cette précaution, le parement feroit bientôt dégradé.

Conftruction & dimenfions des digues en maçonnerie. Fig. 34.

Le choix & le profil de ces deux fortes de digues font fubordonnés à la nature des rivières fur lefquelles on doit les employer.

Si la rivière a beaucoup de rapidité, fi les crues font longues ou fréquentes, ou fi la digue doit être habituellement expofée à l'action du courant, le parement doit être néceffairement en taille.

Si, au contraire, la rivière a peu de vîteffe, que les crues foient courtes ou rares, ou fi la digue ne doit effayer l'action des eaux que momentanément, elle pourra n'être parementée qu'en moëllon piqué.

Quant au profil de l'une & de l'autre de ces digues, il doit avoir la figure d'un trapèze ABCD (fig. 34). Les dimenfions de ce trapèze varient fuivant les circonftances. On convient feulement que le parement BC, expofé à l'action de l'eau, doit avoir beaucoup moins de retraite que le parement poſtérieur AD pour empêcher que la digue ne ſoit renverſée.

Les dimenſions de CD & de AB ne peuvent pas être aſſignées, généralement. On ſent qu'elles doivent être d'autant plus grandes que l'action des eaux ſera plus forte ; or cette action dépend de la maſſe d'eau & de la pente de la rivière (170), ainſi que ſa direction relativement à celle de la digue (327). Tout ce qu'on peut dire, c'eſt que ſi la digue n'éprouvoit aucun choc, & qu'elle n'eſſuyât que la force de preſſion comme un mur de réſervoir, CD devroit alors être égale à la profondeur correſpondante des eaux, & AB pourroit être $= 0$, ainſi qu'on peut le déduire du n. 340, & comme l'expérience le confirme. Par conſéquent c'eſt à l'ingénieur à conſulter les localités & les circonſtances, & à fixer le tout d'après ſes connoiſſances & les données qu'il aura.

Du reſte, on doit conſulter ce que nous avons dit à ce ſujet au n. 343 3°., auquel nous renvoyons.

Article V.

Des Digues en Gabions.

Deſcription des gabions.
Fig. 35.

378. Il y a des cas où les pierres manquent abſolument pour la conſtruction des digues ; alors on ſe ſert du gravier même de la rivière & l'on conſtruit des digues avec des *gabions*. C'eſt ainſi qu'on appelle des cônes faits avec des lattes ou perches qui ſe réuniſſent en un point & qui ſont aſſemblées entr'elles par une treſſe d'oſier ou de ſaule comme celles des paniers. On en voit la forme & la contexture dans la figure 35.

Conſtruction des digues en gabions.

379. Lorſqu'on veut faire uſage de ces ſortes de digues, on place les gabions vuides, à côté les uns des autres, ſur la ligne de la digue, la pointe vers le courant, & enſuite on les remplit de gravier. Si la rivière eſt forte, on en place deux, trois & même

même quatre rangs, les uns fur les autres. La grandeur des gabions varie fuivant les rivières. En général les grandes rivières exigent de plus grands gabions que les petites. On en fent la raifon.

380. L'avantage qu'on a dans les digues en gabions, c'eft que les ouvrages font bientôt finis. Mais cet avantage eft balancé par beaucoup d'inconvéniens. En effet:

Avantages & inconvéniens des digues en gabions.

1°. Lorfque la rivière affouille & que les gabions defcendent, il arrive fouvent qu'ils chavirent & fe vuident.

2°. Il n'eft pas rare que l'action du courant en créve la pointe, & alors ils fe vuident par la rupture.

3°. Dans deux ou trois ans au plus, les lattes & les treffes font pourries, &, par-là, la digue eft détruite. D'où il réfulte qu'il faut, tous les deux ou trois ans, placer un nouveau rang de gabions; ce qui devient à la fin fort coûteux.

381. De-là on doit conclure qu'il ne faut employer ce genre de digues que dans le cas où il s'agit d'arrêter les progrès des ravages d'une rivière, pour pouvoir enfuite fe livrer à des travaux plus folides: dans ce même cas, on doit fur-tout faire attention à deux chofes. La première eft que la pointe des gabions foit affez bien conditionnée, par des liens, pour que le courant ne puiffe pas l'endommager. La feconde, que les gabions foient placés de manière qu'ils ne puiffent pas chavirer ni fe vuider par leur entrée. Pour cela on les contiendra avec des pieux qu'on plantera de chaque côté. Nous pouvons ajouter qu'il feroit bien effentiel de leur donner une forme & des dimenfions à pouvoir les fermer.

Dans quel cas & pour quel objet on doit les employer.

Z.

ARTICLE VI.

Des Digues en encaissement.

382. Lorsque le courant est si rapide que les digues précédentes deviennent insuffisantes pour le modifier, ou lorsque la pierre d'appareil, ou la blocaille est extrêmement éloignée, on emploie les digues par encaissement. Ces digues sont particulièrement usitées dans les pays des montagnes, à cause de la grande rapidité de leurs rivières. Dans le département des Basses-Alpes, elles sont connues sous le nom d'*arches*, dénomination tirée du mot latin *arca*, qui signifie un *coffre* ou un encaissement qui en a à-peu-près la forme.

Ces encaissemens ont la forme d'un parallélipipède rectangle, d'environ 15 ou 18 pieds de longueur, sur une toise de largeur & de hauteur, plus ou moins. Ils sont formés de madriers bruts assemblés, ainsi que le fait voir le parallélipipède BADCFE GH (fig. 36). On les construit sur la place avec du bois de pin ou de chêne. On les remplit, par la face ouverte ADEG, de pierres assez grosses pour ne pouvoir pas passer par les intervalles de la charpente : lorsqu'ils sont pleins, on ferme la face ADEG, afin qu'en chavirant ils ne puissent pas se vuider.

D'après cette construction, on sent que l'ensemble forme une masse si lourde, que le courant le plus violent ne sauroit l'entraîner. Tout ce qui arrive, c'est que l'encaissement étant affouillé, tombe dans le courant & s'enfonce jusqu'à un certain point dans le gravier (208); & comme ces bois ne se corrompent pas dans l'eau, il s'ensuit, qu'alors ces sortes d'ouvrages doivent être considérés comme des blocs de même volume & dont la masse est au-dessus de l'action des eaux : qu'on en établisse, bout-à-bout, un certain nombre, sur la ligne de la digue à construire, & l'on aura une digue à toute épreuve.

383. A défaut de bois de pin ou de chêne, on peut employer tout autre bois, même le peuplier qu'on rencontre par-tout le long des rivières. Dans ce cas, on doit bâtir les matériaux de remplissage avec de bon mortier ; l'encaissement pourrira bientôt ; mais avant qu'il soit tombé en corruption, la bâtisse aura fait corps, & l'ensemble produira le même effet que l'encaissement.

Moyen de généraliser l'usage des digues par encaissemens.

ARTICLE VII.

Des Digues en bois.

384. Les digues en bois les plus connues font : 1°. les tunages ; 2°. les arbres de revêtement ; 3°. les palissades ; 4°. les chevalets ou chevrettes. Nous ne parlerons pas ici des tunages dont l'usage se rapporte bien moins aux rivières qu'aux canaux de navigation ; mais nous allons examiner les trois autres genres de réparations.

Diverses sortes de digues en bois.

385. Lorsque la Durance, dans ses crues, corrode ses berges, les riverains font dans l'usage de couper les arbres les plus branchus & les plus à portée, & de les jetter dans l'eau, la tête en en-bas, aux endroits où le courant agit avec le plus d'énergie. Si l'arbre est au bord de l'eau, on ne le coupe qu'à demi, & on le laisse tenir à la tige par une partie de ses fibres & de son écorce. Si, au contraire, il en est éloigné, on l'arrête avec une corde à un pieu qu'on enfonce profondément au bord de la rivière, vis-à-vis l'endroit où l'arbre doit être jetté dans l'eau. Il est rare que cette méthode ne produise pas son effet, & ne mette pas la berge à l'abri de la corrosion. Les branches forment des obstacles multipliés qui atténuent & divisent la force du courant. D'ailleurs elles arrêtent les broussailles & toutes les matières que les eaux emportent avec elles. Enfin, elles finissent le plus souvent par arrêter le gravier lui-même.

Digues avec des arbres, usitées sur la Durance.

386. Le feul inconvénient de ce genre de digue de revêtement eft de ne pouvoir pas y employer fouvent des arbres fté-
riles ou du moins qui donnent peu de produit, tel que le faule,
le peuplier, l'orme, &c., & d'être au contraire ordinairement
obligé d'y facrifier des arbres précieux & d'un grand rapport,
tels que le murier blanc fur la Durance. Auffi feroit-il bien effentiel d'établir la police la plus févère, relativement aux arbres
qui croiffent fpontanément le long des rivières; peut-être même
faudroit-il obliger le riverain infouciant à faire des plantations.

Au refte, on peut voir, par cet expofé, que c'eft ici un ex-
pédient que l'on n'eft en ufage d'employer qu'à l'extrémité &
le long des berges exclufivement. Cependant il eft aifé de fentir qu'on pourroit auffi l'employer très-utilement dans l'intérieur du lit, en le combinant avec des paliffades; ce qui
conftitue la feconde efpèce de digues en bois dont nous allons
parler.

Digues en paliffa-
des avec des arbres
aux paremens.
Fig. 37.

387. Le principal objet de ces digues eft de détruire une
branche fecondaire & de la forcer à rentrer dans la branche-
mère. Dans ce cas, leur direction n'eft point arbitraire, mais
elle eft déterminée par les localités, ainfi qu'on va s'en convaincre.

Soit la rivière ABCD (fig. 37) qui, au point G, fe partage
en deux branches BEFG & CGHK, dont la première eft la
branche-mère. Si l'on examine attentivement la divifion des
rivières, on verra qu'il y a une ligne GD fur laquelle les eaux
font pour ainfi dire incertaines de quel côté elles fe dirigeront,
& où elles ne fe verfent dans la branche GCHK, que parce que
la berge DG fouffre en cet endroit une folution de continuité.
Ce n'eft donc pas l'impulfion du courant qui les y pouffe; elles
n'y font entraînées que par un déverfement ou épanchement
latéral : car le courant eft établi entre AB & GD. Donc, fi
l'on conftruit des ouvrages deftinés à barrer la branche GCKH,
ils éprouveront moins d'action, de la part du courant fur la

ligne DG, que toute autre direction. Par conséquent, c'est suivant la ligne DG qu'il faudra les diriger.

Comme DG est réellement la ligne qui divise les deux
branches, nous l'appellerons *ligne de division*.

388. La ligne de division étant connue & jalonnée par des
piquets, on procédera à la construction de la digue de la manière suivante.

On plantera, suivant la direction de cette ligne, trois ou
quatre rangs de pieux, plus ou moins, suivant la nature de la
rivière, d'où dépend aussi leur grosseur. Cinq rangs nous ont
suffi sur la Durance. Ils seront espacés d'environ deux pieds de
centre à centre. Pour les planter, à peu de frais, on fait les
trous qui doivent les recevoir, avec un pieu armé d'un sabot
de fer.

Les pieux plantés, on en remplit les entre-deux de fasci-
nages, qu'on charge de pierres & qu'on arrête par intervalles
avec des pièces transversales. On a pareillement soin de garantir les deux paremens avec des branches d'arbres dont les tiges
soient engagées dans le corps de la digue. Le pin est un des arbres
les plus propres à cet objet, soit pour les branches de parement,
soit pour les pieux; étant toujours ramé, ses branches dé-
truisent plus efficacement l'action du courant, soit qu'elle
s'exerce sur le parement antérieur, soit qu'elle ait lieu par la
chûte sur le parement postérieur, lorsque, dans les grandes
crues, la digue sera franchie.

L'expérience nous a appris qu'on pouvoit employer efficacement ce moyen sur la Durance dont on connoît la rapidité; &,
d'après cela, nous pouvons en garantir le succès sur toute
autre rivière.

389. Lorsque la rivière est peu considérable, on peut beaucoup simplifier ces sortes de digues en palissades, en employant
des tresses ou clayonnages. Dans ce cas, il suffit de deux rangs
de pieux, laissant entr'eux un intervalle d'environ 3 pieds.

Digues en clayon-
nages.

Ces deux rangs feront treſſés en oſier, & l'entre-deux ſera rempli de gravier. Mais il ſera toujours très-prudent d'en garantir les paremens avec des branchages employés ainſi que nous venons de le dire.

Digues en *chevrettes* ou *chevalets*.

᠄90. Suppoſons un arbre dont la tige ſe diviſe, au moins, en trois branches, & qu'on coupe cette tige & les branches à environ quatre ou cinq pieds du point de diviſion; on aura un ſolide fourchu, qu'on nomme *chevalet*, dans le département du Midi, & dans d'autres, *chevrette*. Suppoſons encore que ce ſolide ſoit le plus volumineux poſſible & d'une peſanteur ſpécifique ſenſiblement plus forte que celle de l'eau. S'il eſt jetté dans le courant, il deſcendra au fond, & l'irrégularité de ſa forme l'empêchera d'être entraîné. Bien plus, cette même irrégularité accrochera & arrêtera les brouſſailles, les arbuſtes & tout ce que la partie correſpondante du courant entraînera. Enfin, lorſqu'il ſera ſurmonté par les eaux, il occaſionnera des affouillemens dans leſquelles il s'enfoncera de manière à ne pouvoir plus être déplacé (208).

L'on voit par-là qu'une digue formée en *chevalets* ou *chevrettes*, réunit de très-grands avantages; elle ne peut être ni renverſée ni entraînée; les affouillemens l'enracinent & la fortifient; elle peut, à volonté, changer la direction du courant ou produire des atterriſſemens ſuivant ſa diſpoſition.

On emploie ces ſortes d'ouvrages ſur les rivières les plus rapides, telles que la Durance, la Haute-Loire, &c.; il eſt malheureux qu'on n'en puiſſe pas faire un uſage plus fréquent. Deux obſtacles s'y oppoſent: 1°. Il y a peu d'arbres de groſſeur dont le bois ſoit ſpécifiquement plus peſant que l'eau. 2°. Parmi ces arbres, on en trouve peu qui aient la forme requiſe pour *chevrettes*. Ajoutons à cela que cette forme donne ordinairement les pièces courbes qui entrent dans la conſtruction navale, & qu'il eſt eſſentiel de ne pas prodiguer, ſur les rivières, des pièces qui, eu égard à la rareté des bois relatifs à cet objet, peuvent être infiniment utiles à l'état.

391. Si nous faifions une chevrette en charpente, celle par exemple qui eft défignée par la fig. 38, repréfentant deux tétraëdres oppofés au fommet, & que nous y employaffions la même qualité de bois que pour les chevrettes naturelles, il eft vifible qu'elle produiroit le même effet. Bien plus, en lui donnant plus de branches que n'en a ordinairement la chevrette naturelle, l'effet n'en feroit que plus grand & plus affuré. Dans ce cas, il fuffira d'avoir des pièces droites de groffeur, & de les affembler convenablement, en les employant fans aucun apprêt & telles qu'elles viennent de la forêt. Il n'en coûteroit de plus que la main-d'œuvre qui feroit amplement compenfée par la moins value des bois & par la facilité des tranfports. Nous n'avons pas expérimenté ce moyen, mais nous penfons que rien ne s'oppofe à fa réuffite.

Comment on pourroit conftruire des chevalets factices. Fig. 38.

392. Allons plus loin. Conftruifons ces chevrettes artificielles, avec des bois fpécifiquement plus légers que l'eau; mais au centre, pratiquons en planches des cellules que nous remplirons de gravier, & que nous fermerons enfuite, lorfque le fyftême fera devenu fpécifiquement plus pefant: ces planches feront en outre utiles pour confolider l'affemblage. On fent, au premier abord, qu'une pareille chevrette ne fera pas plus entraînée que les précédentes, & qu'elle produira encore le même effet: or, dans ce cas, on peut employer toute forte de bois, & fur-tout le pin, qui a l'avantage de ne pas fe corrompre dans l'eau, & qui eft ordinairement fort commun le long des rivières dont la pente eft confidérable.

Simplification dans les conftructions des chevalets factices.

ARTICLE VIII.

Des Levées ou Turcies.

Cas où l'on em-
ploie les levées.

393. Si une rivière a été réduite, & que les propriétaires riverains se soient avantagés aux dépens de son lit, il arrive souvent que, dans ses crües, elle franchit les bords qu'on lui a assignés, & qu'elle inonde le plat-pays : alors, pour la contenir & l'empêcher de s'extravaser, on construit, du côté où elle peut se répandre, des chaussées, qu'on appelle aussi *levées* ou *turcies*. Ainsi, l'objet des levées est d'empêcher les inondations dans le tems des crues.

Qualités requises
dans les levées.

394. D'après cela, les propriétés des levées, pour remplir cet objet, sont :

1°. D'avoir l'épaisseur nécessaire pour résister à la poussée des eaux ;

2°. D'être supérieures aux plus hautes eaux de la rivière.

3°. Que le glacis, du côté de l'eau, ne puisse pas être dégradé.

4°. Enfin qu'il n'y ait aucune filtration.

Couronnement &
talus des levées.

395. L'épaisseur de la digue au couronnement peut se réduire à rien (340), puisqu'elle n'essuie que la pression des eaux qui, dans cette partie, est nulle. Cependant on est dans l'usage de donner au moins 3 pieds de largeur au couronnement & même davantage lorsque les rivières sont considérables. Quant à l'épaisseur de la base, elle dépend du talus. Celui de 45 degrés seroit suffisant. Nous avons vu bien des endroits où il n'excède pas ce terme. Cependant on ne peut pas disconvenir que, plus il sera grand, moins il sera sujet à se dégrader. Ainsi nous croyons que le talus des levées devroit être au moins d'un & demi sur un de hauteur.

396.

396. Le couronnement des levées doit être affez élevé pour n'être pas franchi par les eaux : car un fimple filet qui s'extra-vaferoit, auroit bientôt creufé, fur la dernière, un profond ra-vin qui en entraîneroit la rupture (106). En cela il ne faut pas être minutieux, & il vaut mieux pécher par excès que par défaut, fur-tout lorfque les rivières font confidérables ; d'au-tant mieux que, d'une part, les levées fe taffent toujours, & que de l'autre, des circonftances particulières peuvent confidéra-blement enfler les eaux. C'eft ce qui arriva au Rhône en 1755. Ce fleuve éprouva à cette époque une crue très-forte ; dans le même-tems, le vent du midi fouffla avec violence, &, retar-dant la vîteffe des eaux, il en enfla tellement le volume que toutes les levées d'Arles & de Tarafcon furent franchies.

Hauteur des le-vées.

397. Les glacis, du côté des eaux, pour n'être pas dégradés dans les crues, ont befoin d'être fortifiés par un péré. On fent bien qu'il ne faut ni un péré en dalles, ni un péré en blocaille, & qu'un petit péré fuffit, à moins que le lit ne foit exceffivement rétréci ; auquel cas la levée ne mériteroit plus ce nom, mais plutôt celui de digue.

Péré des levées.

Le moyen de mettre le péré lui-même à l'abri de l'action des eaux dépend de la fituation de la levée. Si elle eft au bord même de la rivière, nous avons vu (366) qu'on ne pouvoit garantir & foutenir le péré que par un pilotage. Si au contraire elle en eft à une certaine diftance, il fuffira d'établir la bafe de ce péré à 2 ou 3 pieds de profondeur de fondation.

398. Dans le cas où les levées ne font pas au bord de l'eau, comme dans plufieurs endroits, fur le Rhône, à Arles & à Taraf-con, on peut forcer la rivière à les fortifier par des dépôts. Soient la rivière ABCD (fig. 39) & la levée EF. Conftruifons, par in-tervalles & perpendiculairement à la direction du courant, les épis triangulaires HKG, LMN, PQR. Ces épis feront en terre & pavés. SVT en eft la coupe longitudinale fur la ligne EG & X'YZ' en eft la coupe tranfverfale fur la ligne XZ. La diftance KL ou MP d'un

Moyen de forcer les rivières à fortifier les levées.

A a

épi à l'autre pourra être au moins de 400 toises, lorsque la pente de la rivière sera d'environ 4 pouces sur 100 toises. Or il est visible, d'après cela, que les eaux, dans le tems des crues, seront mortes & stagnantes dans l'intervalle des épis, & que, par conséquent, elles y déposeront jusqu'à ce que le glacis soit parvenu à la hauteur des crêtes des épis.

399. Si la levée éprouvoit des filtrations, elle seroit perdue; car les eaux filtrées, en tombant le long du talus postérieur, ne manqueroient pas de le dégrader (106). D'où il suit que la levée ne peut être qu'en terre bien battue.

Moyen d'empêcher le percement des levées de la part des taupes, &c.

400. Il n'arrive que trop souvent que les rats, les taupes, &c. percent une levée, & produisent, ce qu'en certains endroits, on appelle *des renards*. Ces événemens sont d'autant plus dangereux qu'on ne peut pas y remédier. Car, s'il survient une crue, les eaux s'ouvrent un passage, par ce renard, qui ne peut être bouché qu'intérieurement. Or c'est ce qui est alors impossible.

On ne peut obvier à cet inconvénient que lors de la construction. Pour cela il seroit à propos de pratiquer, au noyau de la levée, & dans toute sa longueur & sa hauteur, une cloison en briques placées de champ les unes sur les autres; avec cette précaution, on n'auroit plus à craindre que la levée fût percée d'un talus à l'autre, puisque l'animal, arrivé à la cloison, se trouveroit arrêté par un corps incorrosible.

ARTICLE IX.

Résumé général des Digues précédentes.

401. De tout ce que nous avons dit dans les huit articles précédens, on doit déduire les conséquences suivantes.

Usage des digues perpendiculaires.

402. Les digues perpendiculaires à la direction du courant & destinées à exhausser le lit de la rivière, par des encombremens en limon, qui non-seulement fortifient les ouvrages, mais encore, puissent sous le moins de tems possible, être rendus à

l'agriculture ; ces digues, difons-nous, doivent être conftruites en terre ou gravier, ainfi qu'il a été dit (344 & 349). Elles doivent particulièrement être employées fur les rivières qui ont un lit trop large & qu'on veut réduire à fa jufte étendue. Mais elles ont effentiellement befoin d'une autre digue folidement conftruite à leur about, du côté de la rivière, dans une direction qui leur foit perpendiculaire ou parallèle à celle du courant, & dont la partie d'amont foit beaucoup plus longue que celle d'aval (329 & 338). C'eft cette dernière digue que nous nommons *éperon*.

403. Les digues à pérés, foit en dalles, foit en blocaille, peuvent être employées fuivant toutes les directions poffibles, parallèles, obliques & perpendiculaires à celle du courant. Mais leur véritable deftination eft pour les deux premières directions, puifque la perpendiculaire eft particulièrement affectée aux digues en terre ou gravier, ainfi que nous venons de le dire. Etant fujettes aux affouillemens, elles ont effentiellement befoin d'être défendues par des bermes ; & ces digues ainfi que les bermes, doivent être conftruites comme il a été dit aux n. 351 & 365 refpectivement. Ces digues font particulièrement deftinées aux éperons qui doivent défendre les digues perpendiculaires en terre ou gravier. Elles peuvent auffi être très-utilement employées à la conftruction des chemins le long des rivières, ainfi qu'il a été dit (358). On peut pareillement s'en fervir avantageufement pour prolonger, dans les ponts, les murs en aîles.

404. Les digues à petits péres ne peuvent guères, faute de bermes, être employées qu'à des levées ou turcies. Si néanmoins on faifoit le péré en bâtiffe, ainfi qu'il a été dit (367), on pourroit auffi les employer pour éperons aux abouts du côté de la rivière dans les digues en terre ou gravier, perpendiculaires au courant.

405. Les digues à pierres sèches, foit en pierre d'échantillon,

Ufage des digues à pérés.

Ufage des digues à pierres sèches.

A a ij

soit en blocaille, ne peuvent être solidement construites que
d'après la réforme prescrite aux n. 371, 372, 374 & 375 respectivement. Elles sont plus coûteuses que les digues à pérés en dalles
ou en blocailles qui, pour cette raison, doivent leur être pré-
férées. Cependant, on pourra les employer utilement lorsqu'il
s'agira d'établir la prise d'eau d'un canal auquel les eaux ne
puissent pas manquer, & qui ne soit pas exposé, pendant les
crues, à être encombré par les graviers : nous en avons déjà
dit un mot au n. 321.

**Usage des digues
en maçonnerie.**
406. Les digues en maçonnerie & parementées, soit en
pierres de taille, soit en moëllons, présentent beaucoup de
frais, sans aucun avantage, sur les digues précédentes. Aussi
ne doit-on les employer que lorsque les circonstances & les
localités l'exigent impérieusement.

**Usage des digues
en gabions.**
407. Les digues en gabions ne peuvent être regardées que
comme un ouvrage éphémère. Quoique peu coûteuses, lors de
la construction, elles le deviennent beaucoup à la suite des
tems, par les réparations continuelles qu'elles entraînent après
elles. Elles ne peuvent servir que pour arrêter momentanément
les ravages du courant, & pour donner le tems de faire des
ouvrages plus durables. Du reste on pourra les construire conformément à ce qui a été dit (379 & 381).

**Usage des digues
par encaissemens.**
408. Après les digues en maçonnerie, parementées en pierres
de taille, il n'y a pas d'ouvrage qu'on puisse établir plus solidement sur les rivières, que les digues par encaissemens. Soit que
les encaissemens soient à pierres sèches, soit qu'ils soient maçonnés, ces digues seront toujours moins coûteuses que celles
parementées en pierres de taille ; aussi leur destination naturelle
est d'être placée sur les courans qui ont beaucoup de rapidité,
tels que les torrens-rivières & même les torrens proprement
dits. Leur direction peut être telle qu'on voudra & que les circonstances exigeront. On pourra, dans tous les cas, être assuré du
succès, en se conformant à ce que nous avons dit aux n. 382 & 383.

409. Les revêtemens des berges avec des branches d'arbres produisent presque toujours leur effet, qui est d'arrêter les corosions du courant sur ces berges. Ainsi, dans un cas d'urgence, il est très-prudent d'y avoir recours (385). *Usage des digues avec arbres.*

410. Les digues composées de palissades & de branches d'arbres ont un avantage plus étendu. On peut les employer avec succès dans le lit des rivières, & sur-tout pour détruire leurs divisions en plusieurs branches. On ne pourroit guères s'en servir pour éperons, à cause des affouillemens. On pourra les employer sur les grandes rivières, quelque soit d'ailleurs leur rapidité, en ayant égard à ce que nous avons dit à ce sujet (387 & 388). *Usage des digues avec arbres & palissades.*

411. L'usage des palissades tressées ou en clayonnages est le même que celui des précédentes. La seule différence qu'il y a, c'est que celles dont nous parlons ne peuvent être employées que sur de petites rivières, ainsi qu'il a été dit (389). *Usage des digues en clayonnage.*

412. Les digues à chevalets ou à chevrettes sont des meilleurs ouvrages qu'on puisse employer sur les rivières, pour en modifier le courant, y produire des atterrissemens, &c. Ainsi nous ne saurions trop en recommander l'usage; sur-tout, qu'on essaye de construire des chevalets factices, même avec du bois plus léger que l'eau, conformément à ce que nous avons dit (391 & 392). Il en résulteroit, dans une infinité de cas, la plus grande économie & les plus grands avantages. *Usage des digues en chevrettes ou à chevalets.*

413. Les levées ou turcies ne peuvent aucunement être employées dans le lit des rivières, mais seulement aux bords, pour en contenir les eaux pendant les crues. Du reste, nous avons exposé (395 & 400) les précautions qu'il y avoit à prendre pour les soustraire à tout accident. *Usage des levées ou turcies.*

Après avoir détaillé les divers moyens qu'on peut employer pour modifier ou détruire l'action des courans d'eau, il nous reste à voir la manière de s'en servir pour réduire le lit des rivières.

CHAPITRE II.

De la réduction des Rivières & des Torrens-Rivières.

§. I.

De la réduction des Rivières à fond de gravier, & des Torrens-Rivières.

A quel problème se rapporte la réduction du lit des rivières à fond de gravier. 414. **L**A réduction du lit des rivières à fond de gravier dépend de la solution de ce problème : *Faire en sorte que le courant n'ait que la largeur nécessaire à l'écoulement de ses eaux, dans le tems des plus fortes crues, & qu'il soit obligé de creuser & d'approfondir son lit, en exhaussant les côtés par des dépôts, non de gravier, mais de limon, qui puissent être rendus à l'agriculture sous le moins de tems possible ; employer, à cet effet, les travaux les plus simples & les plus économiques, & les disposer de manière que le courant, loin de les dégrader, les fortifie, au contraire, par des atterrissemens.*

Nous allons résoudre ce problème par les principes que nous avons établis dans ce qui précède ; mais auparavant nous poserons les suivans :

Principes fondamentaux pour la réduction du lit de ces rivières. 415. 1°. *Le lit d'une rivière doit être en ligne droite sur le plus long espace possible.* La chose est évidente, & elle est une suite naturelle des principes établis au n. 105. 1°.

2°. *Il doit, par conséquent, avoir le moins de sinuosités possibles, & ces sinuosités doivent être les plus ouvertes possibles.* Ce n'est encore-là qu'une suite du principe du n. 105. 1°.

416. Suppofons à préfent qu'il s'agiffe de réduire une rivière qui ferpente dans l'efpace du lit majeur ABCDEFGHIKLMN (fig. 40).

1°. On déterminera d'abord (221), par l'obfervation des eaux des plus fottes crues, la largeur à donner au lit réduit.

2°. Par la même obfervation, on déterminera auffi la plus grande profondeur des eaux de la rivière dans le courant réduit, &, par-là, la hauteur des digues à conftruire (344).

3°. On fixera auffi l'intervalle à mettre entre deux rétréciffemens confécutifs, intervalle qu'on déduira des obfervations mentionnées au n. 212, en obfervant que la corrofion, en amont d'un rétréciffement, s'étend d'autant plus loin que la rivière a moins de pente (210), & faifant de plus attention qu'il eft plus prudent de rapprocher les rétréciffemens que de les trop éloigner.

4°. Ces préalables fixés, on tracera, dans le lit majeur, un polygone OPQRSTVX tel que, paffant par les points O & X, fes côtés foient les plus longs & fes angles les plus obtus poffibles. Le pourtour de ce polygone fera la *directrice* ou l'axe du courant réduit.

5°. On conftruira deux autres polygones femblables, l'un infcrit, l'autre circonfcrit, dont les côtés foient éloignés de ceux du polygone primitif, de la moitié de la largeur à donner au courant réduit. Ce fera fur ces côtés qu'on établira les digues de rétréciffement.

6°. On conftruira les digues de rétréciffement 1,1; 2,2; 3,3; &c. égales & correfpondantes de chaque côté de la directrice & aux diftances déterminées (3°.); elles feront à péré de dalles ou de blocailles, ou à petits pérés maçonnés; &, dans leur conftruction, on fe conformera à ce qui a été dit, à leur fujet, dans l'article II du §. précédent. Ces digues ferviront en même-tems d'éperon, & on leur donnera la longueur relative à la nature de la rivière, longueur dont nous avons parlé plus haut (336 & 338).

7°. Enfin, derrière ces éperons & perpendiculairement à la directrice, on construira les digues 4,4; 5,5; 6,6; &c. en terre ou gravier, conformément à ce qui a été dit dans l'article I du §. précédent.

Nous disons que cette manière d'opérer donnera la solution du problème du n. 414. En effet:

1°. Le courant n'aura que la largeur nécessaire au passage des eaux des plus fortes crues (221).

2°. Il sera obligé de creuser & d'approfondir son lit (210, 212, 219 & 220).

3°. Il exhaussera en même-tems les côtés par des dépôts (323 & 316).

4°. Ces dépots ne seront pas en gravier, mais en limon qui, sous peu de tems, pourra être rendu à l'agriculture (325 & 326).

5°. Les travaux que nous avons employés font les plus simples & conséquemment les plus économiques. Car, outre qu'ils ne sont pas continus (320), mais seulement par intervalles, ils ne sont qu'en terre & gravier, & n'ont de la pierre qu'aux pérés (article I & II du §. précédent).

6°. Enfin le courant est obligé de les fortifier par des atterrissemens (323 & 326).

Donc c'est cette manière de procéder qu'il faut adopter pour la réduction du lit des rivières à fond de gravier.

Nous allons à présent entrer dans quelques détails qui se rapportent à ce système de réduction.

Les digues des angles doivent être brisées. Fig. 49.

417. Prolongeons la partie OP de la directrice jusqu'en X. Comme, en cet endroit, il y a une sinuosité, la digue perpendiculaire correspondante ne pourra pas former une seule ligne droite, mais seulement une ligne brisée 7, 8, dont la première partie sera perpendiculaire à OPX & la seconde à PQ. On

traitera

traitera de la même manière les digues perpendiculaires aux autres finuofités.

418. Si les terreins adjacens ont été gagnés fur le lit de la rivière & qu'ils ne fe foient formés que des dépôts, il arrivera fouvent, qu'au commencement de la réduction, les eaux, dans le tems des crues, s'élèveront au-deffus du niveau de ces terreins. Dans ce cas, pour empêcher qu'elles ne s'extravafent, en attendant que le courant ait creufé fon lit, on les contiendra par des levées dont le couronnement aura environ 3 pieds de largeur & fera de niveau avec celui des digues perpendiculaires. Quant à leur parement, il fuffira qu'il foit gazonné: car, les eaux devant y être ftagnantes (324), il eft vifible que ces levées n'éprouveront aucune action & n'auront conféquemment pas befoin d'être fortifiées comme celles dont nous avons parlé à l'article VIII du §. précédent.

Levées de précaution à conftruire dans certains cas.

419. *Le courant, ainfi réduit, doit néceffairement fuivre la directrice, fans s'écarter ni à droite ni à gauche entre deux rétréciffemens confécutifs.* Car 1°. les éperons 1,1, le dirigeront vers le rétréciffement des éperons 2,2; &, par le principe du n. 105. 1°. Il doit fe porter fur cette direction. 2°. Cette route eft plus courte que toute autre qui s'écarteroit d'un côté ou de l'autre de la directrice. Donc la pente y fera plus forte, &, par le principe du n. 105 2°. le courant doit s'y diriger.

Le courant ne déviera pas entre deux rétréciffemens confécutifs. Fig. 40.

420. *Le courant ne doit pas fe divifer entre deux rétréciffemens confécutifs.* Car, d'une part, les côtés s'exhauffent par des dépôts, &, de l'autre, le milieu s'abaiffe par la corrofion. Or (105. 3°.) les eaux tendent toujours vers les endroits les plus bas.

Le courant ne fe divifera pas entre deux rétréciffemens confécutifs.

421. *Le courant changera de direction aux angles de la directrice en décrivant des lignes courbes.* La chofe a été démontrée au n. 229.

Le courant décrira des courbes aux finuofités.

422. *Le courant creufera fon lit fur toute la partie de fon cours où l'on aura conftruit des rétréciffemens.* Cela a été démontré aux

Le courant creufera fon lit par-tout où il aura été rétréci.

B b

n. 219 & 220. Il n'y auroit que le cas où le fond seroit incorrosible en quelque endroit où le lit seroit coupé par une barre
transversale de rocher. Alors il n'y auroit qu'à atténuer cette
barre par l'action de la poudre, & laisser au courant le soin
d'en entraîner les débris. Mais, en général, c'est ce qu'on a
peu à craindre dans les rivières dont nous parlons, ainsi qu'on
peut s'en convaincre par l'expérience & par ce que nous avons
dit au n. 154.

*Moyen d'accélé-
rer les atterrissemens.*

423. Nous avons dit (339) que les atterrissemens latéraux
formeront des glacis dont la pente sera dirigée vers le courant:
à mesure qu'ils commenceront à se former, il sera très-prudent
d'en complanter, d'arbres aquatiques, la partie basse; par-là,
on les accélérera, &, dans le tems, ces mêmes arbres serviront de rempart aux domaines qui résulteront de ces atterrissemens.

*Cas où il y a des
montagnes d'un côté
du lit de la rivière.*

424. Lorsque la rivière se trouve bornée, d'un côté, par des
montagnes, quoiqu'elles ne se dirigent pas en ligne droite, il
est à propos de s'en servir comme de digues naturelles & de
fixer le courant à leur pied. Dans ce cas la réduction en deviendra plus simple, puisqu'il suffira de faire des ouvrages d'un
seul côté.

*Cette méthode
s'applique aussi aux
lits sinueux.*

425. Cette méthode s'applique aussi aux rivières dont on
veut abaisser le lit sans le redresser; car la propriété des rétrécissemens, de forcer le courant à corroder le fond, est indépendante de sa direction.

*Comment on doit
opérer lorsque la ri-
vière se partage en
diverses branches.
Fig. 41.*

426. Soit A'B' (fig. 41.) la directrice de réduction du lit
majeur LMPN d'une rivière ABCD qui se partage en deux
branches au point E. Pour pouvoir travailler sans obstacle, par
le moyen des chevalets (390 & 392), ou d'une digue en palissade telle que celle du n. 388, si la rivière est volumineuse, ou
telle que celle du n. 389, si elle n'est pas considérable, on jettera
la branche CEFG dans la branche BEKH, & l'on cons-

truira à fec là digue ST & l'éperon QR : on pourra même, fuivant les circonftances, conftruire auffi l'éperon VX & partie de la digue YZ, jufqu'à la rencontre de la branche BEKH. Cela fait, on détruira la digue, & avec les mêmes matériaux on fermera la branche BEKH, pour la jetter dans le lit CEFG : alors les eaux deviendront ftagnantes fur la partie NTSQ ; le courant s'établira dans l'étranglement QRXV, & l'on finira la digue YZ à fec.

427. Faut-il commencer la réduction du lit en aval ou en amont ? Si on commence en aval & qu'on pouffe les ouvrages en remontant, la corrofion s'étendant plus loin en amont du rétréciffement qu'en aval (211), fi la rivière ferpente fupérieurement, & qu'il faille en changer le lit, d'après ce que nous venons de dire au n. précédent, l'opération en deviendra plus difficile par la profondeur de la corrofion qui y aura déjà eu lieu. Cette difficulté, au contraire, ne fe rencontreroit pas fi l'on commençoit les travaux en amont, & qu'on les continuât en defcendant, à caufe que la corrofion s'étendant moins loin en aval, le déplacement, foit de la rivière entière, foit de quelque branche féparée, en deviendroit plus aifé. Ainfi, pour la réduction des rivières dont nous parlons, les travaux doivent être commencés en amont & continués en defcendant. *Dans ces rivières, les rétréciffemens doivent commencer en amont.*

Nous verrons que ce doit être le contraire dans les rivières qui ne charient que du fable & du limon.

428. Il eft vifible que cette théorie s'applique auffi à la réduction du lit des torrens-rivières, fur-tout lorfqu'ils approchent de la nature de la rivière proprement dite ; car alors les rétréciffemens l'obligeront à creufer fon lit fur toute la partie de fon cours où l'on en aura conftruit. *Application de cette méthode aux torrens-rivières.*

429. Ce genre de réduction peut beaucoup favorifer la conftruction des chemins dans les pays de montagnes. On fait que, dans ces pays, on ne peut guères établir des chemins de *Utilité de cette méthode pour la conftruction des chemins dans les pays de montagnes.*

roulage que dans le lit des rivières : par notre fyftême, on produiroit le double avantage de gagner un terrein précieux, & d'établir des routes sûres & d'une pente extrêmement douce.

§. II.

De la réduction des Rivières à fond de fable & de limon.

La réduction des rivières à fond de fable & de limon, doit être renvoyée à la navigation.

430. Nous avons déjà remarqué (246) que dans les rivières à fond de fable & de limon, il n'y avoit point de différence entre le lit majeur & le lit mineur : par conféquent, ce n'eft pas pour gagner du terrein qu'on entreprend d'en réduire le lit, mais feulement pour donner une plus grande profondeur d'eau à la rivière, & y faciliter la navigation. Il feroit donc inutile de traiter ici ce fujet, qu'il paroît plus à propos de renvoyer à la troifième partie, dans laquelle nous parlerons de la navigation des rivières.

SECTION III.

Ufage des principes précédens dans la conftruction des Ponts fur les Rivières à fond de gravier.

431. Notre objet n'eft pas de donner ici un traité *ex-profeffo* fur la conftruction des ponts : cette tâche glorieufe eft refervée aux ingénieurs des ponts & chauffées, qui ont illuftré la France par divers chefs-d'œuvres en ce genre, dont les anciens, ni les modernes n'ont pas même approché. Quant à nous, il nous fuffira d'indiquer, d'après les principes que nous avons établis, les moyens d'économie dont cette partie effentielle des

travaux publics eſt ſuſceptible ſur les torrens-rivières & ſur les rivières à fond de gravier.

432. Soit ABCD (fig. 42) le lit majeur d'une rivière EFGH ſur laquelle il faut conſtruire un pont KL, dont on a déterminé la ſomme des ouvertures & le nombre d'arches, d'après ce que nous avons dit ſupérieurement (221). Nous ſuppoſerons que cette détermination donne trois arches : ſi la rivière eſt conſidérable, comme par exemple la Durance, l'Iſère, &c.; ſur la directrice MN choiſiſſons la ligne PQ, telle qu'en cet endroit le lit mineur ſoit établi du côté d'une des berges AB, & qu'il laiſſe de l'autre côté une largeur RQ aſſez étendue pour qu'on y puiſſe conſtruire à ſec les piles, les culées, les arches, & généralement tous les ouvrages d'art relatifs au pont. Si, au contraire, la rivière eſt peu conſidérable, on pourra toujours, par quelqu'un des moyens preſcrits à l'article VII du §. II, la réduire à ce point; on le pourra même par des chevalets, ſur les rivières telles que la Durance, &c. Alors on conſtruira le pont KL, les ailes ST & VX, la chauſſée d'avenue LQ, & la partie KR de la chauſſée correſpondante KP, juſqu'à la rencontre de la rivière EFGH. Cela fait, on changera le lit de la rivière par le moyen de chevalets (390 & 392) ſi elle eſt conſidérable, ou par le moyen des digues en paliſſades (388 & 389), & on portera le courant vers la berge DC, pour finir la chauſſée d'avenue KP.

Dans cette conſtruction, la longueur des digues en ailes ST, VX ſera déterminée d'après ce que nous avons dit aux n. 336 & 338, & la hauteur des chauſſées d'après le n. 344, & d'après la montée du pont.

Il eſt viſible qu'une pareille conſtruction ſimplifiera beaucoup les travaux, ainſi qu'on peut s'en convaincre par les obſervations ſuivantes.

1°. Tous les ouvrages ſeront conſtruits à ſec, ainſi que nous l'avons dit. Conſéquemment on évitera tous les batar-

Applications des principes précédens à la conſtruction des ponts ſur les rivières à fond de gravier. Fig. 42.

deaux dont on est obligé de se servir quand on construit dans l'eau.

2°. Les chaussées d'avenue serviront elles-mêmes de digues perpendiculaires (324 & 333), & les digues ou murs en ailes en seront les éperons (329). Or, si l'on n'adoptoit pas ce système, on seroit obligé de construire, dans tous les cas, les chaussées d'avenue & de donner aux digues en ailes une longueur assez considérable pour s'attacher obliquement aux berges AB & CD; ce qui seroit beaucoup plus coûteux.

3°. Si les digues en ailes ST & VX étoient obliques à la direction du courant, elles le porteroient souvent sur les bajoyers des piles & des culées : au lieu qu'étant parallèles, elles ne produiront pas cet effet.

Ainsi, par cette construction, qui se rapporte en tout point à notre système de réduction de lit de rivière à fond de gravier, on réunira trois grands avantages. 1°. On n'exécutera que le moins d'ouvrage possibles; 2°. on les exécutera de la manière la plus économique; 3°. on pourra construire des ponts à plusieurs arches avec plus de facilité aux endroits les plus larges qu'aux endroits les plus étroits.

Simplification du prolongement des murs en ailes en amont.

433. Les digues en ailes servant de suite & de prolongement aux murs en ailes du côté d'amont, pourront donc n'être que des digues à péré, soit de dalles, soit de blocaille, soit enfin de bâtisse ; car elles ne seront pas plus fatiguées par le courant que les éperons de rétrécissemens dans la réduction du lit d'une rivière (416).

Observations sur la position de la surface du radier.

434. Si l'on barre le lit de la rivière par un radier transversal au droit des murs en ailes d'aval, le couronnement de ce radier fixera en amont le fond du lit & empêchera le courant d'affouiller au-dessous de ce fond, ainsi qu'il a été dit au n. 215. Par conséquent le radier mettra tous les ouvrages en amont à l'abri de tout accident de la part des affouillemens. Mais, en même-tems, il faut éviter les chûtes ou cataractes qu'il pour-

roit produire, fi fon couronnement étoit trop haut (213 &
214); ce qui nuiroit & au radier-lui-même & à la navigation
ou à la flottaifon. Ainfi ce couronnement doit être néceſ-
fairement placé à la profondeur de la corrofion que le courant
exercera fous le pont.

TROISIÈME PARTIE.

De la Navigation, du Hallage & de la Flottaison des Rivières.

Définition de la navigation, du hallage & de la flottaison des rivières.

435. Si une rivière peut être remontée à la voile, elle est dite *navigable*. Or on sent que, pour cela, la vîtesse de l'eau & conséquemment la pente de la rivière doit être déterminée, & qu'il en est de même de sa profondeur.

Lorsque la profondeur de l'eau est très-petite, ou qu'étant compatible avec la navigation, la vîtesse ou la pente est trop considérable pour remonter à la voile, on effectue cette remonte par le moyen des chevaux qu'on attelle & qui traînent le navire en suivant le bord de la rivière. C'est ce qu'on appelle *hallage*.

Si la rivière n'a pas assez de profondeur d'eau pour la navigation, & cependant qu'elle en ait assez pour voiturer des radeaux, elle est dite *flottable*.

Conséquences qui en résultent:
Pour la navigation.

436. De la définition de la navigation, il suit:

1°. Que lorsqu'une rivière est navigable, si l'on augmente la profondeur de ses eaux, on augmente sa navigation.

2°. Que, par l'augmentation de profondeur, on rendra navigable une rivière qui ne sera que hallable ou flottable, pourvu que sa pente soit relative à la navigation.

Pour le hallage.   437. De la définition du hallage, il suit que le hallage deviendra d'autant plus facile qu'on diminuera davantage la pente de la rivière.

Pour la flottaison.   438. De la définition de la flottaison ou flottage, il suit qu'une rivière deviendra d'autant plus flottable que la profondeur de

ses

ſes eaux augmentera davantage. Par conſéquent en augmentant cetre profondeur, on pourra auſſi :

1°. Rendre flottables ſans interruption les rivières qui ne le ſont que pendant une partie de l'année.

2°. Rendre flottables, au moins pendant quelques mois, pluſieurs rivières qui ne le ſont point du tout.

SECTION I.

De la Navigation des Rivières.

439. LA *forme des carènes des navires qui naviguent ſur les rivières dépend de la profondeur d'eau des navires.* Cela eſt naturel : car ſi ces rivières, ſoit par leur nature, ſoit par les marées, ont une grande profondeur d'eau, il n'y a point de raiſon pour exiger que les navires qui y entreront, aient des carènes différentes de celles des vaiſſeaux qui naviguent en pleine mer. Mais ſi, au contraire, les eaux y ſont peu profondes, les navires doivent, dans ce cas, avoir une forme de carène applatie qui s'adapte à cette profondeur.

La forme des carènes des navires à voile, dépend de la profondeur des eaux de la rivière.

Nous en avons un exemple dans les navires des rivières qui ont leur embouchure dans l'Océan, & dans ceux des rivières qui ſe jettent dans la Méditerranée. Les premiers ſont les mêmes que ceux qui ne voguent que ſur mer, à moins que quelque barre ne s'y oppoſe. Les autres, au contraire, ont preſque tous la carène applatie.

440. Le navire, qui remonte une rivière à la voile, a beſoin de ſurmonter, à chaque inſtant, l'action que les eaux du courant exercent, par leur vîteſſe, ſur ſa proue. Plus cette action ſera grande, plus le navire aura de difficulté à la ſurmonter. Or nous avons vu (178 & 179) que la courbe, formée par

La navigation à la voile ſur les rivières a un terme.

C c

le fond d'une rivière, est assymptotique ; que les élémens ont toujours plus de pente en remontant, & (170) que la force de l'eau augmente avec cette pente. Donc ce navire arrivera à un point où l'action du vent sur ses voiles sera en équilibre avec celle du courant sur sa proue, & où par conséquent il ne pourra plus remonter.

La chose est d'ailleurs prouvée par l'expérience ; car toutes les rivières navigables ne peuvent être remontées à la voile que jusqu'à une certaine hauteur, quoique d'ailleurs elles aient profondeur d'eau.

Quel est ce terme ?   441. Quel est le terme au-delà duquel un navire à la voile ne peut plus remonter ? On sent que la solution de cette question dépend de diverses considérations. 1°. Le vent qui enfle les voiles peut être plus ou moins fort & plus ou moins direct ; 2°. il peut aussi, suivant sa direction, retarder plus ou moins la vîtesse des eaux du courant. Cependant nous pouvons dire, qu'en général, cette remonte peut avoir lieu jusqu'à une certaine distance en amont du point où la rivière cesse de charier du gravier, & que le terme de la navigation est à l'endroit où la pente est d'environ 3 pouces $\frac{1}{2}$ sur 100 toises.

C'est là ce que l'expérience nous apprend ; car sur le Rhône, les navires ne peuvent guères remonter au-dessus de Beaucaire. Or, 1°. le fleuve cesse de charier du gravier à environ 3000 toises en aval ; 2°. à la hauteur de Beaucaire, sa pente est de 3 pouces $\frac{1}{2}$ sur 100 toises à très-peu de chose près.

Toutes les rivières à fond de sable ou de limon, & qui ont une profondeur d'eau convenable, sont navigables à la voile.   442. Il résulte de-là que *toutes les rivières à fond de sable ou de limon sont navigables à la voile, pourvu qu'elles aient d'ailleurs la profondeur d'eau convenable à cet objet ;* car (176) la pente d'une rivière augmente ou diminue avec la grossièreté des matières du fond, & (170) il en est de même de la force du courant ; donc cette force sera moindre aux endroits où le fond sera en sable ou limon, qu'à ceux où il sera en gravier. Or le Rhône, à la hauteur de Beaucaire, est encore navigable à la voile, en remontant, quoiqu'en cet endroit le fond foit en gravier. Donc, à plus forte raifon, le fera-t-il aux endroits où le fond fera feulement en fable & limon. Par conféquent, on doit conclure, pour toutes les rivières, que fi elles ont profondeur d'eau, elles feront navigables par-tout où le fond fera fable ou limon.

443. Il réfulte encore de-là que *fi, à l'endroit où une rivière ceffe de pouvoir être remontée à la voile, on diminue fa pente en amont & qu'on la rende moindre que 3 pouces 6 lignes fur 100 toifes, elle redeviendra navigable*; car, en diminuant fa pente, on diminuera fa vîteffe & fa force, & l'action du courant, fur la proue, ne balancera plus celle du vent fur les voiles.

Les rivières à fond de gravier le font auffi, lorfque leur pente n'excède pas 3 pouces ½ fur 100 toifes.

444. On peut employer, d'après cela, deux moyens pour proroger la navigation fur une rivière qui ceffe d'être navigable par excès de pente. Le premier confifte à barrer fon lit par un déverfoir (185 & 186). Cet ouvrage, en diminuant la pente du lit, diminue auffi la vîteffe & la force de la rivière. Le fecond eft de dériver fupérieurement les eaux de la rivière, par un canal dont la pente foit au-deffous de 3 pouces ½ fur 100 toifes. Mais on fent que, dans l'un & l'autre cas, il y aura des chûtes, & qu'il faudra les racheter par des éclufes.

Moyen de rendre navigable une rivière qui a trop de pente.

De ces deux moyens, le premier n'eft admiffible que dans le cas où une rivière eft bornée, de chaque côté, foit par un rideau de côteaux, foit par des berges affez hautes pour ne pouvoir pas être franchies. Le fecond, au contraire, eft abfolument indépendant de ces conditions, & peut très-avantageufement être employé dans tous les cas poffibles.

445. La navigation à la voile exige une certaine largeur de la part des rivières, pour pouvoir avancer, par la plupart des vents, en variant la pofition des voiles. Cependant nous voyons, par expérience, que les Hollandois naviguent, fur leurs canaux, quoique fort étroits en comparaifon du lit des rivières, avec la même facilité que les Français fur la Seine, prife au-deffous de

La navigation à la voile exige une certaine largeur.

Rouen. Par où il paroît, qu'étant plus expérimentés que nous dans ce genre de navigation, c'est chez eux que nous devons former des nautonniers, si jamais nous entreprenons de réaliser, en France, le magnifique projet de la navigation intérieure, projet agité depuis long-tems, auquel les localités se prêtent infiniment, & dont l'exécution ne laisseroit rien à désirer pour la prospérité nationale.

Elle exige aussi que les sinuosités ne soient pas trop dures.

446. La navigation, à la voile, exige encore que les sinuosités ne soient pas trop dures; car si elles sont trop fortes, il est possible que l'air de vent qui auparavant étoit favorable, devienne contraire. Ainsi, les replis tortueux d'une rivière, telle, par exemple, que la Seine, qui semblent souvent la faire rétrograder ou la ramener sur elle-même, doivent être regardés comme un obstacle qui peut en gêner plus ou moins la navigation. Cependant nous verrons plus bas que cet obstacle n'est pas insurmontable.

Les dépôts aux embouchures nuisent plus à la navigation sur la Méditerranée que sur l'Océan.

447. Nous avons vu, au n. 270, que le limon, charié par les rivières, en se déposant à l'embouchure, formoit des barres dans l'Océan & des isles dans la Méditerranée. Ces dépôts sont très-nuisibles à la navigation; car tant les barres sur l'Océan, que les isles naissantes (272) sur la Méditerranée, diminuent la profondeur des eaux & forment souvent des écueils très-dangereux; mais ils sont infiniment plus nuisibles dans la Méditerranée que dans l'Océan; car la marée ayant régulièrement lieu sur l'Océan, on sent que, pendant la marée montante, ces dépôts sont ordinairement couverts d'une assez grande profondeur d'eau pour que les navires puissent les franchir sans toucher : au lieu que la Méditerranée n'ayant point de marée, on n'a pas la même ressource.

L'expérience confirme cette assertion. Quoique toutes les rivières qui se jettent dans l'Océan contiennent des barres à leur embouchure, on voit néanmoins que les vaisseaux ont la facilité d'y entrer à marée haute. Le Rhône, au contraire, qui s'évacue dans la Méditerranée, quoiqu'avec un volume d'eau plus confidérable que celui de la plupart des autres rivières de la France, ne peut recevoir que des navires qui tirent feulement 4, 5, & 6 pieds d'eau.

D'autre part, la multiplicité des iſles qui fe forment à l'embouchure des rivières, dans la Méditerranée, diviſe le fleuve en pluſieurs branches. Chacune de ces branches perd une partie de fes forces &, facilitant (271) les dépôts, la profondeur des eaux doit y diminuer continuellement, au lieu que la même cauſe n'a pas lieu ſur l'Océan.

448. *Les iſles répandues ſur le cours des rivières en gênent auſſi la navigation;* car les iſles, en partageant le courant en pluſieurs branches, diminuent la largeur, la force & par-là même, la profondeur des eaux, étant viſible que la diminution de force facilite les dépôts.

Les iſles dans le lit des rivières, en gênent auſſi la navigation.

On en a des exemples dans les iſles qui ſont ſur la Seine, la Loire, &c. On a conſtamment remarqué que ces iſles ſont très-pernicieuſes à la navigation.

449. *La trop grande largeur des rivières eſt un obſtacle à la navigation;* car, dans la ſection du courant, la profondeur des eaux eſt en raiſon inverſe de la largeur. Donc la largeur d'une rivière ne peut augmenter qu'aux dépens de la profondeur des eaux : d'où il ſuit que, ſi une rivière navigable étend ſon lit, la profondeur des eaux y diminuant, la navigation y ſera gênée.

La trop grande largeur du lit nuit à la navigation.

450. D'après ce que nous avons dit, au n. 447, on voit qu'il eſt impoſſible d'aſſurer la navigation à l'embouchure des rivières qui ſe jettent dans la Méditerranée. En effet que, pour éviter les dépôts, la formation des iſles & la diviſion en pluſieurs branches, on reſſerre le lit de la rivière par des digues qui ſoient pouſſées, ſi l'on veut, juſques bien avant dans la mer, on n'anéantira pas pour cela le limon que le courant charie; ce limon continuera d'être entraîné & (11) s'arrêtera à l'endroit

Impoſſibilité de détruire les dépôts à l'embouchure des rivières de la Méditerranée.

où il y aura équilibre entre l'action du courant & la réſiſtance des eaux de la mer, c'eſt-à-dire, aux environs de la nouvelle embouchure. Ainſi la difficulté ne ſera pas détruite, mais ſeulement déplacée.

La navigation à l'embouchure des rivières dans la Méditerranée, exige eſſentiellement un canal.

451. Le ſeul moyen d'éviter les mouvemens inſéparables de l'embouchure des rivières, dans la Méditerranée, eſt un canal de navigation particulière qui, communiquant avec le fleuve, pris à une certaine diſtance en amont de ſon embouchure, aboutiſſe à la mer, priſe à un endroit où l'on n'ait pas à craindre les dépôts auxquels on veut ſe ſouſtraire. Il ſeroit même à propos, ſi la choſe étoit poſſible, que ce canal ne fût alimenté que par des eaux claires, pour éviter les effets des encombremens, pourvu toutes fois qu'on pût le mettre à ſec pour les récuremens & les réparations; alors on ſeroit aſſuré d'une navigation conſtante & indépendante des variations qui ont continuellement lieu aux embouchures dont nous parlons.

Canal de Marius à l'embouchure du Rhône.

452. Il paroît que les Romains avoient ainſi vu la choſe, relativement à la navigation à l'embouchure du Rhône; car, quoique leurs galères ne priſſent pas beaucoup d'eau, cependant Marius conſtruiſit un canal particulier qui probablement partoit d'Arles, mais qui certainement paſſoit à Foz, dont le nom n'eſt qu'un corruptif de *foſſa*. D'ailleurs, un ingénieur de notre connoiſſance, qui avoit été chargé, il y a pluſieurs années, de faire exécuter un canal de communication entre la mer & l'étang de l'Eſtomach qui eſt à Foz, nous a aſſuré avoir découvert, pendant l'exécution de cette entrepriſe, les veſtiges de ce canal qui, vraiſemblablement, aboutiſſoit à la mer, au pied de la colline de la *Lecque*, en-deçà du port de *Bouc*.

Nouveau canal projetté pour la même embouchure.

Ainſi, par la connoiſſance que nous avons des localités, nous croyons pouvoir aſſurer que jamais on ne viendra à bout de fixer, par d'autres moyens que par un canal ſemblable, la navigation à l'embouchure du Rhône. Ce canal peut être facilement alimenté, ou par celui des Alpines, ci-devant *Boisgelin*, ou par le Vigueyrat & le canal de *Vuidanges*. Dans tous les cas, il doit communiquer avec le Rhône, pris à Arles, & aboutir au pied de la colline de la *Lecque*, pour arriver de-là au port de *Bouc*, ce qui eft indifpenfable. On ne peut pas tourner cette colline à caufe des fondrières : il feroit très-coûteux de la couper, à caufe qu'elle a environ 1200 toifes d'étendue & 52 pieds de hauteur au point culminant. On peut lever toutes ces difficultés en conduifant, au fommet de la colline, un canal qui porteroit environ 20 pieds cubes d'eau par feconde ; ce canal feroit dérivé de la branche de celui des Alpines qui arrofe le Crau ; il feroit foutenu le long du penchant des collines qui féparent les étangs de *Lavaldue* & d'*Engrenieu* ; & ceux de *Citis* & du *Poura* ; & , arrivé au haut de la Lecque, il formeroit une retenue qui alimenteroit quatre éclufes de chaque côté de la colline. Ce feroit par le moyen de ces éclufes qu'on franchiroit la colline de la Lecque, pour paffer, fans coupement, du port de Bouc dans le canal, & réciproquement.

Nous avions communiqué ce projet aux ci-devant Etats de Provence, en 1787, & on le trouvera, ainfi que plufieurs autres dont nous leur avions pareillement donné connoiffance, dans le cahier de leurs délibérations pour la même année. Nous avons même encore les minutes des plans que nous avions dreffés à ce fujet par ordre de l'adminiftration du ci-devant pays de Provence.

453. Les difficultés expofées au n. 450 s'oppofent auffi, & par les mêmes raifons, à la deftruction des barres à l'embouchure de l'Océan. Toutes les digues qu'on établira, pour contenir le courant & lui donner plus de force, ne ferviront qu'à les déplacer pour fe reproduire plus loin. La barre de l'Adour à Bayonne, & les ouvrages qu'on y a conftruits inutilement, pour la détruire, en font une preuve convaincante. Heureufement, comme nous l'avons dit ci-deffus (447), ces barres font beaucoup moins préjudiciables à la navigation fur l'Océan,

Impoffibilité d'anéantir les barres à l'embouchure fur l'Océan.

que fur la Méditerranée ; fans cette confidération, il faudroit auffi recourir aux canaux dont nous venons de parler (452').

On doit barrer les branches des rivières navigables.

454. Puifque (448) la divifion des rivières, en plufieurs branches, eft un obftacle à la navigation, il eft vifible que, pour rendre la navigation libre & aifée, il faut détruire ces branches & les réduire, autant qu'il fera poffible, en une feule. Le courant, ainfi réduit, donnera plus de profondeur d'eau & permettra moins les obftructions & les encombremens. Nous avons vu (387 & 388) la manière d'opérer ces barrages.

Cas où dans ce barrage, il faut laiffer un canal.

455. Il y a néanmoins des cas où les ifles formées par ces divifions, font très-étendues, & où les branches à barrer étant fort longues, & d'ailleurs plus ou moins navigables, favorifent le commerce de diverfes communes riveraines. Ces branches ne pourroient être totalement barrées fans nuire à ces communes. Dans ce cas, la juftice & le bien public exigent que les barrages ne s'effectuent qu'en partie, & qu'on laiffe toujours paffer un certain volume d'eau dans le lit de ces branches barrées, pour tenir lieu de canal de navigation. Ce volume d'eau étant confidérablement diminué, on fent que la largeur du lit de la branche, ainfi fermé, doit diminuer dans la même proportion, par les encombremens latéraux qu'il fera aifé d'y produire, en employant la méthode prefcrite aux n. 414 & 417. Or, les dépôts des rivières navigables ne donnent que des terreins de la première qualité & dont le bénéfice dédommagera, toujours avec ufure, des dépenfes de réduction.

On doit réduire les rivières navigables, quand leur lit eft trop large.

456. Lorfqu'un excès de largeur du lit forme obftacle à la navigation, on fent qu'en détruifant cette caufe, on détruit l'effet qui en réfulte. Ainfi, la raifon dit qu'en pareil cas, il faut réduire le lit de la rivière & ne lui donner que la largeur néceffaire à la navigation, &, en même-tems, difpofer les ouvrages de manière qu'ils foient les moins coûteux poffible, & que les eaux, lors des crues, puiffent paffer librement. Or, on réunira toutes ces conditions, en fe conformant au mode prefcrit

preſcrit aux n. 414 & 417. Nous allons, à cet effet, entrer dans les détails convenables à l'importance du ſujet.

457. Suppoſons qu'on veuille augmenter la profondeur des eaux d'une rivière dans les tems ordinaires. Nous avons vu (211 & 212) qu'en rétréciſſant le lit, on obligeoit le courant à creuſer, & (217) que la profondeur de la corroſion eſt aſſez généralement, en raiſon inverſe de la largeur qu'on donne au lit rétréci. Tout dépend donc de la largeur du rétréciſſement qu'on déterminera par la proportion ſuivante: *La profondeur à donner aux eaux eſt à leur profondeur actuelle, comme la largeur actuelle du lit eſt à celle à donner au rétréciſſement.* Par conſéquent, ſi l'on ne donne au lit rétréci que la largeur exprimée par ce 4.ᵉ terme, on ſera aſſuré d'avoir la profondeur d'eau demandée. D'ailleurs, la choſe eſt évidente: car, à cauſe de l'uniformité de vîteſſe de la ſurface au fond, qui (103) a particulièrement lieu dans ces rivières, il eſt viſible que la maſſe, étant ſuppoſée conſtante, la profondeur doit être en raiſon inverſe de la largeur.

Au reſte, en rétréciſſant ainſi le lit d'une rivière, on n'a pas à craindre le gonflemeut des eaux, puiſque (217) l'abaiſſement du fond, par la corroſion, ſera égale à la hauteur du gonflement qui auroit lieu ſans corroſion. Par conſéquent, les eaux ordinaires ſe remettront à leur niveau: il n'y auroit que le cas où le fond, par ſa dureté ou ſa tenacité, ne pourroit pas être corrodé; mais alors on auroit recours au moyen indiqué au n. 422.

458. Pour que les ouvrages ſoient les moins coûteux poſſible, il ne faut pas qu'ils ſoient continus. C'eſt pour cette raiſon, qu'après avoir fixé, par la méthode preſcrite au n. précédent, la largeur à donner au lit, aux rétréciſſemens, on n'effectuera ces rétréciſſemens que par intervalles, conformément à ce que nous avons dit au n. 416; ſur quoi on doit obſerver:

Dd

Détermination de la largeur à donner aux rétréciſſemens.

Les rétréciſſemens ne ſeront conſtruits que par intervalles; manière de les opérer.

1°. Qué ces rivières n'ayant pas de lit majeur (246), on ne peut point, dans leur réduction, les diriger, en ligne droite, sur le plus long espace possible, ainsi que nous l'avons prescrit pour les rivières à fond de gravier; mais qu'il suffit de les réduire dans leur lit habituel; car (425) la corrosion du fond & conséquemment, l'augmentation de profondeur des eaux feront les mêmes dans l'un & l'autre cas.

2°. Que ces mêmes rivières ayant moins de pente que celles à fond de gravier (248), l'intervalle, entre deux rétrécissemens consécutifs, y sera plus grand à proportion (210). Par conséquent, pour réduire une rivière navigable sur une étendue déterminée, il faudra moins de rétréciffement que si la rivière étoit à fond de gravier.

3°. Que la réduction du lit qui (427), dans les rivières à fond de gravier, doit commencer en amont & être continuée en descendant, exige ici d'être commencée en aval & continuée en remontant; car l'effet de la corrosion s'étendant plus en amont qu'en aval, & le lit étant invariable, un rétréciffement quelconque facilitera l'établiffement des rétrécissemens suivans en amont.

Différence entre la réduction d'une rivière à fond de fable ou de limon, & celle d'une rivière à fond de gravier.

459. Il y a encore une différence effentielle entre la réduction d'une rivière à fond de gravier & celle d'une rivière à fond de fable ou de limon; différence de laquelle dépend le libre paffage des eaux de ces dernières pendant les crues. Nous avons vu (233) que, dans les rivières à fond de gravier, le couronnement des digues devroit être fupérieur à la fuperficie des plus hautes eaux. La raifon en eft, que l'objet de ces digues, placées perpendiculairement au courant, eft de le fixer à un endroit déterminé, fuppofé d'ailleurs affez large pour fuffire au paffage des plus fortes eaux, &, par-là, de gagner du terrein fur le lit majeur. Mais dans les rivières à fond de fable, fi les digues tranfverfales des rétrécissemens étoient élevées au-deffus des plus hautes eaux, il en réfulteroit, fur-tout dans le prin-

cipe, des gonflemens très-confidérables & dont les effets pourroient fouvent être funeftes, jufqu'à ce que le fond eût été
convenablement corrodé.

Pour éviter cet inconvénient, les éperons ne doivent être
élevés qu'à la hauteur de la furface des eaux d'équilibre (84).
Quant aux digues tranfverfales, leur couronnement fe terminera en glacis incliné vers le courant & fe raccordera, d'une
part, avec celui des éperons, & de l'autre, avec les bords de
la rivière.

Comme, dans les crues, les éperons feront fous les eaux,
on indiquera le paffage du courant ou celui des navires par
des bouées ou fignaux placés fur ces mêmes éperons, afin de
les faire éviter.

460. Les ouvrages des rétréciffemens, quoique franchis par
les eaux, pendant les crues, ne devant pas en être dégradés,
il eft néceffaire qu'ils foient conftruits en bois ou en pierre.
Mais comme la conftruction en pierre feroit fort coûteufe,
celle en bois paroît préférable. A cet effet, on emploiera des
digues en paliffades (388), en obfervant que les pilotis foient
d'une groffeur proportionnée à leur longueur, qu'ils foient ar-
més d'un fabot, enfoncés jufqu'à refus de mouton & folidement
arrêtés entr'eux.

> Les ouvrages des rétréciffemens doi-
> vent être en bois.

461. Il y a des cas où l'on peut être obligé de ménager fur
les ouvrages des rétréciffemens en chemin de hallage; alors la
difpofition des ouvrages doit éprouver un changement & être
telle qu'il fuit.

> Forme des ouvra-
> ges dans le cas du
> hallage.
> Fig. 43.

Soit ABCD (fig. 43) l'endroit à rétrécir fur le lit d'une rivière navigable. On conftruira, en pilotis, ainfi qu'il vient d'être
dit (460), l'éperon FG & la digue GH, & on en garnira l'intérieur en tunages & en pierres, fi la chofe eft poffible. La
digue EF, du côté d'amont, fera pareillement en pilotis,
mais il n'y aura aucun empliffage, & elle fera à jour ou à claire

voie, pour permetre aux eaux de passer à travers les pilots &
d'encombrer, par leurs dépôts, l'espace EFGH. Ce sera sur ces
pilots, récépés de niveau sur FG, & en glacis sur EF & GH,
ainsi qu'il a été dit (459), qu'on établira en madriers le chemin
de hallage.

On fera la même chose sur l'éperon KL & les digues IK &
LM respectivement, si l'on veut un chemin de hallage de chaque côté de la rivière.

Comment on ga- | 461. S'il se trouve, sur le lit de la rivière à réduire, des ou-
rantira les ouvrages | vrages d'art, tels que des ponts ou d'autres édifices quelconques,
d'art des effets de la | on doit, avant tout, en sonder la profondeur & la solidité des
corrosion. | fondations. Dans tous les cas, on sent qu'avant d'opérer la
réduction & de forcer le courant à corroder, la prudence exige
qu'on en fortifie la base par de fortes bermes en pilotage, pour
en garantir les fondations & les mettre à couvert de toutes dégradations.

Comment on fran- | 463. Si l'on vouloit procurer la navigation à la voile à une
chira les ponts par la | rivière, qui auparavant n'eût joui que d'une navigation de hal-
navigation à la voile. | lage, & qu'il se trouvât des ponts sur son cours, les arches de
ces ponts étant trop basses pour permettre le passage des navires
mâtés, on leveroit la difficulté en pratiquant, au droit de ces
mêmes ponts, des canaux d'environ 100 toises de longueur,
plus ou moins, sur lesquels on construiroit des ponts-levis.

Avantages qui peu- | 464. C'est par ces moyens qu'on pourra augmenter, à vo-
vent en résulter pour | lonté, la profondeur d'eau des rivières; d'où il suit (436):
l'état. | 1°. qu'on augmentera la navigation des rivières qui déjà
étoient navigables, & qu'on les mettra en état de recevoir des
navires de plus grand port; 2°. qu'un très-grand nombre de
rivières de France, qui ne sont que hallables ou flottables par
le défaut de profondeur d'eau, & qui n'ont que la pente relative à la navigation, pourroient devenir navigables.

SECTION II.

Du Hallage des Rivières.

465. D'APRÈS ce que nous avons dit au n. 435, le hallage a lieu dans deux cas; favoir: 1°. lorfque la rivière, ayant profondeur d'eau pour la navigation à la voile, fa pente en eft trop forte; 2°. lorfque cette pente, étant telle qu'elle doit être pour la navigation à la voile, la profondeur d'eau eft infuffifante.

Dans le premier cas, nous pouvons dire que le hallage commence là où la navigation à la voile ceffe d'être poffible en remontant. Ainfi, en prenant le Rhône pour exemple, le hallage y commence à Beaucaire, parce que (441) c'eft en cet endroit que finit la navigation à la voile.

Dans le fecond cas, la forme des navires doit s'adapter à la profondeur des eaux; c'eft-à-dire que moins il y aura de profondeur d'eau, plus la coupe horifontale des navires doit être grande & leur profondeur petite. C'eft pour cette raifon que plufieurs rivières de France, telles que la Seine & fes affluens, en amont de l'endroit où la marée ceffe d'être fenfible, ne portent que des bateaux plats, fort longs & affez larges, mais peu profonds, qu'on fait remonter au hallage, à caufe que cette forme n'eft aucunement propre à la voile.

466. D'après le même n. 435, le hallage n'ayant lieu que par des chevaux de trait qui traînent le navire en fuivant le bord de la rivière, il s'enfuit qu'il doit y avoir néceffairement un chemin le long de la rivière, & que, du côté qu'on le placera, il ne doit y avoir ni arbre ni ufine qui puiffe gêner ce genre de navigation. C'eft ce chemin qu'on appelle *chemin de*

Confidérations fur le commencement du hallage & la forme des navires.

Il doit y avoir un chemin de hallage.

hallage, & qui même doit être continué fous les arches extrêmes des ponts, comme on l'a pratiqué à Paris dans le magnifique pont de la Révolution.

Cas où il faut deux chemins.

467. Il arrive quelquefois que le hallage a lieu, non feulement en remontant la rivière, mais en la defcendant. C'eft lorfque la vîteffe de la rivière n'eft pas auffi confidérable que celle des chevaux de trait. Dans ce cas, il doit y avoir double chemin de hallage dont, l'un pour monter, & l'autre pour defcendre: car on doit éviter la rencontre des convois de remonte & de defcente.

Equation générale pour le hallage en montant & en defcendant.
Fig. 44.

468. Soient la vîteffe du courant ou l'efpace qu'il parcourt dans une feconde $= v$; l'efpace qu'un cheval parcourt dans le même tems $= v'$;

L'impulfion de l'eau fur un pied carré avec une vîteffe d'un pied par feconde $= m$;

Le nombre des chevaux de trait employés au hallage $= n$;
L'effort habituel d'un cheval $= f$;

La vîteffe relative ou d'impulfion du courant fur le navire fera $= v' \pm v$, fuivant que le navire remontera ou defcendra.

Cela pofé, par les principes d'hydraulique, les impulfions de l'eau fur la même furface, étant comme les quarrés des vîteffes, on aura l'impulfion fur un pied carré ou la réfiftance que le courant oppofera à cette furface, qui fera $= m. \overline{v' \pm v}$.

Soit ABCD (fig. 44) la coupe longitudinale d'un bateau de hallage dont la face CD reçoit l'impulfion de la part du courant EFGH, fous l'angle EKM. Menons du point E la ligne EM perpendiculaire à CD prolongée. Suppofons EK le finus total $= 1$, & nommons a la perpendiculaire EM qui fera le finus de l'angle d'impulfion.

Menons pareillement CL perpendiculaire à EK. Elle fera la projeftion de la partie CK de la face CD qui fera choquée par le courant. Nommons cette projeftion f.

Par les principes de la méchanique de Bézout, n. 411, l'impulſion de l'eau ſur un corps de figure quelconque eſt égale à celle qui auroit lieu ſur la projection de la ſurface choquée, multipliée par le carré du ſinus de l'angle d'incidence du fluide ſur cette même ſurface : par conſéquent, l'impulſion de l'eau ſur le navire, ou la réſiſtance qu'elle lui oppoſera, ſera la même que ſi elle s'exerçoit immédiatement & directement ſur ſa projection f multipliée par le carré du ſinus de l'angle d'incidence. Donc cette réſiſtance ſera $= ma's.\overline{v'\pm v}$.

D'autre part, la force totale des chevaux de hallage ſera $= nf$.

Donc, puiſqu'il doit y avoir équilibre entre cette force & la réſiſtance des eaux, on aura l'équation $nf = ma's.\overline{v'\pm v}$.

Dans cette équation on obſervera que dans le buiome $v'\pm v$, le ſigne $+$ eſt pour le cas de la remonte, & le ſigne $-$ pour le cas de la deſcente.

469. D'après les expériences du citoyen Boſſut, lorſque le fluide eſt défini, on a $m = \frac{7}{1}lb$, & lorſqu'il eſt indéfini, on a $m = \frac{7}{1}lb$. Cette différence vient, ainſi qu'on le ſent au premier abord, de ce que le navire ne peut avancer ſans pouſſer une maſſe d'eau qui eſt obligée de ſe porter ſur les derrières, pour y occuper le vuide que le navire y laiſſe. Or, dans ce paſſage elle éprouve d'autant plus de difficulté, que le navire laiſſe moins d'eſpace entre lui & les parois du canal dans lequel il ſe meut, & par-là même, elle réagit d'autant plus ſur lui.

Si nous appliquons ce raiſonnement au hallage, on verra 1°. que le navire cotoie aſſez ordinairement la rivière ; 2°. que le courant y ayant en général peu de profondeur, & celle du navire lui étant proportionnée (465), il doit reſter peu d'eſpace entre le fond de la rivière & le deſſous du navire ; 3°. enfin qu'il n'y a que le côté oppoſé à celui du hallage où le conrant ne ſoit point gêné ; par conſéquent on peut dire, que dans

Le courant d'une rivière hallable tient le milieu entre les fluides définis & les fluides indéfinis.

le hallage des rivières, le courant n'est ni défini ni indéfini, & qu'on doit y avoir $m > \frac{7}{7} lb$ & $< \frac{7}{7} lb$.

Ainsi en attendant que, par de nouvelles expériences, on ait résolu la question, nous croyons qu'on doit prendre la moyenne arithmétique entre ces deux résultats, &, en conséquence, dans l'application que l'on fera de l'équation précédente, supposer $m = \frac{11}{11} = \frac{7}{7} lb$.

Quelle est la force & la vitesse d'un cheval.

470. On sait d'ailleurs que la force modérée d'un cheval est de 175 *lb*, lorsque sa vîtesse est de 3 pieds par seconde. Cependant on sent que ces quantités peuvent varier; car si l'on augmente le nombre de chevaux, sans augmenter la projection du navire, il est visible que la force qu'exercera chaque cheval diminuera, & que, par conséquent, la vîtesse de l'attelage augmentera.

Formules pour le hallage en montant.

471. L'équation que nous venons de donner, nous fournit la solution de toutes les questions qu'on peut proposer sur le hallage. Appliquons-là d'abord au cas de la remonte, nous aurons :

1°. $n = \frac{ma^2 s}{f} \overline{v + v}^2$.

Cette formule nous fait voir que pour connoître le nombre de chevaux, il faut multiplier le quarré de la somme des vîtesses de l'attelage & du courant, par la projection & le quarré du sinus de l'angle d'impulsion; diviser le produit par la force d'un cheval, & multiplier le quotient par la quantité $\frac{7}{4}$.

2°. $f = \frac{ma^2 s}{n} \overline{v + v}^2$.

D'où l'on conclud que pour avoir la force d'un cheval, il faut multiplier la projection par le quarré du sinus de l'angle d'impulsion & par celui de la somme des vîtesses de l'attelage & du courant; diviser le produit par le nombre de chevaux & multiplier le quotient par $\frac{7}{4}$.

3°. $s = \frac{nf}{ma^2 \overline{v + v}^2}$.

C'est-à-dire que, pour connoître la projection, on multi-
pliera

pliera la force d'un cheval par le nombre de chevaux de l'attelage & on divisera par la quantité $\frac{7}{4}$ multipliée par le quarré de la
somme des vîtesses de l'attelage & du courant, & par celui du
sinus de l'angle d'impulsion.

4°. $v' = -v + \sqrt{\frac{nf}{ma^2s}}$

Donc si l'on veut connoître la vîtesse de l'attelage, on mul-
tipliera la force d'un cheval par le nombre de chevaux; on divisera le produit par la projection multipliée par $\frac{7}{4}$ & par le
quarré du sinus de l'angle d'impulsion; on extraira la racine
quarrée du quotient & on en retranchera la vîtesse du courant.

5°. $v = -v' + \sqrt{\frac{nf}{ma^2s}}$;

Par conséquent, pour avoir la vîtesse du courant, on retranchera la vîtesse de l'attelage de la racine quarrée de la formule
précédente.

472. En appliquant l'équation au cas de la descente, nous
aurons les cinq formules suivantes.

Formules pour le hallage en descendant.

1°. $n = \frac{ma^2s}{f}\overline{v'-v}^2$

Cette formule nous fait voir que, pour avoir le nombre de
chevaux, il faut multiplier par la projection le quarré du sinus
de l'angle d'impulsion & celui de la vîtesse de l'attelage, diminuée de celle du courant, diviser le produit par la force d'un
cheval, & multiplier le quotient par $\frac{7}{4}$.

2°. $f = \frac{ma^2s}{n}\overline{v'-v}^2$

C'est-à-dire que, pour avoir la force d'un cheval, il faut
multiplier la projection par le quarré du sinus de l'angle d'impulsion & par celui de la vîtesse du convoi, diminuée de celle
du courant; diviser le produit par le nombre de chevaux, &
multiplier le quotient par $\frac{7}{4}$.

3°. $s = \frac{nf}{ma^2\overline{v'-v}^2}$

D'où l'on conclud, que pour avoir la projection, il faut mul-

E e

tiplier la force d'un cheval, par le nombre de chevaux, & diviser le produit par la quantité $\frac{7}{4}$ multipliée par le quarré du sinus de l'angle d'impulsion & par celui de la vîtesse de l'attelage, diminuée de celle du courant.

4°. $v' = v + \sqrt{\frac{nf}{ma^2 s}}$

Donc on aura la vîtesse de l'attelage, en divisant par le quarré du sinus de l'angle d'impulsion, multiplié par la projection prise $\frac{7}{4}$ fois, le produit de la force d'un cheval par le nombre des chevaux, & en ajoutant à la racine quarrée du quotient la vîtesse du courant.

5°. $v = v' - \sqrt{\frac{nf}{ma^2 s}}$

Par conséquent la vîtesse du courant se trouvera, en retranchant de la vîtesse de l'attelage la racine quarrée de la formule précédente.

473. Dans l'expression $ma^2 s. \overline{v' + v}$ de la résistance, lors de la remonte, on voit que plus v augmentera, plus la résistance s'accroîtra. Par conséquent, plus la rivière aura de vîtesse ou de pente, plus le hallage deviendra difficile. Et puisque (161 & 178) les rivières ont plus de pente dans les pays de montagnes, que dans les pays de plaines, il s'ensuit que le hallage sera d'autant plus difficile, que le pays sera plus montueux.

La chose est prouvée par l'exemple du Rhône, de la Haute-Loire & de la Garonne.

Raisons pour lesquelles les rivières des pays de montagnes ne sont pas hallables.

474. De-là on peut déduire le cas où le hallage doit être abandonné. En effet, l'objet du hallage est de faciliter les transports & d'économiser sur les frais des voitures. Or, plus la vîtesse du courant augmentera, plus la résistance $ma^2 s. \overline{v' + v}$ deviendra forte, &, par conséquent, plus il faudra d'agens & de chevaux. Par toutes ces augmentations, on sent qu'il y aura enfin un terme où il sera indifférent pour les frais, que le transport se fasse par eau ou par terre, & au-delà duquel il sera

Dans quel cas on doit renoncer au hallage.

moins coûteux d'opérer ce tranſport par roulage, que par hallage. On trouvera ce terme de la manière ſuivante.

1°. On évaluera, par les formules du n. 471, le nombre de
chevaux à employer & celui des agens & conducteurs, l'eſpace
qu'ils pourront parcourir dans un tems déterminé & le nombre
de jours qu'ils feront en route. D'où l'on connoîtra les frais de
tranſport par le hallage.

2°. Le poids des marchandiſes étant cenſé connu, on évaluera facilement les frais de leur tranſport par le roulage.

3°. Si les frais, par eau, ſont moins forts que par terre, il
faut préférer le hallage. Il faudra même lui donner la préférence dans le cas de l'égalité, à cauſe que, dans ce cas, on
procure des chevaux à l'agriculture & qu'on ne dégrade pas les
routes. Mais lorſque les frais par eau ſont ſenſiblement plus
forts que ceux par terre, il n'y a plus à héſiter, & le hallage
doit être abandonné.

C'eſt pour cette raiſon que jamais on n'a entrepris de hallage
pour remonter certaines rivières très-rapides, telles que la
Durance, &c.

475. Dans l'équation générale $nf = ma's.\overline{v+v}$, on voit
auſſi que, ſi la vîteſſe v du courant diminue, le ſecond membre diminuera auſſi, & que, par conſéquent, le premier
membre ſubira la même diminution. D'où l'on conclud
que le hallage de remonte deviendra d'autant plus facile, &,
conſéquemment, d'autant moins coûteux, que la vîteſſe du
courant ou ſa pente (170) ſera moins conſidérable. Donc,
puiſque (160 2°.) dans les pays de plaines, le fond n'eſt pas en
gravier, & que, par conſéquent (176), la pente y diminuera,
le hallage y deviendra plus facile.

Ainſi les rivières des pays de plaines étant plus propres au
hallage de remonte que celles des pays de montagnes, doivent
procurer auſſi de plus grands avantages au commerce. On en a

Le hallage eſt fa-
cile ſur les rivières
des pays de plaines.

E e ij

la preuve dans la comparaison qu'on peut faire de la Seine & de ses affluens avec le Rhône.

Canaux latéraux à substituer aux rivières trop rapides.

476. Puisqu'il est avantageux, pour le hallage, que le courant ait le moins de pente possible, il suit qu'on peut améliorer celui des rivières qui ont trop de rapidité, comme le Rhône, la Haute-Loire & la Garonne, en leur substituant des canaux latéraux dont la pente sera telle qu'il conviendra de la leur donner pour faciliter les transports, & dont les chûtes qui en résulteront seront rachetées par des écluses. Ces sortes d'ouvrages réuniront beaucoup d'avantages que n'ont pas les rivières dont nous parlons. Car, outre que la pente y sera moindre, ils auront constamment la même profondeur d'eau, & le courant y aura toujours la même vîtesse. D'ailleurs on y sera à l'abri des accidens des crues.

Il est donc très-essentiel, pour le hallage de remonte, de substituer des canaux latéraux, aux rivières qui ont trop de rapidité. Ces canaux doivent être regardés comme des rivières artificielles substituées aux rivières naturelles, & qui n'ont aucun des inconvéniens de ces dernières.

Cas où l'on peut, par barrage, rendre hallable une rivière.

477. Si l'on suppose qu'une rivière, dont la pente est trop forte pour le hallage de remonte, ait des bords assez élevés pour ne pas faire craindre les inondations, on peut diminuer cette pente & faciliter le hallage en barrant, par intervalles, son lit par des déversoirs (183 & 184). Dans ce cas, on produira des chûtes aux déversoirs, & il faudra les racheter par des écluses, ainsi que nous l'avons déjà dit au n. 444. Mais nous devons observer que ce moyen n'est praticable que sur les petites rivières. Car, lorsque les rivières sont considérables, les ouvrages seroient excessivement coûteux, & il vaudroit beaucoup mieux, sous tous les rapports, leur substituer des canaux latéraux (476).

Dans quel cas on peut employer le

478. Reprenons l'équation fondamentale, & appliquons-là au

cas du hallage de defcente. Nous aurons $nf = ma's.\overline{v'-v}$. Dans

cette équation, fi v' eft $= v$, on aura $v'-v = 0$, & par conféquent, $nf = o$; ce qui nous fait voir, que fi la vîteffe de l'attelage eft égale à celle du courant, la force des chevaux fera inutile, & que celle du courant fuffira.

Si au contraire on a $v' > v$, alors $v'-v$ donnera une quantité pofitive, & nf aura une valeur déterminée. D'où l'on conclud que *le hallage, en defcendant, exige que la vîteffe du courant foit moindre que celle des attelages.*

Si l'on fuppofoit $v' < v$, $v'-v$ feroit négative & fuppoferoit que l'attelage détruit une partie $= v'$ de la vîteffe du courant. Mais ce cas n'a jamais lieu.

479. Si la pente d'une rivière eft compatible avec le hallage,

mais que la profondeur des eaux y foit infuffifante, on pourra augmenter cette profondeur & rendre la rivière parfaitement hallable, en rétréciffant fon lit par intervalles & en fe conformant à ce que nous avons dit, à ce fujet, dans la fection précédente.

480. Il fuit de là, que (475) toutes les rivières en pays de

plaines, n'ayant qu'une pente propre au hallage, peuvent être rendues hallables lorfqu'elles ne font pas flottables; &, qu'étant déjà hallables, le hallage peut y être confidérablement augmenté, en recevant des barques qui prennent une plus grande hauteur d'eau.

Cette conféquence eft effentielle pour une infinité de rivières de la France & en particulier pour plufieurs des affluens de la Seine.

SECTION III.

De la Flottaison des Rivières.

Cas où la rivière
ne fera que flottable.

481. Si une rivière n'a pas affez de profondeur d'eau pour les bateaux, mais qu'elle en ait affez pour les radeaux (435), ou fi, ayant affez de profondeur pour les bateaux, elle a trop de pente pour le hallage (474), elle fera feulement flottable.

Flottaifon des radeaux.

482. La flottaifon confifte à livrer à l'action du courant un affemblage de corps réunis fous la forme de radeaux ou de trains de bois & à le laiffer flotter fur la furface des eaux qui l'entraîne. Par où l'on voit qu'il y a cette différence effentielle entre le hallage & le flottage : c'eft que le premier fe fait ordinairement en remontant & en s'oppofant au courant, au lieu que le fecond n'a lieu qu'en defcendant & par l'action du courant.

Flottaifon à *pièces perdues.*

483. Quelquefois le flottage fe fait à pièces perdues. Cela arrive lorfque les pièces ne font pas affemblées en radeaux ou en trains. Dans ce cas, il eft effentiel que les pièces foient fpécifiquement plus légères que l'eau : car, fans cette condition, elles ne furnageroient pas & defcendroient au fond. Dans le cas, au contraire, où elles forment des radeaux, il faut que le fyftème pèfe moins qu'un pareil volume d'eau. Par conféquent, dans un radeau ou train de bois, il peut y entrer des matériaux plus pefans que l'eau, pourvu que le refte compenfe cet excès de poids. C'eft par cette raifon, que les radeaux compofés de bois légers, tel que le fapin, peuvent fervir à tranfporter diverfes marchandifes plus pefantes.

Tout corps, ou fyftème de corps flottant, ne doit jamais toucher le fond.

484. Nous avons vu (439 & 465) que, dans les rivières navigables & flottables, la profondeur des eaux règloit celle

des navires. De même aussi, dans les rivières flottables, la profondeur des eaux détermine la hauteur soit des radeaux, soit des trains de bois qu'on doit faire flotter. En général on peut regarder comme principe que *tout corps ou système de corps, qui doit être transporté par le moyen des eaux, ne doit jamais toucher le fond.*

485. Il suit delà, que, puisqu'il est avantageux qu'un radeau ou un train quelconque flottant, ait le plus de hauteur possible, il est aussi avantageux *qu'une rivière flottable ait la plus grande profondeur d'eau possible.* En conséquence, on doit faire ensorte d'augmenter cette profondeur, en détruisant les obstacles qui la diminuent.

Conséquence qui en résulte pour la flottaison.

486. *La trop grande largeur est nuisible au flottage.* Car plus la largeur augmente, plus la profondeur des eaux diminue. Donc (484) les radeaux & les trains y auront moins de hauteur; ce qui (485) est défavantageux.

Un lit trop large nuit au flottage.

487. *La division d'une rivière en plusieurs branches est un obstacle à la flottaison.* La chose est évidente. Car les branches prises séparément auront moins de profondeur d'eau que si elles étoient prises collectivement : d'ailleurs cela est prouvé par l'expérience.

Il en est de même : 1°. de la division des rivières.

488. *La diminution du volume d'eau d'une rivière est pernicieuse à sa flottaison.* Car cette diminution en amène une dans la profondeur. C'est pour cette raison, que dans la saison des basses eaux, beaucoup de rivières cessent d'être flottables.

2°. Dé la diminution du volume d'eau.

489. *Les gros quartiers de pierre qui sont arrêtés dans le lit d'une rivière* (208) *en gênent la flottaison.* Car ces pierres qui saillent audessus du fond de la rivière, diminuent en ces endroits la profondeur des eaux, & forment, pour ainsi dire, des écueils dans le courant.

3°. Des gros quartiers de pierre.

490. *Les chûtes ou cataractes sont contraires à la flottaison.* Soit ABCD (fig. 45) le fond du lit d'une rivière qui a une cataracte en BC. Lorsque le radeau E sera arrivé à la chûte, il prendra

4°. Des chûtes ou cataractes.

la pofition F qui pourra lui faire toucher le fond & peut-être l'y faire échouer. Mais, dans tous les cas, fa pofition inclinée pourra nuire aux conducteurs & aux marchandifes.

La flottaifon exige : 1°. qu'on rétréciffe le lit des rivières.

491. La première chofe à faire pour affurer & faciliter la flottaifon d'une rivière, eft d'en rétrécir & d'en réduire le lit, fuivant le fyftême que nous avons prefcrit aux n. 414 & 428. Par ce moyen, 1°. la profondeur d'eau augmentera ; 2°. il n'y aura point de divifion ; 3°. on gagnera du terrein à l'agriculture.

2°. Qu'on atténue les gros quartiers de pierre.

492. Les pierres faillantes (489) doivent être atténuées à la poudre. Ainfi décompofées & divifées, les éclats feront entraînés par le courant, ou enterrés (208) dans le gravier. Mais, dans l'un & l'autre cas, ils ne gêneront plus la flottaifon.

3°. Qu'on détruife les cataractes.
Fig. 45.

493. Les cataractes doivent pareillement être détruites par l'action de la poudre. Ainfi, dans la figure 45, la partie ACB devroit être enlevée pour racheter la cafcade BC, par le plan incliné AC, qui fait, avec la partie reftante CD du lit, un angle ACD beaucoup plus obtus que l'angle BCD.

Avantages qui réfulteront de ces opérations pour la flottaifon.

494. En employant ces moyens, on voit :

1°. Qu'une rivière, qui fouvent n'eft pas flottable, foit par fa trop grande largeur, foit par les ifles qui fe forment dans fon lit, quoiqu'elle ait d'ailleurs un volume d'eau fuffifant, deviendra conftamment flottable.

2°. Qu'il en fera de même d'une rivière dont le volume d'eau fuffit au flottage, mais dont le lit eft barré par des chûtes, ou obftrué par des rochers.

3°. Qu'une rivière, qui, par fes divifions, n'eft flottable qu'une partie de l'année, peut le devenir fans interruption.

4°. Enfin qu'une rivière, qui n'étoit flottable dans aucun tems, peut le devenir pendant les mois pluvieux de l'année.

C'eft ce que nous avions déjà dit en paffant au n. 438.

Avantages qui en réfulteront pour l'Etat.

495. En affurant ainfi la flottaifon des rivières, il en réfulteroit de très-grands avantages pour l'Etat, en effet :

1°.

1°. Les rivières dont nous parlons, ayant beaucoup de pente, font toujours (160. 1°.) dans des pays de montagnes. Or c'est particulièrement des montagnes que nous viennent les bois de charpente, soit civile, soit navale; on pourroit donc se les procurer, avec bien plus de facilité, par le flottage, que par le roulage toujours fort difficile dans ces fortes de pays où les chemins manquent assez souvent.

2°. Par la même voie, l'exportation des ouvrages d'industrie & du superflu des denrées de ces pays se feroit à bien moins de frais par radeaux, ce qui seroit un avantage pour le commerce.

496. Il y a néanmoins des cas où il est à propos de substituer à la flottaison d'une rivière, un canal latéral de hallage, tel que ceux dont nous avons parlé au n. 476. Si, par exemple, les deux extrêmes de ce canal peuvent être considérés comme deux points centraux qui réunissent chacun un commerce fort étendu, il n'y a pas à hésiter sur la construction d'un pareil canal. On pourroit, d'après cela, construire un canal de hallage latéral au Rhône depuis Genève jusqu'à Lyon. Car Genève seroit regardé comme l'entrepôt général des denrées & des marchandises de la Suisse & du Mont-Blanc; tandis que Lyon seroit celui des denrées & des marchandises de toute la France.

Cas où l'on doit substituer à la rivière un canal latéral de hallage.

Mais lorsqu'il n'y a pas un certain équilibre entre les masses de commerce dont les deux points extrêmes sont susceptibles, un pareil canal ne doit jamais être entrepris. C'est pour cette raison qu'il seroit absurde de construire un canal de hallage latéral à la Durance, pour faire communiquer le département des Bouches-du-Rhône avec les départemens des Hautes & Basses-Alpes; car le premier doit être regardé, par rapport à Marseille, comme le centre d'un commerce immense, tandis que les deux autres, par leur situation & la nature des lieux, ne présentent rien qui mérite d'entrer en parallèle avec les avantages dont jouit le département des Bouches-du-Rhône. Par conséquent il n'y auroit aucun échange qui valût la peine d'un canal aussi coûteux que le seroit celui dont nous parlons.

SECTION IV.

De la Navigation intérieure de la France.

Principe d'après lequel on doit opérer pour la navigation intérieure.

497. DEPUIS long-tems on ne cesse de parler de la navigation intérieure de la France. Mais jusqu'à présent il paroît qu'on n'a pas encore précisé l'idée qu'on doit attacher à un pareil projet. Cependant il est très-essentiel d'être d'accord sur la chose avant de discuter les moyens d'exécution. On ne nous saura donc pas mauvais gré de donner nos idées sur cet important objet, ainsi que sur tout ce que nous avons traité dans cet ouvrage ; nous n'avons sur celui-ci en particulier qu'un seul principe dont nous ne nous éloignerons jamais. Ce principe consiste à *n'exécuter que les travaux d'absolue nécessité & à employer les moyens les plus simples & les moins coûteux.*

Avantages qu'a la France pour effectuer la navigation intérieure.

498. Il seroit peut-être difficile de rencontrer sur la surface du globe un pays plus favorisé par la nature, du côté des rivières. Les Alpes, les Pyrénées, les montagnes des départemens formant la ci-devant Auvergne, nous fournissent le Rhône, la Garonne, l'Adour, la Loire & une infinité de rivières d'un ordre inférieur ; tandis que les masses élevées de la ci-devant Bourgogne & de la ci-devant Franche-Comté nous donnent la Seine, la Meuse, la Moselle, la Saône &c. La plus grande partie de ces rivières se dirigent de l'Est à l'Ouest, & portent leurs eaux dans l'Ocean ; quelques-unes se dirigent du Sud au Nord. Le Rhône seul & ses affluens prennent leur direction du Nord au Sud & vont se jetter dans la Méditerranée ; par où l'on voit

que, par le moyen de toutes ces rivières, l'intérieur de la France peut communiquer avec l'Océan français, la mer d'Allemagne & la Méditerranée.

499. D'après ce que nous avons dit (45 & 51. 1°.), les rivières prennent leur fource dans les montagnes. Leur lit pris depuis leur fource jufqu'à la mer, forme (179) une courbe affymptotique ; c'eft-à-dire que leur pente eft à fon *minimum*, à leur embouchure, & qu'elle augmente continuellement, en remontant vers leur fource (178).

Les rivières fous le rapport des tranf-ports, ont trois par-ties remarquables.

Il arrive de là que les rivières, confidérées relativement aux tranfports, ont trois parties remarquables.

La première de ces parties eft celle où elles n'ont que le degré de pente requis par la navigation à la voile. Cette partie eft aifée à diftinguer, car (441 & 442) le fond ne contient que du fable & du limon. Si elle contient du gravier, fa pente ne doit pas excéder 3 pouces & demi fur 100 toifes de longueur, & elle eft toujours contiguë à la mer (103 & 251).

La feconde partie fuit immédiatement la première, en remontant vers la fource ; c'eft celle dont la pente, augmentant au-delà de 3 pouces & demi fur 100 toifes (441), imprime aux eaux un degré de vîteffe, & conféquemment un degré de force qui ne peut être furmonté que par le hallage. Or, phyfiquement, cette partie n'auroit pas de limites & abforberoit même la troifième dont nous allons parler, puifqu'à la rigueur, on peut indéfiniment augmenter le nombre des chevaux de trait : mais on doit les fixer moralement & par le parallèle des frais de tranfport par eau & par terre, conformément à ce que nous avons dit précédemment (474).

La troifième partie commence là où finit la feconde, & fe propage en remontant jufqu'à la fource. Elle eft exclufivement affectée à la flottaifon, à caufe de la grande pente du lit (178) & de la rapidité du courant qui en eft l'effet (170).

500. Nous avons dit (484) *que tout corps ou fyftême de corps*

F f ij

qui doit être transporté par le moyen des eaux, ne doit jamais toucher le fond. D'où il suit, qu'avec la pente relative à la navigation à la voile, au hallage & à la flottaison, il faut encore une certaine profondeur d'eau.

Nous avons vu (457 & 458) les moyens à employer pour se procurer cette profondeur dans la première partie du lit des rivières, & (479) que ces mêmes moyens sont applicables à la seconde partie. Quant à la troisième partie, nous avons dit (486) & 494) ce qu'il convenoit de faire pour le même objet.

501. Enfin nous avons dit (451), que par le moyen d'un canal, on éluderoit les obstacles inséparables de l'embouchure des rivières dans la Méditerranée (476); que le même moyen faciliteroit beaucoup le hallage dans la seconde partie du lit des rivières, & (496) qu'on pouvoit aussi, dans certains cas, employer le même moyen de canaux latéraux sur la troisième partie.

502. Supposons donc, 1°. que par les moyens cités (500 & 501), on perfectionne la navigation & le hallage de toutes les rivières de la France qui en seront susceptibles, tant par leur pente que par le volume de leurs eaux ; 2°. que, dans le cas où le volume d'eau seroit insuffisant, on y supplée, soit par des canaux particuliers, soit par des déversoirs; 3°. qu'on substitue même le hallage à la flottaison par des canaux latéraux. Il est certain que, dans cette hypothèse, toutes les rivières de l'État auroient reçu tout le degré de perfection possible, relativement à la navigation intérieure ; car il est visible qu'alors il n'y en auroit aucune qui ne pût être regardée comme un canal qui seroit, ou navigable à la voile, ou hallable.

Des grandes vallées de la France.

503. Nous avons vu (54) que les eaux pluviales avoient sillonné, de vallées, les continens & les isles. Ce sont les endroits les plus bas de ces vallées qui sont occupés par les rivières. La France en contient cinq de la première grandeur & plusieurs d'un ordre inférieur. Celles de la première grandeur sont les

les vallées du Rhin, du Rhône, de la Seine, de la Loire & de
la Garonne. Les autres font principalement celles de la Somme,
de la Charente, de l'Adour, du Var. Enfin il y en a un grand
nombre d'autres qui font moindres que les précédentes & qui
font occupées par une foule de petites rivières dont nous venons
de faire l'énumération. D'après le même n. 54, toutes ces vallées
font féparées les unes des autres par des chaînes de montagnes
qui ont plus ou moins d'élévation, fuivant les localités & les
endroits où on les compare. Ce font les crêtes ou lignes culmi-
nantes de ces chaînes qui forment la ligne de *marcation* de ces
vallées.

504. Tout étant donc préparé & mis dans l'état mentionné
au n. 502, la navigation intérieure, prife dans toute fon extenfion, fuppoferoit encore deux chofes. La première feroit des
canaux de communication entre deux vallées confécutives &
adjacentes, qui franchiffent, foit par des éclufes, foit par des
percemens fouterreins, les chaînes des montagnes qui les féparent. La feconde feroit de faire pareillement communiquer,
par les mêmes moyens, foit avec les rivières, foit avec les canaux dont nous venons de parler, les principales villes qui fe
trouvent fur les côtes, ou dans l'intérieur, & qui n'ont pas de rivières particulières.

Tel feroit le plan de la navigation intérieure, en mettant à
contribution toutes les rivières que la nature nous a données,
& tel eft celui que bien des perfonnes, animées du bien public,
fe font propofé. Nous ne pouvons pas nous diffimuler, en
effet, que, fi un pareil plan pouvoit recevoir fon éxécution, la
France ne devînt l'état le plus floriffant de l'univers : car les
canaux fi vantés, foit de la Chine, foit de la Lombardie, n'auroient rien qui pût en approcher. Mais ce n'eft pas tout de
faire des projets, il faut encore qu'ils foient exécutables. Nous
allons donc examiner fi celui dont il s'agit eft fufceptible d'exé-

En quoi confifte-
roit la navigation in-
térieure, prife dans
toute fon extenfion.

cution ; & , dans le cas de la négative, de quelle manière il doit
être amendé pour pouvoir être exécuté.

Rapports fous lef-
quels le bien public
exige qu'on envifage
les projets.

505. Lorfqu'une compagnie financière entreprend un ouvrage , il faut que le produit annuel qu'elle en percevra , four-
niffe à tous les frais d'entretien & de régie, & que, de plus ,
elle trouve l'intérêt de fes fonds à un denier affez haut, pour
que , dans un tems déterminé , elle puiffe fe rembourfer de
toutes fes avances & des intérêts ordinaires y relatifs, & qu'a-
près cette époque, tout foit bénéfice pour elle : c'eft le feul calcul qui ferve de bafe à fes fpéculations à cet égard , & elle n'en
fait point d'autre. Le defir d'opérer la profpérité publique, mo-
tif qu'on ne ceffe de mettre en avant fuivant l'ufage , n'y entre
ordinairement pour rien ; l'intérêt particulier en eft feul le mo-
bile. Au contraire, lorfque le gouvernement fe charge de l'exécution d'un projet , l'intérêt public en eft toujours l'ame & la
caufe première. Or , l'intérêt public peut alors être envifagé
fous quatre rapports, favoir : 1°. Lorfque le projet eft utile au
commerce de la généralité ou d'une grande partie de l'état ;
2°. lorfqu'étant circonfcrit pour une contrée déterminée , il
peut produire avec ufure l'intérêt des fonds ; 3°. lorfqu'il peut
améliorer , foit le fol , foit le commerce d'un pays, & procurer
à l'Etat une augmentation confidérable de revenus, réfultante
des impofitions tant directes qu'indirectes ; 4°. enfin, lorfque
le pays, fuppofé d'ailleurs très - circonfcrit, étant mal - fain par
des marais, le projet tendroit à y rendre l'air falubre.

Nous allons examiner fucceffivement chacun de ces rapports.

Dans quels cas le
gouvernement doit
fe charger de l'exé-
cution de projets.

506. 1°. Lorfqu'un projet eft utile au commerce de la généralité ou d'une grande partie de l'Etat, il n'y a aucun doute
que le gouvernement ne doive prendre les moyens de l'exécuter ; car l'objet d'un bon gouvernement doit être le bien général, & à défaut, celui du plus grand nombre,

2°. Lorfque le projet étant circonfcrit pour une contrée déterminée, il peut produire, avec ufure, l'intérêt des fonds ; le
gouvernement ne doit pas héfiter non plus à le mettre à exécution ; car, dans ce cas, le gouvernement peut fe regarder
comme une compagnie financière qui a pour objet de placer
avantageufement fes fonds. Or alors il en réfulte néceffairement
un bénéfice pour l'Etat.

3°. Le même avantage a également lieu pour l'Etat fi, par
l'amélioration, foit du fol, foit du commerce d'une contrée, il
en réfulte une augmentation de contributions, foit directes,
foit indirectes, qui excède l'intérêt des fonds d'exécution.
Par conféquent il eft vifible que l'Etat ne doit pas rejetter un
projet de cette nature.

4°. Enfin, lorfqu'il s'agit de rendre falubre l'air d'une contrée, on ne peut pas mettre en problème fi le gouvernement
doit s'en occuper, quand même il placeroit fes fonds avec
perte, car nous fommes tous membres de la grande famille de
l'Etat. Or, fi dans une famille il y a une partie fouffrante, l'autre
partie doit naturellement venir à fon fecours, & faire pour cela
tous les facrifices que l'humanité exige.

Rapportons à préfent, à ces motifs, les diverfes parties qui
doivent former l'enfemble du projet de la navigation intérieure
telle que nous l'avons préfentée ci-deffus (502 & 504.).

507. La navigation de l'embouchure & de la première partie (499) de toutes les rivières déjà navigables, par le volume
de leurs eaux, eft fans contredit un objet d'utilité générale,
puifque c'eft par le moyen de ces rivières que les marchandifes,
venant de l'étranger, peuvent pénétrer dans l'intérieur, fans
verfement préliminaire. Ainfi, fous ce rapport, la navigation
des grandes rivières, telles que le Rhône, l'Adour, la Garonne,
la Charente, la Loire, la Seine, la Somme & l'Efcaut, doivent
fpécialement fixer l'attention du gouvernement ; & comme il
eft très-intéreffant, pour la profpérité publique, d'économifer

La navigation des
grandes rivières doit
fixer l'attention du
gouvernement.

dans les frais de tranſport, il n'eſt pas douteux que l'Etat ne
doive reculer, le plus qu'il ſera poſſible, les limites de cette navigation, en augmentant la profondeur des eaux par les rétréciſſemens preſcrits dans la Iʳᵉ. ſection.

Mais, dans ces opérations, on ne doit pas perdre de vue (445)
que la navigation à la voile exige une certaine largeur de la
part des rivières : d'où l'on doit conclure qu'une pareille tenta-
tive ſeroit inutile & déplacée ſur un grand nombre de rivières
d'un ordre inférieur, dont le volume d'eau eſt peu conſidérable, & auxquelles on ne pourroit procurer la profondeur
requiſe par la navigation à la voile, ſans retrécir le lit au-delà
des bornes.

Une autre obſervation vient à l'appui de ce que nous diſons.
Nous avons vu (496) qu'il falloit établir des communications
par eau entre les communes qu'on pourroit regarder comme
des centres d'un commerce étendu. La plupart des grandes
communes ont cet avantage. Or, elles ſont ordinairement
ſituées ſur les rivières navigables dans la partie inférieure de
leur cours. Par conſéquent, l'intérêt du commerce exige que
ſur ces rivières, on pouſſe la navigation à la voile le plus loin
poſſible (506 1°.).

Dans quel cas l'É-
tat doit favoriſer le
hallage des rivières,
comme partie de la
navigation intérieu-
re.

508. Nous devons diſtinguer le hallage des grandes rivières
dont nous venons de parler, du hallage des petites; & dans ce
dernier, nous devons encore mettre une différence entre le
hallage des rivières des pays de plaines, & celui des rivières des
pays de montagnes.

Les grandes rivières ayant toujours un cours fort étendu (58),
le hallage doit y être pouſſé le plus avant qu'il ſera poſſible; &
dans le cas où la pente ſeroit trop forte, il eſt à propos d'employer (476) des canaux latéraux convenablement ſoutenus, &
dont les chûtes ſoient rachetées par des écluſes. Cependant il
n'en faudroit pas conclure qu'on doit porter ces canaux juſqu'à
la ſource, car cette partie ſe trouvant ordinairement dans les
montagnes

montagnes (55), nous verrons bientôt que de pareilles entre-
prifes y feroient de la plus grande inutilité : ainfi, à cet égard,
le hallage doit fe terminer à la dernière commune centrale de
commerce, ou au canal qui fait communiquer cette rivière
avec celle de la vallée voifine (504). Par où l'on voit que fur
les grandes rivières, le hallage, tel que nous venons de le décrire , mérite d'être pris en confidération par le gouvernement (506. 1°.).

Le hallage des petites rivières des pays de plaines mérite
auffi une attention particulière de la part du Gouvernement,
& cela, par les raifons fuivantes. 1°. Ces rivières (160. 2°. & 175)
ayant peu de pente, leur lit fervira de canal. 2°. L'augmentation de profondeur s'y fera à peu de frais , par l'éloignement
des ouvrages de rétréciffement (458 2°.). 3°. La plupart de ces
rivières, fe dégorgeant dans les rivières du premier ordre , en
augmenteront le commerce & les avantages. 4°. Quand même
elles fe jetteroient directement dans la mer , le commerce des
pays fitués fur leurs cours, pourroit , par le cabotage, le long
des côtes , & fouvent même par des canaux particuliers, fe lier
avec celui des grandes rivières. 5°. Les pays de plaines font
ordinairement plus peuplés & ont plus de richeffes territo-
riales & induftrielles que ceux de montagnes : par conféquent,
il eft toujours avantageux de leur donner un débouché. 6°. La
facilité de l'exportation fait diminuer le prix des denrées & des
marchandifes. 7°. Le roulage fatigueroit moins les routes &
entraîneroit moins de dépenfes. 8°. Enfin on reftitueroit beaucoup de bras & de chevaux à l'agriculture.

Le hallage des petites rivières des pays de montagnes n'a
pas , à beaucoup près , les mêmes avantages, & ne doit pas
obtenir la même protection de la part du Gouvernement. 1°. Leur
pente exceffive (160. 1°. & 175) exigeroit des canaux latéraux
avec éclufes (476). 2°. Outre que ces canaux feroient fort coûteux , ils feroient fouvent expofés à être dégradés par des tor-

G g

rens qui descendent des montagnes. 3°. Les pays de montagnes font généralement peu peuplés, & les habitans, y étant rarement à leur aise, y ont peu de superflu. 4°. Par la même raison, il s'y fait peu de confommation de marchandises étrangères. 5°. Enfin le point central n'y jouit jamais d'un commerce assez étendu, pour former un terme de navigation (496).

D'où il est aisé de conclure (506 1°.) que le hallage, considéré relativement à la navigation intérieure de la France, ne peut avoir pour objet, d'une part, que les grandes rivières, prises depuis l'endroit où la navigation à la voile cesse, jusqu'aux canaux qui feront communiquer deux vallées voisines; & de l'autre, que les petites rivières des pays de plaines.

Venons à présent à la partie de la flottaison.

Quelles font les rivières dont la flottaison doit être regardée comme faisant partie de la navigation intérieure.

509. Nous distinguerons encore la flottaison des rivières des pays de plaines, de celles des pays de montagnes.

La première tient au système général de la navigation intérieure, par les raisons suivantes. 1°. Elle fait la suite du hallage de ces rivières. 2°. Elle facilite le transport de divers objets, aux endroits de dépôts pour le chargement des bateaux. 3°. Elle procure sur-tout des bois de chauffage effentiellement nécessaires aux grandes communes inférieures. 4°. Quoique ces rivières aient peu de profondeur d'eau, elles en ont néanmoins assez généralement, sous une profondeur convenable, pour recevoir des bateaux fort plats qui sont très-utiles pour les transports. A ces raisons, nous pouvons ajouter les quatre dernières, relatives au hallage de ces mêmes rivières, & que nous avons détaillées au n°. précédent. Ainsi cette partie est un rameau de la navigation générale de l'intérieur, &, par conséquent, elle ne doit pas être étrangère au gouvernement.

La seconde mérite les regards de la Nation, lorsqu'elle peut procurer des bois de charpente, soit navale, soit civile; mais ce cas excepté, on ne voit pas à quoi elle seroit utile. En effet, nous l'avons déjà dit (508), ces pays sont peu peuplés, & les

habitans y font peu aifés; rarement ils ont du fuperflu : en pro-
curant même un débouché par eau à ce fuperflu, on provoque
la deftruction des forêts, pour faire des radeaux. Or, nous avons
vu (146 & 152) les défaftres qui en réfulteroient.

Ainfi, dans le fyftême de la navigation intérieure, il ne doit
y entrer que la flottaifon des rivières en pays de plaines, & celle
des rivières des pays de montagnes, lorfqu'on en peut tirer des
bois de charpente civile ou navale (506. 1°.) ; ce cas excepté,
elle ne doit pas fixer l'attention de la Nation.

510. Concluons donc de tout ce que nous venons de dire,
que, pour opérer la navigation intérieure de la France, il faut : En quoi confifte
réellement la naviga-
tion intérieure,

1°. Par des canaux de navigation joindre les principales rivières de l'Etat, foit entr'elles, foit avec les points centraux de
commerce.

2°. Affurer la navigation à la voile de ces rivières à leur embouchure, & la pouffer auffi loin vers leur fource, que peuvent le permettre leur pente & leur volume d'eau.

3°. Faciliter leur hallage, foit dans leur propre lit, quand
elles ont peu de pente, foit par des canaux latéraux, lorfque
cette pente eft confidérable, depuis le terme de la navigation à
la voile, jufqu'aux canaux de communication entre deux vallées
adjacentes.

4°. Pouffer auffi, le plus loin poffible, le hallage & la flottaifon de toutes les rivières des pays de plaines, foit qu'elles fe
jettent dans les grandes rivières, foit qu'elles fe rendent directement à la mer.

5°. Enfin, effectuer, ou faciliter la flottaifon des rivières des
pays de montagnes, lorfqu'elles peuvent fournir des bois de
charpente, foit civile, foit navale.

Il nous fera aifé, d'après ces principes, de fixer nos idées fur
la navigation intérieure, & de faire voir en quoi confiftent les
ouvrages à exécuter. Pour cela, nous allons puifer, dans le
rapport que le citoyen Marragon a fait à la Convention natio-

nale, le 24 fructidor de l'an 3, les matériaux qui se rapportent à cet objet. Nous suppléerons à quelques omissions qu'il y a faites, par nos propres observations, & nous élaguerons de son ouvrage tout ce qui n'entre pas dans notre plan.

Nous posons, en principe, que la navigation dont il s'agit doit être entièrement intérieure, &, par conséquent, absolument indépendante de la navigation maritime; car il faut que, dans le cas d'une guerre sur mer, les diverses parties de l'Etat puissent communiquer entr'elles par eau.

Communication de Marseille avec Bordeaux & Bayonne. 511. La navigation, dans le Midi, doit se diriger de l'Est à l'Ouest: ses termes centraux seront Marseille à l'Est, Bordeaux & Bayonne à l'Ouest.

1°. De Marseille, on doit aboutir à l'étang de Berre, près de Marignanne, par le moyen d'un canal qui passeroit au Rove, où seroit placé le point de partage, & qui seroit alimenté par le canal à dériver de la rivière d'Arc à Langesse, décrété en notre faveur, le 21 mai 1791.

2°. De l'étang de Berre, près de Marignanne, on passeroit à Martigues, & on se rendroit au port de Bouc, par l'étang & par les canaux de Martigues.

3°. Du port de Bouc, on se rendroit au Rhône pris à Arles, par le moyen d'un canal navigable & alimenté par celui des Alpines, ci-devant de Boisgelin, dont nous avons déjà parlé au n. 452, & dont nous avons dressé les plans par ordre des ci-devant états de Provence.

4°. Du Rhône pris à Arles, on remonteroit le fleuve jusqu'à la pointe de l'isle de Camargue, & ensuite on descendroit le petit Rhône jusques vis-à-vis Saint-Gilles.

5°. De cet endroit, on se rendroit au canal de Saint-Gilles à Aigues-Mortes, par un canal particulier à construire, d'environ 1200 toises de longueur.

6°. De Saint-Gilles, on aboutira à Aigues-Mortes par le canal qui communique du premier de ces endroits au second,

& qui fait partie de celui projetté d'Aigues-Mortes à Beaucaire.

7°. D'Aigues-Mortes, on arrivera à Cette, en paſſant ſucceſ-
ſivement par le canal de la Radelle, l'étang de Maugnio, le
canal des Étangs & celui de la Peyrade.

8°. De Cette, par le canal du Midi, ci-devant de Langue-
doc, on aboutira à la Garonne priſe à Touloufe.

9°. De Touloufe, on arrivera à Bordeaux, en ſuivant le courant de la Garonne.

Mais ſi, de Bordeaux, il falloit remonter cette rivière juſqu'à Touloufe, on éprouveroit les plus grands retards par la
rapidité des eaux. C'eſt pour cette raiſon que (476), depuis
l'endroit où la pente de la rivière commence à être trop forte
pour le hallage juſqu'à Touloufe, il faut néceſſairement exécuter un canal latéral dont les chûtes ſeront rachetées par des
écluſes.

10°. Enfin, pour aboutir à Bayonne, arrivé à Aiguillon,
près de l'embouchure du Lot, on entreroit dans le canal projetté depuis cet endroit juſqu'au Midon, pris à Mont-de-Mar-
ſan ; d'où, par la voie du Midon, qui ſeroit par-tout rendu
hallable par les moyens indiqués aux n. 476 & 479 reſpectivement, on arriveroit à l'Adour, &, par cette derniére rivière,
à Bayonne.

Par où l'on voit que, par cette route, tous les départemens
du Midi pourroient facilement, & par la navigation à la voile,
ou par le hallage, communiquer entr'eux.

512. La vallée du Rhône & celle de la Saône & de ſes affluens, combinées avec celle du Rhin, nous fourniſſent le moyen
de faire communiquer directement Marſeille avec tous les pays
ſitués ſur ce dernier fleuve, ſur la Moſelle, la Meuſe & leurs
affluens, & avec la Suiſſe & le Mont-Blanc.

*Communication de
Marſeille :
1°. Avec la vallée
du Rhin.*

1°. De Marſeille à Arles, on ſuivroit la route tracée ci-deſſus (511. 1°. 2°. & 3°.).

2°. D'Arles, on remonteroit le Rhône, à la voile (441), ou au hallage jusqu'à Beaucaire.

3°. De Tarascon à Avignon, on remonteroit le fleuve, au hallage exclusivement.

4°. D'Avignon à Lyon, on suivroit un canal latéral à exécuter, à cause de la grande rapidité du courant (476).

5°. A Lyon, on entreroit, du Rhône, dans la Saône qu'on rendroit hallable (479) par-tout où elle n'auroit pas assez de profondeur, & on la remonteroit jusqu'à l'embouchure du Doubs.

6°. On rendroit pareillement le Doubs hallable (476 & 479) & on le remonteroit jusqu'aux environs de Mont-Belliard.

7°. En cet endroit, on quitteroit le Doubs pour entrer dans le canal de jonction de cette rivière & de celle d'Ill, par Valdieu, canal projetté par le citoyen Bertrand, ancien inspecteur général des Ponts & Chaussées, & décrété sous la dénomination de *canal de l'Est*, par le moyen duquel on aboutiroit à la rivière d'Ill, & l'on entreroit dans la vallée du Rhin.

8°. On suivroit la rivière d'Ill, depuis l'issue du canal de l'Est jusqu'au-dessous de Strasbourg, où elle entre dans le Rhin. On auroit soin de la rendre hallable sur toute cette partie de son cours, par les moyens indiqués aux n. 476 & 479.

9°. Depuis l'embouchure de l'Ill, on suivroit le Rhin jusqu'à la fin de son cours, en ayant soin de lui substituer un canal latéral avec écluses (476), dans toute la partie où il y auroit trop de rapidité pour la remonte.

2°. Avec la vallée de la Moselle.

Pour établir la communication entre la vallée de la Saône & celle de la Moselle;

10°. On rendra (476 & 479) la Saône hallable, & on la remontera jusqu'à Jonvelle.

11°. En cet endroit, on entreroit dans le canal projetté de communication entre la Saône & la Moselle.

12°. En fortant de ce canal, on entreroit dans la Mofelle, qu'on rendroit hallable par les moyens indiqués (476 & 479) jufqu'à fon embouchure dans le Rhin à Coblentz, aux endroits où elle ne le feroit pas.

Pour établir la communication entre la vallée de la Saône & celle de la Meufe; 3°. Avec la vallée de la Meufe.

13°. Arrivé à Toul, on quittera la Mofelle pour entrer dans le canal projetté de Toul à Pagny, & deftiné à faire communiquer cette rivière avec la Meufe.

14°. A Pagny, on entrera dans la Meufe, qu'on fuivra jufqu'à fon embouchure dans le Rhin, & qu'on aura foin (476 & 479) de rendre hallable, par-tout où les localités l'exigeront.

Enfin, pour établir la communication entre Lyon & le lac de Genève; 4°. Avec la Suiffe & le Mont-Blanc.

15°. On remontera le Rhône jufqu'à la hauteur de Seiffel, par un canal latéral (476).

16°. A la hauteur de Seiffel, on entrera dans le canal projetté depuis cette commune jufqu'à Verfoix, où l'on trouve le lac, par le moyen duquel on communiquera avec la Suiffe & le département du Mont-Blanc.

Ainfi, 1°. par le Rhône, la Saône & le Doux; 2°. par le Rhin, la Mofelle & la Meufe; 3°. par quelques canaux intermédiaires, on fera communiquer, entr'eux, tous les départemens de l'Eft & du Nord, depuis Marfeille jufqu'à l'embouchure de l'Efcaut.

513. Lions, par un canal, la vallée du Rhône à celle de la Loire, & nous établirons une communication entre Marfeille & Nantes. En effet:

1°. De Marfeille, on aboutira à Châlons-fur-Saône, par la route indiquée ci-deffus (512. 1°. & 5°.). Communication de Marfeille avec Nantes.

2°. A Châlons, on entrera dans le canal en exercice, dit

canal du Centre, connu ci-devant fous le nom de canal de Charolais, & l'on aboutira à la Loire, prife à Digoin.

3°. De Digoin, on fuivra la Loire jufqu'à Nantes & à Paimbœuf, en adouciffant, par-tout où il fera néceffaire, fon hallage, par les moyens indiqués (476 & 479).

Communication de Marfeille avec Paris & la vallée de la Seine.

514. Par la même voie & par les canaux de Briare & d'Orléans, Marfeille communiquera avec Paris, Rouen, & tous les pays fitués fur la Seine & fur fes affluens.

1°. On arrivera à Digoin par la route prefcrite ci-deffus (513. 1°. & 2°.).

2°. De Digoin, par la Loire, ou par le canal latéral (476), on aboutira au canal de Briare.

3°. Par le canal de Briare on arrivera à la Seine.

4°. De ce dernier point, on fe rendra à Paris, Rouen, &c.

Communication de Marfeille avec la vallée de la Somme.

515. C'eft encore par la même route, que Marfeille communiquera avec la vallée de la Somme.

1°. Par la voie prefcrite au n. précédent, on arrivera à la rivière d'Oife.

2°. On remontera l'Oife jufqu'à Chauny.

3°. On paffera de la vallée de la Seine, à celle de la Somme, par le canal en exercice de Chauny à Saint-Quentin.

4°. En fortant de ce canal, on entrera dans la Somme, par laquelle on communiquera avec Péronne, Amiens, Abbeville, &c.

Communication de Marfeille avec la vallée de l'Efcaut, la Belgique & la Hollande.

516. Enfin, en joignant, par un canal, la vallée de la Somme à celle de l'Efcaut, Marfeille communiquera avec la Belgique & la Hollande.

1°. Par le n. 515. 1°. & 3°., on arrivera à la Somme.

2°. En finiffant le canal commencé, du citoyen Laurent de Lyonne, on aboutira à l'Efcaut à la hauteur de Cambrai.

3°. En perfectionnant la navigation de l'Efcaut (476 & 479), on parviendra aux frontières de la Hollande.

517. L'on voit par-là quels font les moyens de faire communiquer

muniquer Marfeille, que nous devons regarder comme premier point central du commerce, avec les vallées de la Garonne, du Rhône, du Rhin, de la Loire, de la Seine & de la Somme. Mais ce n'eft pas tout; il faut encore procurer le même avantage à Bordeaux, autre point central effentiel. Cette place pourroit, à la vérité, communiquer avec les vallées du Rhin, de la Somme, de la Seine & de la Loire, par le canal du Midi, & par le Rhône pris à la hauteur de Saint-Gilles (511. 5°. & 9°., 512. 2°. & 14°., 513 & 516.). Mais l'infpection de la carte fait voir qu'il y a des routes moins longues qui peuvent remplir cet objet, en vivifiant les pays intermédiaires. C'eft de quoi nous allons nous occuper.

518. Pour établir une communication entre Bordeaux & la vallée de la Loire; — *Communication de Bordeaux avec la vallée de la Loire.*

1°. On paffera, de la Gironde, à la rivière de Seugne par le moyen d'un canal projetté par le citoyen Lallemand.

2°. On rendra hallable la Seugne par quelqu'un des moyens prefcrits aux n. (476, 477 & 479), & l'on aboutira, par cette voie, à la Charente.

3°. De l'embouchure de la Seugne, on remontera la Charente jufqu'à Civrai, en ayant foin de la rendre hallable aux endroits où elle ne le fera pas (476, 477 & 479).

4°. A cette hauteur, on paffera dans la rivière de Clain par le canal projetté de jonction de cette rivière avec la Charente, de Civrai à Vareilles.

5°. On rendra le Clain hallable (476, 477 & 479) depuis Vareilles, jufqu'à fon embouchure, &, en le defcendant, on arrivera à la Loire, à Montmozeau, d'où l'on pourra communiquer avec tous les pays fitués fur fon cours, depuis Paimbœuf jufqu'à Digoin.

On doit remarquer en paffant, qu'arrivé à la Charente (1°. & 2°.), on pourra, par cette rivière, communiquer avec Rochefort.

H h

Communication de
Bordeaux avec la val-
lée de la Seine.

519. Bordeaux communiquera avec la vallée de la Seine par la route suivante :

1°. On arrivera, de Bordeaux, à la Loire prise à Mont-mozeau, par la voie tracée au n. précédent.

2°. De Montmozeau, on remontera la Loire jusqu'à la hauteur du canal d'Orléans.

3°. Par le canal d'Orléans & par le Loing, on passera dans la Seine.

Communication de
Bordeaux avec la val-
lée de la Somme.

520. Par la route qui suit, Bordeaux communiquera avec la vallée de la Somme.

1°. On aboutira à la Seine par la route prescrite au n. précédent.

2°. On descendra la Seine jusqu'à l'embouchure de l'Oise.

3°. De l'embouchure de l'Oise, on arrivera à la Somme par la route prescrite ci-dessus (515. 2°., 3°. & 4°.)

521. Il s'agit à présent de faire communiquer Bordeaux avec la vallée du Rhin. Sur cela nous devons observer que le Rhin, depuis son entrée sur les terres de la France jusqu'à ses embouchures, ayant une très-vaste étendue, doit être considéré, comme renfermant quatre vallées particulières sur sa gauche, savoir : 1°. celle du Haut-Rhin ; 2°. celle de la Moselle ; 3°. celle de la Meuse ; 4°. enfin celle de l'Escaut. Nous ne proposerons donc pas, pour aboutir de la Gironde à l'Escaut, d'arriver préalablement au Haut-Rhin ; mais, à l'imitation de ce que nous avons dit à ce sujet (512), nous tracerons des routes partielles pour l'Escaut, la Meuse, la Moselle & le Haut-Rhin.

Communication de
Bordeaux avec la val-
lée de l'Escaut.

522. De Bordeaux, à la vallée de l'Escaut, la route sera telle qu'il suit.

1°. On arrivera, à la Somme, par la voie prescrite au n. 520.

2°. Par la route tracée au n. 516, on aboutira jusqu'à l'embouchure de l'Escaut.

523. Bordeaux communiquera avec la vallée de la Meuse, par la voie qui suit.

1°. On arrivera à l'embouchure de l'Oise, par la route prescrite au n. 520. 1°. & 2°.

2°. On remontera l'Oise jusqu'à l'embouchure de l'Aisne.

3°. On rendra l'Aisne hallable (476, 477 & 479), & on la remontera jusqu'aux environs d'Attigny.

4°. En cet endroit, on entrera dans le canal projetté de communication entre l'Aisne & la Meuse, prise aux environs de Stenay.

5°. A l'issue de ce canal, on entrera dans la Meuse par le moyen de laquelle on pourra pénétrer jusqu'en Hollande.

524. Avant de parler de la route de Bordeaux à la Moselle, nous allons tracer celle de la même commune à la vallée du Haut-Rhin. Pour y arriver :

1°. Par la route rétrograde de celle exposée au n. 511. 4°. & 9°., on aboutira au Rhône, pris à la pointe de l'isle de Camargue.

2°. De-là, par la voie décrite au n. 512. 2°. & 9°., on arrivera au Rhin, qu'on pourra parcourir dans tout son cours, en aval.

525. De Bordeaux à la Moselle, on aura deux routes à choisir.

Première route. 1°. Par la voie décrite au n. précédent, on remontera jusqu'à l'embouchure du Doubs.

2°. Depuis cet endroit, on suivra la route décrite ci-dessus (512. 10°. & 12°.).

Seconde route. 1°. Par la voie exposée au n. 523. 1°. & 4°., on aboutira à la Meuse, près de Stenay.

2°. En cet endroit, on remontera la Meuse jusqu'à Pagny.

3°. De Pagny, par l'inverse de la route décrite au n. 512. 13°. & 14°., on arrivera à la Moselle, qu'on pourra descendre jusqu'au Rhin.

526. Enfin, de Bordeaux au lac de Genève, on suivra la route que nous allons décrire.

1°. On arrivera au Rhône, pris à la pointe de l'isle de Camargue, d'après ce que nous avons dit au n. 524. 1°.

2°. De cet endroit, on arrivera à Lyon, par la route exposée au n. 512. 2°. & 4°.

3°. De Lyon, on aboutira au lac de Genève, par la voie décrite au n. 512. 15°. & 16°.

Ces communica-
tions remplissent l'ob-
jet de la navigation
intérieure.

527. Telle est, & telle nous paroît devoir être la navigation intérieure de la France, prise dans sa véritable acception. Elle doit nécessairement former une ligne non interrompue, qui embrasse tout le pourtour de l'Etat, & qui circule, par des canaux, soit naturels, soit artificiels, autour de la grande masse de montagnes de la ci-devant Auvergne, que la nature a placées au centre de notre territoire. Dans l'espace compris par cette ligne, on voit la Loire & la Seine former deux diagonales, & porter, soit directement & par elles-mêmes, soit indirectement & par leurs affluens, un commerce considérable aux principales villes de la République.

On voit aussi que, par ce tracé, ces mêmes villes peuvent communiquer, sans faire de bien grands détours, avec les places les plus reculées. Prenons pour exemple Paris.

1°. Elle communiquera facilement avec l'Escaut (515. 2°. & 3., & 516. 2° & 3°.).

2°. Elle communiquera avec la Meuse (523. 2°. & 5°.).

3°. Elle communiquera avec la Moselle, par la 2e. route du n. 525.

4°. Elle communique déjà avec la Loire, par le Loing & les canaux de Briare & d'Orléans.

5°. Elle communique aussi avec le Rhône, par le Loing, les deux canaux que nous venons de citer, la Loire, le canal du Centre & la Saône.

6°. Elle communiquera avec le Haut-Rhin, par la Saône, le Doubs, le canal de l'Est & l'Ill, ou, si l'on veut, par la

Meufe, le canal de Toul, la Mofelle, le canal de Jonvelle, la Saône, le Doubs, le canal de l'Eſt & l'Ill.

7°. Elle communiquera avec Marfeille par la route ci-deſ-fus (5°.) & par l'inverſe de celle décrite au n. 512. 2°. & 4°.

8°. Elle communiquera avec le lac de Genève, par la même route ci-deſſus (5°. & par l'inverſe de celle tracée au n. 512. 15°. & 16°.

9°. Elle communiquera avec Bordeaux, par l'inverſe de la route du n. 519.

10°. Enfin elle communiquera avec Bayonne, par la voie de Bordeaux, & depuis cette ville, par la Garonne & par la route décrite au n. 511. 10°.

Il eſt facile de démontrer, d'une manière femblable, qu'une pareille communication aura auſſi lieu pour toutes les villes qui feront placées, foit fur la ligne de circonfcription, foit fur les deux diagonales, foit enfin fur les affluens hallables qui y abou-tiſſent.

528. La navigation intérieure, telle que nous venons de la décrire, eſt réellement un projet de la nature de celui men-tionné au n. 506. 1°.; car il eſt viſible qu'il intéreſſe la généra-lité de l'Etat. A la vérité, les trajets feront plus longs que par terre; mais on doit favoir qu'un canal, foit naturel, foit arti-ficiel, n'eſt pas un chemin; que, dans le premier cas, la nature en a fixé la route, & que, dans le fecond cas, on eſt aſſujetti aux localités qu'on ne peut pas changer, & à la loi impérieuſe du niveau, qui n'admet pas de modification. D'ailleurs, quelle que foit l'augmentation du trajet, on en eſt toujours bien am-plement dédommagé par la facilité des tranfports. Car quand même un cheval, par le hallage, entraîneroit que le décuple du poids qu'il peut voiturer par terre, on fent qu'il y auroit encore beaucoup à gagner. Ajoutons à cela qu'il en réfulteroit toujours, en outre, les avantages mentionnés au n. 508.

Quant aux embranchemens à effectuer par des rivières qui communiqueroient immédiatement avec les lignes principales de la navigation, ou qu'on y joindra par le moyen de canaux particuliers & qu'on aura convenablement difpofés au hallage, nous pouvons dire que ces fortes de projets, ne regardant pas la généralité, ne peuvent fixer l'attention du Gouvernement que dans les cas mentionnés au n. 506. 2°., 3°. & 4°.

Ouvrages à exé-
cuter pour la navi-
gation intérieure.

529. L'on voit, par tout ce que nous venons de dire, que la plupart des rivières que nous avons indiquées, comme devant entrer dans le fyftême de la navigation intérieure, ont befoin d'être modifiées fur une partie de leur cours & préparées au hallage de remonte, foit par des rétréciffemens (479), foit par des déverfoirs (477), foit enfin par des canaux latéraux (476). Dans ce dernier cas, les canaux, devant être fouvent alimentés par des eaux prefqu'habituellement chargées de limon, ont befoin d'être conftruits avec des précautions particulières, pour éviter les emcombremens des retenues & des facs des éclufes. D'autre part, on pourra mettre à profit les chûtes au droit des éclufes, pour la conftruction de diverfes machines qui favoriferont la partie induftrielle. Enfin, lorfque les rivières, d'où on dérivera ces canaux, feront confidérables, comme le Rhône, la Loire & la Garonne, on pourra auffi, très-avantageufement dans certains cas, réunir le hallage des canaux avec l'arrofage. Au furplus, ce fujet eft auffi vafte qu'intéreffant : nous ne pouvons ici que laiffer entrevoir les difficultés & les avantages; mais nous nous réfervons à traiter la chofe à fond dans un ouvrage particulier fur les canaux de navigation.

Canaux de com-
munication entre
deux vallées.

530. L'on voit auffi que ce projet de navigation intérieure, exige un grand nombre de canaux deftinés à faire communiquer les rivières, les unes avec les autres. Parmi ces canaux, il eft poffible qu'il s'en trouve quelques-uns qui puiffent être alimentés par l'une des deux rivières à joindre, en tirant, d'une certaine hauteur, un canal de dérivation. La chofe aura lieu,

dans le cas ou l'une des deux rivières à joindre auroit beaucoup de pente & l'éminence intermédiaire peu de hauteur.
Mais, le plus souvent, ces canaux ne peuvent se fournir que
d'eau de pluie : dans ce cas, il faut avoir recours aux réservoirs,
tels que celui de Saint-Ferréol, qui alimente le canal du Midi.
Comme ce sujet n'a jamais été traité, quoiqu'infiniment essentiel, & qu'il est la base de notre projet d'arrosement pour les
vallées de l'Arc, Marignanne & Marseille, dans le département
des Bouches-du-Rhône, nous le développerons dans le traité
que nous publierons bientôt sur les canaux d'arrosage.

531. Nous ne connoissons pas assez les localités, pour pouvoir dire si certains de ces canaux exigeront d'être pratiqués
dans des percemens souterreins, comme celui de jonction de
la Somme & de l'Escaut, ci-devant connu sous le nom de *Canal
de Picardie ;* mais, dans tous les cas, nous pensons qu'on doit
éviter ces souterreins autant qu'il sera possible, & qu'on ne doit
les employer que lorsque les localités le commandent impérieusement : car on ne peut jamais savoir ce qu'on rencontrera
dans le sein d'une montagne ; & si, malheureusement, après
avoir déjà fait des dépenses considérables, on trouve, sur ses
pas, un gouffre, ou une source abondante, on seroit inévita-
blement obligé d'abandonner les ouvrages, & de prendre une
autre route. Aussi l'expérience prouve-t-elle que ces sortes de
travaux sont toujours sujets à beaucoup d'inconvéniens, & que
le succès en est ordinairement fort précaire.

Réflexions sur les canaux souterreins.

532. Puisque nous en sommes sur les canaux souterreins, il
ne sera pas hors de propos de dire un mot sur le percement
souterrein du canal ci-devant de Picardie. On sait que ce percement devoit avoir environ 7000 toises de longueur, & qu'il est
déjà considérablement avancé : on sait aussi qu'il a été fort im-
prouvé par des personnes infiniment recommandables par la
profondeur de leurs lumières, & que leur improbation est particulièrement fondée sur le peu de largeur du canal, & sur la

Réflexions sur le canal ci-devant de Picardie.

grande réſiſtance qu'éprouveront les bateaux, de la part d'un fluide qui, dans ce cas, doit être regardé comme extrêmement défini, par le peu d'eſpace qui reſtera entre les parois du canal & le corps des bateaux.

Nous ne pouvons pas nous diſſimuler que ces raiſons ne ſoient véritablement fondées en principes. Cependant, examinons les choſes de près. Suivant les expériences ſur les réſiſtances des fluides, faites par les citoyens Boſſut, d'Alembert & Condorcet, la réſiſtance d'un fluide défini n'eſt que double de celle d'un fluide indéfini. Par conſéquent, dans le canal ſouterrein dont nous parlons, le hallage exigera deux fois plus de force, ou deux fois plus de tems, que ſi cette partie du canal avoit été conſtruite, à ciel ouvert, avec de plus grandes dimenſions tranſverſales. Or, ſi on l'avoit conſtruit à ciel ouvert, dans le cas où la choſe auroit été poſſible, elle eût pu avoir, & même probablement elle auroit eu une longueur au moins deux fois plus conſidérable. Donc, alors, il y auroit eu compenſation.

Qu'on regarde donc cette partie du canal, comme ſi elle étoit à ciel ouvert, d'une longueur double & avec de plus grandes dimenſions. Dans ce cas, on ſeroit deux fois plus de tems à la parcourir. Mais on ſait que, ſur un auſſi petit intervalle, le tems perdu, par l'excès de réſiſtance, ou par la duplication de la longueur, ne ſera tout au plus que de quelques heures. Or, dans un ouvrage de cette nature, la choſe n'en vaut pas aſſez la peine pour s'y arrêter.

Ainſi nous penſons que, ſans s'attacher à ces difficultés, il ne pourroit être que très-avantageux, tant à la proſpérité publique, qu'aux intéreſſés à l'entrepriſe, que le percement ſouterrein fût fini & le canal de jonction perfectionné dans toute ſon étendue.

Du reſte, ce que nous diſons à ce ſujet, n'eſt point dicté par un eſprit de contradiction : nous ſommes pénétrés d'eſtime pour les perſonnes qui ſe ſont élevées contre ce ſouterrein, &
d'ailleurs,

d'ailleurs, nous adhérons à leurs principes. Mais nous croyons que l'on peut envisager les chofes fur les rapports que nous venons de préfenter, & que cette manière de voir doit naturellement lever toutes les difficultés qu'on peut propofer à cet égard.

533. Le projet de la navigation intérieure de la France eſt, comme l'on voit, de la plus haute importance, & ſi jamais il étoit exécuté, on ſent qu'il rendroit cet Etat un des plus floriſfans qu'il y ait ſur la ſurface du globe. Mais ce n'eſt pas l'ouvrage d'un jour, ni même d'une génération. Cependant il feroit digne de la ſageſſe du Gouvernement de prendre de loin toutes les meſures & de préparer tous les moyens qui peuvent tôt ou tard contribuer à ſon exécution. Ainſi, il feroit à deſirer que le conſeil des ponts & chauſſées fût chargé de l'examiner mûrement, & d'en arrêter la route & toutes les parties ; qu'enſuite de cette déciſion, les ingénieurs des départemens reſpectifs euſſent ordre, chacun dans ſon arrondiſſement, d'en lever les plans ſur la même échelle, & d'en dreſſer les devis, d'après le plan général arrêté, & que tous ces plans & devis partiels fuſſent envoyés à la Commiſſion des travaux publics, pour rédiger un plan & un devis général, & faire le relevé de tous les frais qu'une pareille entrepriſe exigeroit.

Ce feroit d'après tous ces préliminaires, qu'on pourroit ſtatuer, tant ſur l'ordre à ſuivre dans l'exécution, que ſur les fonds annuels qu'on pourroit y employer, & ſur les moyens de ſe les procurer.

Précautions à prendre pour effectuer le projet de la navigation intérieure.

SECTION V.

De la Navigation à la voile par la Seine jusqu'à Paris.

La navigation de la Seine à la voile, souvent proposée. 534. DEPUIS des siècles, on agite la question de savoir s'il ne seroit pas possible de faire remonter la Seine aux vaisseaux qui arrivent à Rouen, & d'établir un port à Paris. On a fait, à ce sujet, diverses vérifications; on a dressé divers mémoires, & en dernière analyse, on s'est borné à parcourir le lit de la rivière, & à écrire sans donner suite à aucun projet. Nous avons vu dernièrement un lougre aborder au pont de la Révolution : ce navire a ranimé les espérances presqu'éteintes de la navigation dont nous parlons; mais il ne tiroit que cinq pieds d'eau, & certes, ce seroit bien peu de chose pour mettre Paris à portée de faire le même commerce que Rouen.

Dans l'idée de faciliter cette navigation, on a proposé de redresser, par des canaux, le lit sinueux de la rivière. Mais ces redressemens, en augmentant la pente, auroient réellement diminué la profondeur des eaux : d'ailleurs, nous verrons qu'ils entraîneroient les plus grands inconvéniens.

D'autres enfin, en divers tems, ont proposé différens projets de canaux, dont l'objet principal étoit, ou de rendre la navigation de la Seine plus aisée, ou d'augmenter les communications de Paris. Parmi ces derniers, on distingue sur-tout celui du citoyen Lemoine, ayant pour but de faire communiquer cette rivière avec l'Océan pris à Dieppe.

Dans cette section, nous allons donner nos idées sur la manière que nous croyons la plus simple, non-seulement pour faire arriver à Paris les vaisseaux qui s'arrêtent à Rouen, mais encore pour procurer à la Seine la plus grande navigation dont elle est susceptible.

535. D'après ce que nous avons dit (441 & 442), toute rivière qui a la profondeur d'eau convenable, & qui ne charie que du sable ou du limon, ou qui chariant du gravier, n'a pas au-delà de 3 pouces & demi de pente sur 100 toises de longueur, est navigable à la voile. Or, de Rouen à Paris, & même fort au-dessus, la Seine ne charie point de gravier ; & d'ailleurs les nivellemens prouvent que sa pente, loin d'être au-delà de 3 pouces & demi sur 100 toises, n'est pas même de 2 pouces. Ainsi la pente est telle que l'exige la navigation à la voile.

La Seine a la pente convenable, mais trop peu de profondeur d'eau pour la navigation à la voile.

Quant à la profondeur des eaux de cette rivière, on doit remarquer : 1°. qu'à son embouchure, il y a des barres formées par les dépôts, qui ne permettent le passage qu'à des navires de moyenne grandeur, & tels qu'ils ne prennent pas au-delà de 9 pieds d'eau, ainsi qu'on en peut juger par les vaisseaux qui arrivent à Rouen ; 2°. que dans la partie restante de son cours, la profondeur des eaux y est très-inégale ; qu'il y a un grand nombre d'endroits où cette profondeur, dans les basses eaux, est de 12, 15, & même 18 pieds, & qu'il y en a d'autres où elle n'est que de 4 à 5 pieds.

Par conséquent, la navigation de la Seine, pour être perfectionnée, exigeroit que la moindre profondeur, dans le tems des basses eaux, fût de 12 pieds ou environ. On peut déjà voir, par ce qui précède, qu'il y a des moyens de forcer la rivière à prendre elle-même cette profondeur en amont de son embouchure. Mais dans cette dernière partie, la chose est impossible (170) ; & pour y remédier, il faut nécessairement recourir à un canal latéral (451). Comme nous savons que des ingénieurs très-instruits s'en occupent, nous n'en dirons pas davantage. Nous nous bornerons à la navigation en amont de l'embouchure jusqu'à Paris.

Les finuofités ne feroient pas un obftacle à la navigation à la voile.

536. Nous avons dit (446) que la navigation à la voile exigeoit que les finuofités du lit de la rivière ne fuffent pas trop dures. Or, fi l'on jette les yeux fur le cours de la Seine, on verra que fon lit, exceffivement tortueux, a précifément ce défaut, qui eft un obftacle à la navigation. Cependant, comme il eft très-rare que le vent foit tout-à-fait contraire, & qu'il y a ordinairement plus ou moins de dérive, fi l'on pouvoit fe procurer par-tout la profondeur d'eau néceffaire, ces finuofités ne feroient point un obftacle abfolu. Nous ajouterons même, qu'à raifon de la multiplicité de ces finuofités, fi le vent étoit tout-à-fait contraire, ce ne pourroit être que fur un très-court efpace; auquel cas le pis feroit de fe faire haller ou remorquer fur cet intervalle.

On peut lever l'obftacle oppofé par les ifles.

537. Un autre obftacle, à la navigation de la Seine, eft cette multiplicité d'ifles qui font répandues, dans fon lit, tout le long de fon cours. L'expérience fait voir que ces ifles gênent même le hallage. Cependant cet obftacle feroit aifé à détruire, ainfi que nous l'avons déjà dit (454), fi l'on pouvoit obtenir une plus grande profondeur d'eau.

On peut auffi lever celui oppofé par les ponts.

538. Il y a auffi, fur le cours de la rivière, divers ponts dont les arches formeroient un obftacle au paffage des navires mâtés. Mais cet obftacle feroit aifé à lever (463) fi l'on avoit profondeur d'eau.

Le défaut de profondeur d'eau, eft la feule difficulté.

539. Ainfi, d'après ce que nous venons de dire (535 & 538), on voit que la Seine eft parfaitement fufceptible de la navigation à la voile; que tous les obftacles mentionnés dans les 3 derniers n. peuvent facilement être levés ou modifiés; & qu'il n'y a réellement que le défaut de profondeur d'eau, en divers endroits, qui empêche, dans l'état actuel des chofes, que les vaiffeaux qui abordent à Rouen ne remontent jufqu'à Paris, ainfi que l'exigeroit l'importance de cette vafte cité & le bien général de l'Etat.

540. Cette difficulté a été parfaitement sentie dans tous les tems ; aussi , presque tous les anciens projets avoient-ils , pour premier objet, d'approfondir le lit de la rivière. Mais on n'a jamais imaginé de forcer le courant, par des moyens simples & économiques , à effectuer lui-même cet approfondissement ; on pensoit seulement à l'opérer à main d'homme : or, dans ce cas , la chose devenoit moralement impossible ; & c'est sans doute la raison pour laquelle tous ces projets ont été absolument perdus de vue.

541. Les ingénieurs, qui dernièrement sont venus à bord du lougre, depuis le Hâvre jusqu'à Paris, ne paroissent pas avoir d'autre objet que de faire naviguer de pareils navires sur la Seine, &, à cet effet, de débarrasser son lit des divers obstacles qui l'obstruent en certains endroits , & que les nautonniers appellent des *nuisances* ; mais ils n'ont pas en vue d'y faire naviguer des vaisseaux qui prennent une plus grande profondeur d'eau , du moins à en juger par ce que nous en ont appris les papiers publics ; car leur journal ni leur mémoire n'ont pas été imprimés, & ne sont pas parvenus jusqu'à nous. Il est certain que l'exécution de leur projet seroit une amélioration réelle dans la navigation de la Seine ; qu'on pourroit alors, de Paris, faire un commerce de cabotage avec la côte, & même avec des isles à une certaine distance du continent , & qu'on ne seroit plus dans le cas, pour une infinité d'objets, de faire des versemens à Rouen. Ainsi, on ne peut qu'applaudir à leur zèle pour la prospérité publique. Mais au fond , peut-on croire qu'un négociant à Paris , à qui la fortune permettra de faire des spéculations importantes sur les productions des Indes, soit orientales , soit occidentales , confiera des chargemens précieux & de la plus grande valeur, à un navire aussi frêle qu'un lougre ? On sent bien que la prudence s'y oppose. Par conséquent un pareil système de navigation ne satisfait qu'à demi à celui qu'on doit avoir en vue.

Projet proposé par les ingénieurs qui ont remonté la Seine à bord du lougre le *Saumon*.

Inconvéniens du
projet de redreſſer le
lit de la Seine.

542. Nous ne voyons pas la véritable raiſon pour laquelle on a propoſé d'anéantir les ſinuoſités, & de redreſſer le lit de la rivière par-tout où les localités le permettent. Eſt-ce pour abréger la route de Paris à Rouen, ou pour opérer la navigation à la voile?

Dans la première hypothèſe, il eſt certain que le trajet étant plus direct, ſeroit en même tems plus court. Il eſt certain auſſi que, non-ſeulement à raiſon de ce raccourciſſement, mais encore à raiſon de l'augmentation de vîteſſe qu'on procureroit par ce moyen à la rivière (181 & 182), on arriveroit de Paris à Rouen, en beaucoup moins de tems que par le cours actuel. Mais c'eſt bien moins le tems d'arriver de Paris à Rouen qu'il faut abréger, que celui d'arriver de Rouen à Paris. Or, dans ce cas, on ne gagneroit abſolument rien. Suppoſons, pour le prouver, que ces redreſſemens rendent le trajet quatre fois moindre. La rivière aura donc quatre fois plus de pente que dans ſon cours actuel. Elle acquerrera donc plus de vîteſſe à proportion; elle oppoſera donc auſſi plus de réſiſtance dans la remonte. Mais la réſiſtance eſt comme le quarré de la vîteſſe, & le quarré de la vîteſſe le long des plans inclinés eſt comme la pente. Donc la réſiſtance ſera comme la pente; & puiſque cette pente eſt devenue quatre fois plus forte, la réſiſtance ſuit la même proportion. Par conſéquent, il faudra quatre fois plus de force pour la remonte ou quatre fois plus de tems. Donc, dans ce cas, les redreſſemens ne font rien gagner ſur le tems de la remonte.

Dans la ſeconde hypothèſe, en augmentant la pente, on augmente la vîteſſe. Or, par la même raiſon, on diminue la profondeur des eaux, au lieu qu'il faudroit l'augmenter.

Mais il y a plus. Par les redreſſemens propoſés, la force de la rivière augmentant à raiſon de la pente, ſi le fond eſt corroſible, le courant le creuſera juſqu'à ce que le lit ait pris la forme aſſymptotique (179) qui lui convient. Or, pour que le lit prenne cette nouvelle forme, la corrosion doit s'étendre à plusieurs lieues en amont du commencement des redressemens. Puis donc que ces redressemens doivent commencer en sortant de Paris, supposons qu'en cet endroit la corrosion y soit de 20 pieds de profondeur, ce qui est plus que possible. Le nouveau fond ne devant coïncider avec l'ancien, qu'à une très-grande distance en amont, cette corrosion se propagera à cette même distance, en diminuant progressivement. Or, alors, il est visible que tous les ponts, les quais & les édifices qui seront placés sur la rivière, soit dans Paris, soit sur la grande partie de cet intervalle, seront ruinés par le courant, & qu'il en sera de même des ouvrages d'art placés sur les affluens.

Pour mieux s'en convaincre, soient $ABCDEFGH$ (fig. 46), le cours actuel de la rivière en aval de Paris, la droite GM égale à la longueur du développement du lit, depuis G jusqu'en A, & GKL la ligne assymptotique qui représente la pente du fond sur cette partie. Si nous rectifions le lit de A en G, le fond qui, auparavant, étoit supérieur à la ligne de niveau GM, d'une quantité $= LM$, ne s'élèvera plus au-dessus de cette ligne qu'à la hauteur de AK. Menons KN parallèle à AM, la corrosion en A sera à-peu-près $= LN$: or, cette corrosion s'étendra en amont jusqu'à une très-grande distance. Fig. 46.

Au reste, nous disons que la corrosion en A sera *à-peu-près* $= LM$; car (181) la grossièreté des matières du fond y augmentera ; ce qui (176) produira une augmentation de pente au point A ; mais cette modification n'empêchera pas que LN ne soit toujours très-considérable.

Il n'y auroit qu'un seul moyen d'obvier à cet inconvénient. Ce seroit (216) de construire un radier à la tête des redressemens. Mais alors (213. 2°. & 3°.), il y auroit une cascade, & le radier deviendroit un déversoir qui exigeroit des écluses pour le rétablissement de la navigation.

Ainſi, il paroît que ce projet n'a pas été aſſez mûri.

Danger réſultant des petits canaux de redreſſement projettés.

543. Un projet beaucoup plus raiſonnable, & propoſé dans la concluſion générale du rapport fait au comité des travaux publics de la Convention nationale, par les citoyens Boſſut & David le Roi, chargés d'examiner les canaux projettés de navigation, entre l'Oiſe & la Seine, ſeroit de ne pratiquer à ces redreſſemens qu'un ſimple canal deſtiné au hallage. Cependant nous ne devons pas nous diſſimuler qu'il ſeroit auſſi ſuſceptible de quelques inconvéniens; car, ſi l'on ne prenoit pas les plus grandes précautions à l'entrée des redreſſemens, il pourroit fort bien arriver, ce qui eût lieu en 1711, au canal des Lônes ſur le Rhône, au-deſſous d'Arles (182), c'eſt-à-dire, que, dans une crue, la rivière ne s'y précipitât à raiſon de l'augmentation de pente qu'elle y trouveroit (105. 2°.). La choſe pourroit même avoir lieu malgré toutes les précautions qu'on pourroit prendre. Il ne faudroit pour cela qu'une crue extraordinaire qui permît à la rivière de franchir les ouvrages & d'entrer dans les canaux de redreſſement. Or, alors, il en réſulteroit infailliblement les déſaſtres dont nous venons de parler (542). Ainſi, avant de ſe livrer à ces redreſſemens par des canaux partiels, il ſera peut-être prudent de faire de nouvelles réflexions ſur les dangers auxquels on expoſe la Cité & ſur les moyens de les prévenir.

Canal projetté par le citoyen Lemoine.

544. Le projet de canal du citoyen Lemoine, tendant à faire communiquer la Seine avec l'Océan pris à Dieppe, a été très-ſagement diſcuté dans le rapport que nous avons cité (543), par les citoyens Boſſut & David le Roi, rapport qui juſtifie que ce projet eſt de la claſſe de ceux dont nous avons parlé (505. 2°. & 3°.). N'ayant donc pas pour objet la navigation de la Seine, nous n'en dirons rien de plus.

Venons à préſent aux moyens que nous avons à propoſer pour remplir l'objet de la navigation de la Seine,

545. Cette rivière a une pente convenable pour la navigation à la voile. Mais elle n'a pas affez de profondeur d'eau en divers endroits, pour recevoir & amener jufqu'à Paris les vaiffeaux qui s'arrêtent à Rouen (535). Tous les autres obftacles mentionnés aux n. 536 & 538, font fufceptibles d'être levés ou modifiés : il n'eft queftion que de procurer par-tout à la rivière, la profondeur d'eau requife. C'eft à ce feul point que tient la navigation dont il s'agit : or la queftion fe réduit à celle-ci : *Forcer la rivière, par les moyens les plus fimples & les plus économiques, à creufer fon lit, & à prendre la profondeur d'eau néceffaire, pour que, dans le tems même des plus baffes eaux, les vaiffeaux qui arrivent à Rouen, puiffent remonter à la voile jufqu'à Paris.* Nous allons voir que cette queftion fe trouve réfolue par les principes que nous avons établis dans le cours de cet ouvrage, & particulièrement, par ce que nous avons dit dans la fection Ire. de cette partie, n. 439 & 464. Car telle eft la fécondité des principes établis fur les véritables loix de la nature, qu'ils s'appliquent avec fuccès à la folution de tout ce qui y eft relatif.

Problème à la folution duquel fe réduit la navigation de la Seine à la voile.

546. Nous avons vu, au n. 456, que lorfqu'une rivière avoit trop de largeur, il en falloit réduire le lit, & (416) que cette réduction devoit s'opérer, non par des ouvrages continus, mais feulement par des rétréciffemens partiels, à exécuter par intervalles. Or, la Seine n'a peu de profondeur, que parce qu'elle a trop de largeur (449). Donc fon lit doit être réduit, & cette réduction ne doit s'opérer que par des rétréciffemens placés par intervalles.

On doit réduire le lit de la rivière.

547. Nous avons dit (457) que la largeur à donner à un rétréciffement étoit en raifon inverfe de la profondeur d'eau qu'on vouloit fe procurer. Soient donc la largeur actuelle du lit de la rivière $= l$, la largeur cherchée d'un rétréciffement $= x$, la profondeur d'eau à fe procurer, dans le tems des baffes

Largeur à donner aux rétréciffemens.

K k

eaux, au rétréciffement $= a$. Puifqu'à cette époque, dans l'état actuel, la profondeur de la rivière eft d'environ 4 pieds & demi, nous aurons la proportion $a : \frac{9}{2} :: l : x = \frac{9l}{2a}$.

Ainfi, fuppofons qu'à l'endroit à rétrécir, la largeur de la rivière foit de 80 toifes, & qu'on veuille s'y procurer 12 pieds de profondeur d'eau, lors des baffes eaux, on aura $l = 80$, $a = 12$ & $x = 30$ toifes.

Si à l'endroit dont il s'agit la rivière n'avoit que 60 toifes, on auroit $x = 22$ toifes 3 pieds. Or, de Paris à Rouen, la largeur de la rivière, réunie en un feul lit, excède toujours 60 toifes, & quelquefois même 80. Par conféquent, on peut fe procurer 12 pieds de profondeur d'eau, & avoir un rétréciffement au-delà de 22 toifes & demie de largeur; ce qui eft plus que fuffifant pour la navigation à la voile.

Diftance des ré-tréciffemens.

548. L'intervalle d'un rétréciffement à l'autre eft très-aifé à déterminer par la voie de l'expérience. On conftruira le premier rétréciffement en aval, d'après les dimenfions calculées, ainfi qu'on vient de voir (547); il forcera néceffairement la rivière à corroder & à approfondir le fond (209 & 212), & (211) la corrofion s'étendra plus loin en amont qu'en aval. Lorfqu'il aura produit fon effet, il fera aifé de juger à quelle diftance en amont du premier rétréciffement, il faudra établir le fecond, pour propager la corrofion & la profondeur d'eau demandée.

Ce procédé a d'ailleurs un autre avantage : c'eft que d'après l'effet produit par le premier rétréciffement, on jugera, à coup sûr, de la poffibilité du projet, & des dépenfes qu'il néceffitera, tandis que, dans beaucoup de projets, on ne peut pas fe procurer la même certitude. Par où l'on voit que, pour conftater cette poffibilité, tout fe réduit à faire les avances des frais d'un feul rétréciffement, frais qui ne s'élèveront pas à 40,000 livres.

Au furplus, en comparant la pente de la Seine avec celle du Verdon à Caftellanne, & en rapprochant la corrofion à produire fur la première de ces rivières, avec celle produite fur la feconde (212), nous pouvons affurer que les rétréciffemens y feront fort éloignés, & que leur diftance refpective pourroit bien excéder 2000 toifes. Conféquemment, le nombre des rétréciffemens diminuant, les frais d'exécution diminueroient auffi à proportion.

549. Les ouvrages des rétréciffemens feront dans le cas d'être franchis par les eaux dans les crues; car il faut qu'elles aient la liberté de paffer. C'eft pour cette raifon que ces ouvrages ne feront qu'en bois, & terminés en glacis (459 & 460). *Les ouvrages ne doivent pas gêner le paffage des eaux.*

550. Il y aura des cas où, par les vents contraires, on pourra avoir befoin de fe faire haller: par conféquent les ouvrages auront la forme prefcrite au n. 461. *Ils feront auffi a- nalogues au hallage.*

551. Par-tout où la rivière fe partagera en plufieurs branches, on la réduira en une feule, ainfi qu'il a été dit (454); & dans le cas où cette opération pourroit préjudicier aux communes riveraines des branches barrées, on fe conformera à ce que nous avons dit au n. 455. *Précautions à prendre dans les barrages.*

552. Dans l'exécution de ce projet, il fera à propos de mettre les ponts & les autres édifices qui font fur la rivière, à l'abri des effets de la corrofion qu'on veut produire: pour cela on effectuera ce qui a été dit au n. 462. *Précautions à prendre pour ne pas nuire aux édifices fur la rivière.*

553. Comme les navires mâtés ne pourroient pas paffer fous les arches des ponts, on aura recours au moyen porté par le n. 463. *Moyen d'éviter les ponts en naviguant à la voile.*

554. Paris & fes alentours exigent des précautions particulières, foit pour affurer les ouvrages d'art qui exiftent fur la *Précautions à prendre pour Paris & fes environs.*

rivière, soit pour l'établissement d'un port qui soit à l'abri des dépôts, & qui n'ait pas l'inconvénient des gares.

Le pont de la Révolution paroît devoir être le terme de la navigation sur la rivière : car il ne seroit guères possible d'introduire les navires dans la partie supérieure, soit par la difficulté de construire des canaux latéraux au droit des ponts, soit sur-tout par les dépenses énormes que nécessiteroient tous les édifices placés dans Paris sur le lit de la Seine, pour en préserver les fondemens, de la corrosion. En conséquence, à l'issue du pont de la Révolution, il devroit y avoir un radier qui mît à couvert de l'action des eaux, tous les ouvrages d'art en amont (215).

Quant au port, il paroît que son emplacement naturel seroit un canal d'environ 25 toises de largeur, qui, partant de l'Arsenal, ou même de plus haut, passât par les marais des faubourgs Saint-Martin, Saint-Denis, &c., & vînt rejoindre la rivière aux environs de la barrière de la Conférence, à l'extrémité des Champs - Élisées. Ce canal, habituellement alimenté par la rivière, ne seroit aucunement sujet aux encombremens, & offriroit, à portée de tous les quartiers de Paris, un port très-spacieux & beaucoup plus commode que s'il étoit placé dans le lit actuel en aval du pont de la Révolution.

On n'auroit pas à craindre que, dans les basses eaux, la rivière fût à sec dans Paris ; car la superficie des eaux y seroit toujours à la même hauteur (457). Elles y auroient seulement moins de vîtesse, parce qu'elles y seroient moins volumineuses.

Cas où le fond seroit incorrosible. 555. Dans le cas où le fond de la rivière seroit de nature à ne pouvoir pas être entamé par la corrosion, on aura recours au moyen indiqué au n. 545.

Voyons à présent si le procédé que nous venons de prescrire

fatisfait à toutes les conditions de la queſtion propoſée au
n. 545.

556. 1°. *On forcera la rivière à creuſer ſon lit :* la choſe eſt
évidente : car, en reſſerrant le courant, on augmente ſa
force (210-212 , 219 & 220).

Le procédé prefcrit réſout le problême ſur la navigation de la Seine.

2°. *Elle creuſera ſon lit tout le long de ſon cours dans la partie
où on le rétrécira.* Cela eſt encore évident , d'après ce que nous
avons dit ci-devant (219 & 220).

3°. *Elle prendra la profondeur d'eau néceſſaire aux vaiſſeaux
qui arrivent à Rouen.* Car (457 & 547) cette profondeur eſt
relative à la largeur à donner aux rétréciſſemens comparée à
celle du lit actuel.

4°. *Ces vaiſſeaux pourront alors remonter à la voile juſqu'à
Paris.* Car ils auront la profondeur d'eau néceſſaire (547). La
pente de la rivière eſt relative à la navigation à la voile (535).
La largeur du lit aux rétréciſſemens ſera au-delà de 22 toiſes
& demie (547) , c'eſt-à-dire plus forte que celle des goulets
d'entrée de pluſieurs ports.

5°. *Les moyens à employer ſeront les plus ſimples & les plus
économiques poſſibles.* Car (459 & 460) les ouvrages ne ſeront
qu'en bois, terminés en glacis , & conſtruits par intervalles
fort éloignés (548).

Ainſi , cette conſtruction remplit toutes les conditions de
la queſtion du n. 545.

557. Pour ne rien laiſſer à deſirer & raſſurer tous les eſprits
ſur tous les accidens qu'on pourroit craindre , nous récapitule-
rons ici toutes les raiſons qui peuvent lever les doutes que
ce ſyſtème de navigation pourroit faire naître.

Obſervations qui lèvent toutes les difficultés.

1°. *On n'a rien à craindre de la part du gonflement des eaux
aux rétréciſſemens.* Nous l'avons démontré au n. 457.

2°. *La corrofion aura lieu nonobftant les finuofités du lit de la rivière.* On en peut voir les preuves au n. 425.

3°. *Les crues des eaux auront conftamment un paffage libre.* C'eft une conféquence de ce que nous avons dit au n. 459.

4°. *Les éperons ou digues de rétréciffement ne formeront pas des écueils dans le tems des hautes eaux.* Nous en avons encore donné le moyen au n. 459.

5°. *Les ouvrages ne feront point dégradés, quoique franchis par les hautes eaux.* On en a vu la raifon au n. 460.

6°. *Les ponts & autres ouvrages d'art fur la rivière, ne feront pas dégradés par la corrofion.* Nous en avons donné les moyens au n. 462.

7°. *Le hallage au befoin ne fouffrira pas.* La forme des ouvrages prefcrits au n. 461 le garantit.

8°. *Le barrage des branches ne nuira pas aux communes riveraines.* On le voit par les n. 455 & 551.

9°. *Le lit, quoiqu'incorrofible en certains endroits, pourra être rendu corrofible.* Cela eft prouvé par les n. 422 & 555.

10°. *Les ponts ne feront pas un obftacle au paffage des navires.* Nous en avons vu la raifon aux n. 463 & 553.

11°. *Les édifices de Paris n'auront rien à craindre de la corrofion.* Nous en avons donné le moyen au n. 554.

12°. Enfin, *la Seine, dans Paris, aura toujours la même profondeur d'eau.* Nous l'avons vu au même n. 554.

On aura fouvent plus de profondeur d'eau que n'en exigent les vaiffeaux marchands.

558. Le tems des baffes eaux de la rivière eft fort circonfcrit, & fe réduit communément à deux ou trois mois dans le courant de l'année. C'eft à cette époque que la profondeur d'eau, dans l'état actuel, eft feulement de 4 pieds 6 pouces; —

mais ce tems-là passé, la profondeur ordinaire est de 6 & 7 pieds. Par conséquent, si les rétrécissemens sont tels, qu'à l'époque des plus basses eaux on se procure 12 pieds de profondeur d'eau, il est aisé de sentir, que, dans le tems des eaux moyennes, on en aura jusqu'à 14 & 15 pieds. Conséquemment, dans certains cas, on pourroit, au besoin, faire venir des frégates à Paris, ou du moins les y construire, ainsi que des vaisseaux de ligne, qu'on armeroit ensuite ailleurs.

559. Si l'on regarde ce projet de navigation comme n'intéressant que Paris, considérée d'une manière isolée, il tomberoit dans la classe de ceux mentionnés au n. 506. 2°. & 3°.; & pour lors l'exécution en feroit subordonnée à de simples calculs de finance. Mais Paris étant le siège du gouvernement, la chose peut être envisagée sous d'autres rapports relatifs à la politique. Au surplus, notre objet étoit d'en prouver la possibilité morale & physique : nous croyons l'avoir rempli par l'exposé que nous venons de faire. Nous laissons à qui de droit l'examen des raisons d'état qui peuvent s'y rapporter.

Ce projet est de nature à intéresser l'État.

560. Les moyens que nous venons de prescrire pour opérer la navigation à la voile sur la Seine jusqu'à Paris, pourroient être facilement employés ultérieurement, tant sur la même rivière, que sur ses affluens supérieurs & inférieurs : du moins on pourroit y ménager une navigation pour des tartanes & des allèges; mais ce projet est subordonné aux considérations relatives au n. 506. 2°. & 3°. Ainsi nous n'en dirons rien de plus.

On pourroit pousser la navigation à la voile au-delà de Paris.

561. Au surplus, nous devons prévenir nos lecteurs que nous n'avons d'autre objet que de donner nos idées sur un projet dont chacun sent les avantages. Nous les soumettons, ces idées, à la censure des personnes plus instruites que nous, soit sur l'art, soit sur les localités. Il est possible qu'un examen plus approfondi du cours de la rivière, présente des difficultés.

que nous n'avons pas prévues ; mais il eſt poſſible auſſi que ces difficultés ſoient levées, ſoit par les principes que nous avons établis, ſoit par des moyens que les circonſtances ou les lieux feront découvrir.

FIN.

TABLE
DES MATIÈRES
Contenues dans ce Volume.

PREMIERE PARTIE.
De la théorie des Torrens & des Rivières.

SECTION I.
Notions préliminaires.

§. I.
Observations sur les Montagnes.

§. II.
De l'origine des Sources & des Rivières.

L l

§. III.

Observations générales sur les Torrens & les Rivières.

SECTION II.

Des Torrens.

§. I.

Des Torrens considérés sur les montagnes où ils se forment.

§. II.

Des Torrens considérés au pied d'une montagne.

PREMIER CAS.

Ll ij

DEUXIÈME CAS.

§. III.

Des causes des Torrens & des effets qui en résultent.

SECTION III.
Des Rivières.

CHAPITRE I.
Des Rivières à fond de gravier.

§. I.

De la nature & de la pente du lit des Rivières à fond de gravier.

§. II.

De l'action des eaux sur le fond en gravier ; de la corrosion qui s'y exerce, & des moyens de la provoquer & de la modifier.

§. I I I.

Des variations des Rivières à fond de gravier, & de leur action sur les bords.

CHAPITRE II.

Des Rivières à fond de sable & de limon.

§. I.

De la nature & de la pente du lit des Rivières à fond de sable & de limon.

§. II.

De l'action des eaux sur le fond en sable & limon.

§. III.

Des variations des Rivières à fond de sable & de limon, & de leur action sur les bords.

§. IV.

De l'embouchure des Rivières dans la Mer.

SECTION IV.

Des Torrens-Rivières.

SECTION V.

Des Confluens.

§. I.

Obfervations générales fur les Confluens.

§. II.

Du confluent de deux Torrens.

§. III.

Du confluent d'un Torrent & d'une rivière, ou d'un Torrent-Rivière.

Ce

§. IV.

Du Confluent d'une Rivière & d'un Torrent-Rivière.

§. V.

Du Confluent de deux Rivières.

§. VI.

Du Confluent de deux Torrens-Rivières.

DEUXIÈME PARTIE.

Des moyens d'empêcher les ravages des Torrens , des Rivières & des Torrens-Rivières.

SECTION I.

Des moyens d'empêcher la formation & les ravages des Torrens.

§. I.

Des moyens d'empêcher la formation des Torrens fur les Montagnes.

M m

SECTION II.

Des moyens de contenir les Rivières & les Torrens-Rivières.

CHAPITRE I.

Des Digues.

§. I.

Des Digues considérées par rapport à leur direction.

§. II.

*Des diverses espèces de digues , leur profil , leurs matériaux , leur cons-
truction , & des cas où l'on doit les employer.*

ARTICLE I.

Des digues en terre ou en gravier qui doivent être terminées par un éperon.

ARTICLE II.

Des Digues à péré.

ARTICLE III.

Des Digues à pierres sèches.

Mm ij

ARTICLE IV.

Des Digues en maçonnerie.

ARTICLE V.

Des Digues en gabions.

ARTICLE VI.

Des Digues par encaissement.

ARTICLE VII.

Des Digues en bois.

ARTICLE VIII.

Des Levées ou Turcies.

ARTICLE IX.

Résumé général des Digues précédentes.

CHAPITRE II.

De la réduction des Rivières & des Torrens-Rivières.

§. I.

De la réduction des Rivières à fond de gravier & des Torrens-Rivières.

§. II.

De la réduction des Rivières à fond de sable & de limon.

SECTION III.

Usage des principes précédens dans la construction des Ponts sur les Rivières à fond de gravier.

TROISIÈME PARTIE.

De la Navigation, du Hallage & de la Flottaison des Rivières.

SECTION I.

De la Navigation des Rivières.

SECTION II.

Du Hallage des Rivières.

SECTION III.

De la Flottaifon des Rivières.

SECTION IV.

De la Navigation intérieure de la France.

S E C T I O N V.

De la Navigation à la voile par la Seine jusqu'à Paris.

Fin de la Table des Matières.

ERRATA.

Page ix, Discours préliminaire, ligne 4, on doit les figurer, *lisez* on doit se les figurer.

Pag. 9, lig. 11, des terres, *lisez* des torrens.

Pag. 17, lig. 25, ou à peu près donc: *lisez* ou à peu près. Donc:

Ibid, lig. 26, un volume de 800 fois plus grand, *lisez* un volume 800 fois &c.

Pag. 16, dernière ligne, de 36 pouces, lorsqu'il règne &c., *lisez* de 36 pouces. Lorsqu'il règne &c.

Pag. 25, lig. 17, sur une des masses primitives, les eaux, *lisez* sur une des masses primitives. Les eaux.

Pag. 30, lig. 26, dont le torrent soit susceptible, *lisez* dont le torrent ou la rivière &c.

Pag. 32, lig. 10 s'écrouleront, *lisez* s'écouleront.

Pag. 39, lig. 31, sur leur prolongement H H, *lisez* sur leur prolongement H H'.

Pag. 40, lig. 5, qu'elles auront perdu. *lisez* qu'elles auront perdue.

Ibid, ligne antépénultieme, transversale F f g G, *lisez* transversale F *f g* G.

Ibid, dernière ligne, 60 pieds, en faisant abstraction, *lisez* 60 pieds. En faisant abstraction.

Pag. 45, lig. 9, que dans d'autres, il faut donc, *lisez* que dans d'autres. Il faut donc.

Pag. 48, lig. 30, de la tranchée F f g G, *lisez* F *f g* G.

Pag. 49, lig. 24, qui la contrarie, la force, *lisez* qui la contrarie. La force.

Pag. 59, lig. 2, elles ont besoin d'être poussées, *lisez* ils ont besoin d'être poussés.

Pag. 64, ligne 4, leur pente, *lifez* leur perte.

Pag. 71, lig. 4 en marge, qui le fournit, *lif.* qui le fourniffent.

Pag. 76, lig. 19, que nous propofons, *lifez* que nous nous propofons.

Pag. 79, lig. 29, la pointe B, *lifez* le point B.

Pag. 81, lig. 13, de s'aggrandir, *lif.* de l'aggrandir.

Pag. 84, lig. 8, des deux rivières, *lifez* de deux rivières.

Pag. 86, lig. 11, & de la réfiftance, *lifez* & la réfiftance.

Pag. 90, lig. 15, & couvert, *lifez* & ouvert.

Pag. 100, lig. 22, ces eaux, *lifez* les eaux.

Pag. 101, lig 30, en roches, *lifez* en rocher.

Pag. 108, lig. 7, dans une grande crue, la pente, *lifez* dans une grande crue. La pente.

Pag. 110, lig. 2 en marge, ne fera qu'un limon, *lifez* ne fera qu'en limon.

Pag. 117, lig. 15, de A en D, le volume d'eau, *lifez* de A en D. Le volume d'eau.

Pag. 118, lig. 8, dans le terrein, *lifez* dans le terroir.

Pag. 119, lig. 3, s'y appliquent, *lifez* s'y applique.

Ibid, lig. 9, ces torrens rivières, *lifez* le torrent rivière.

Pag. 125, lig. 6, ou confluent, *lifez* au confluent.

Pag. 126, lig. 25, dans le terrein, *lifez* dans le terroir.

Pag. 137, lig. 9, k'q'q'x, *lifez* k'q',q'x.

Pag. 142, lig. 19, A'D'C'B, *lifez* A'D'C'B'.

Pag. 145, dernière ligne, *la force du mal*, lifez *la fource du mal.*

Pag. 151, lig. 7, quelque foit la longueur, *lifez* quelleque foit la longueur.

Pag. 155, dernière ligne, $RH = y'\frac{mnpx}{q}$, *lifez* $RH = y = $ &c.

Pag. 160, lig. 17, Soit ABCD, *lifez* Soient &c.

Pag. 161, ligne 15, de la deuxième partie, *lifez* de la deuxième forte.

Pag. 162, lig. 31, de deux pouces, *lif.* de deux pouces.

Page 164, lig. 17, pal-planchers, *lif.* pal-planches.

Pag. 168, lig 3, Or nous allons, *lif.* Nous allons.

Pag. 169, lig. 9, au courant, pour obvier, *lif.* au courant.
Pour obvier.

Pag. 175., lig. 22, ne doit eſſayer, *lif.* ne doit eſſuyer.

Pag. 176. lig. 7, ainſi que ſa direction, *lif.* ainſi que de ſa direction.

Pag. 182, lig. 8, dans le département du Midi, *lif.* dans les
Départemens du Midi.

Pag. 188, lig. 29, eſt d'être placée, *lif.* eſt d'être placées.

Pag. 191, lig. 5, des plus fottes crues, *lif.* des plus fortes crues.

Pag. 198, lig. 17, le moins d'ouvrage poſſibles, *lif.* le moins
d'ouvrages poſſibles.

Pag 206, lig. 5, d'éviter les mouvemens, *lif.* d'éviter les inconvéniens.

Ibid., lig. 7, un canal de navigation particulière, *lif.* un canal
de navigation particulier.

Pag. 207, lig. 12, qui ſéparent les étangs de *Lavaldue* & d'*Engrenieu;* & ceux de *Ciiis*, *lif.* qui ſéparent les étangs de
Lavalduc & d'*Engrenieur*, de ceux de *Ciiis*.

Pag. 211, lig. 24, ſur les ouvrages des rétréciſſemens en chemin de hallage, *lif.* ſur les ouvrages des rétréciſſemens, un
chemin de hallage.

Pag. 214, lig. 5, mais en la deſcendant, *lif.* mais encore en la
deſcendant.

Ibid., ligne antépénultieme, Nommons cette projection f,
lif. Nommons cette projection s.

Pag. 215, lig. 7, projection f, *lif.* projection s.

Ibid. lig. 13, dans le buiome, *lif.* dans le binome.

Pag. 216, lig. 18, Appliquons-là, *lif.* Appliquons-la.

Ibid., lig. 19, $\overline{v'+v}$. *lif.* $\overline{v'\pm v}$.

Ibid., lig. 25, *même faute.*

ERRATA.

Page 216, lig. 31, $m a'. \overline{v' + v}$, *lif.* $m a'. \overline{v' + v}$.

Pag. 221, lig. 21, lorfqu'elles ne font pas flottables, *lif.* lorf-qu'elles ne font que flottables.

Pag. 229, lig. 5, par une foule de petites rivières dont nous venons de parler, *lif.* par une foule de petites rivières moin-dres que celles dont &c.

Pag. 246, lig. 17, des facs des éclufes, *lif.* des fas des éclufes.

Pag. 255, lig. 25, LM, *lif.* LN.

Pl. 1.

Fig. 1.

Fig. 2.

Fig. 3.

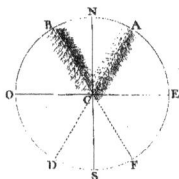

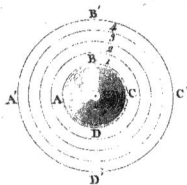

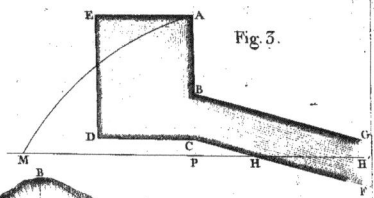

Fig. 4.

Fig. 5.

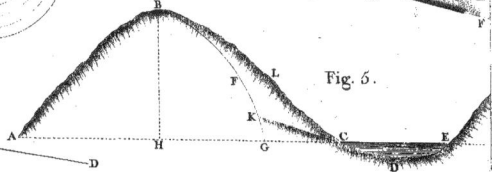

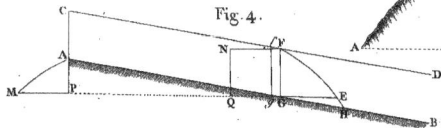

Fig. 6.

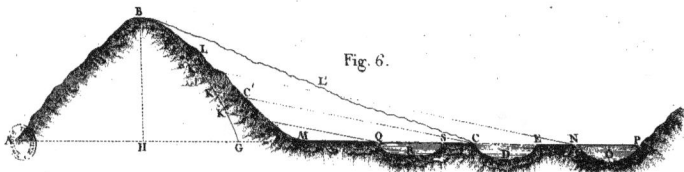

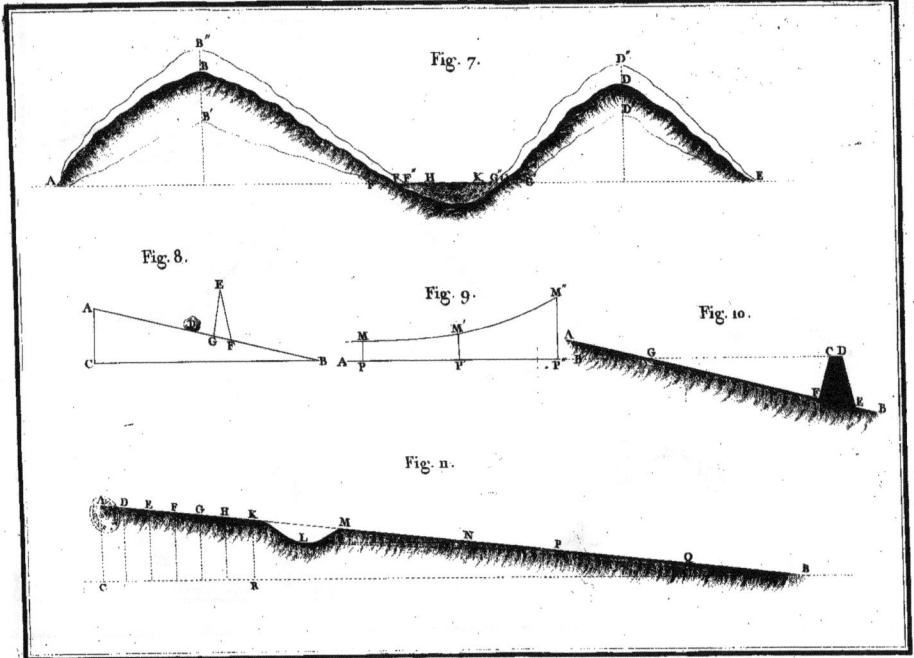

Pl. 2.

Fig. 7.

Fig. 8.

Fig. 9.

Fig. 10.

Fig. 11.

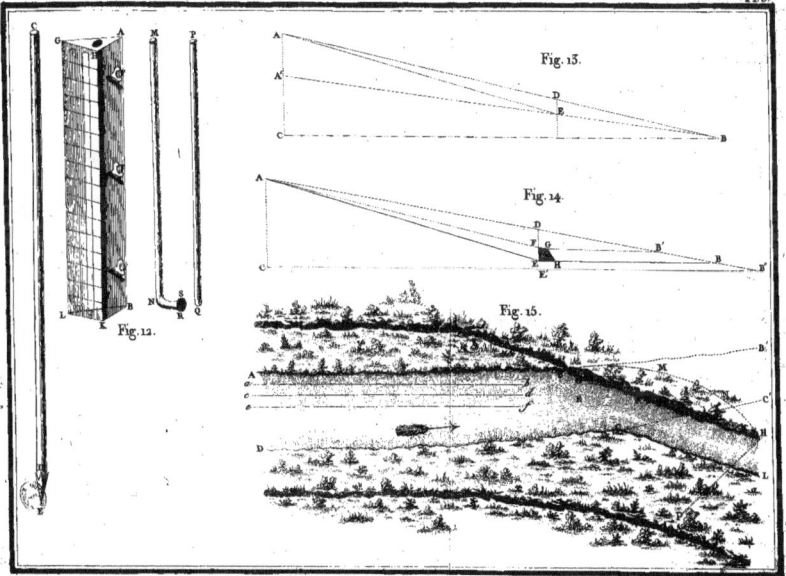

Pl.3.

Fig.13.

Fig.14.

Fig.15.

Fig.12.

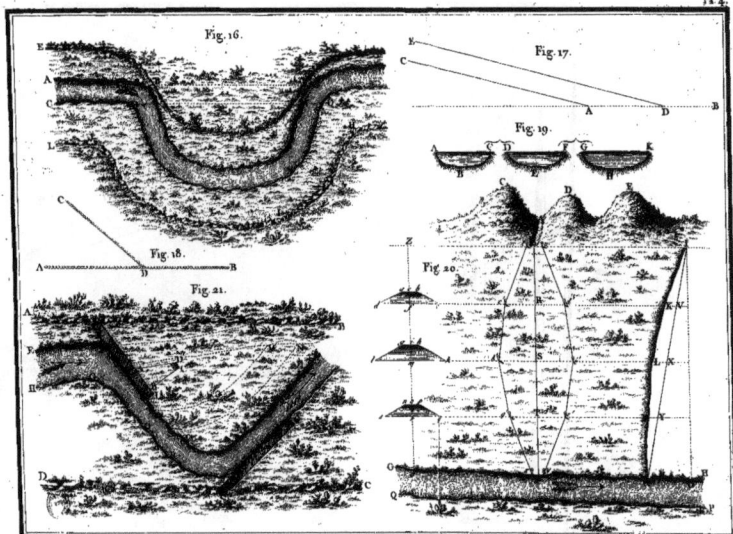

Pl. 4.

Pl. 5.

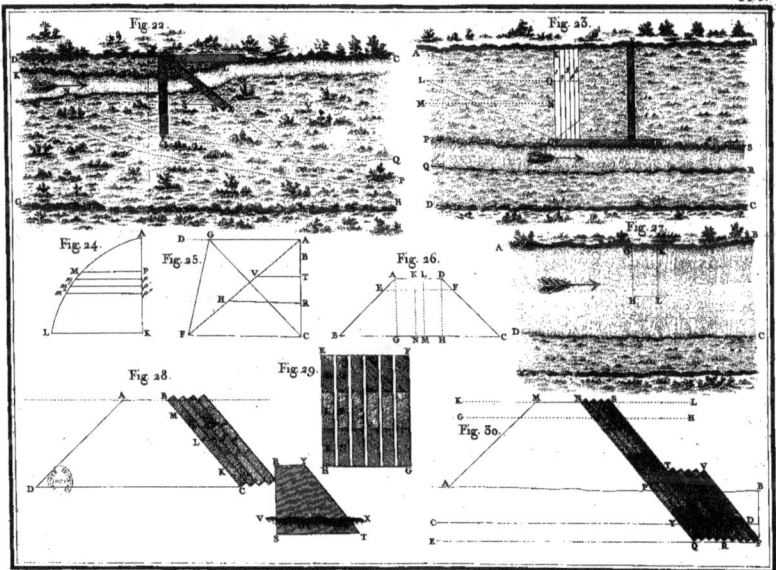

Fig. 22. Fig. 23. Fig. 24. Fig. 25. Fig. 26. Fig. 27. Fig. 28. Fig. 29. Fig. 30.

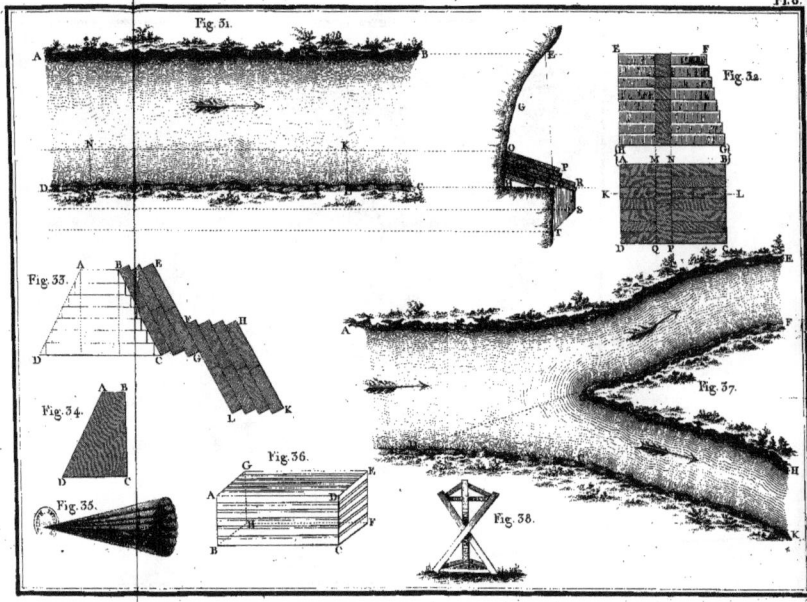

Pl. 6.

Pl. 7.

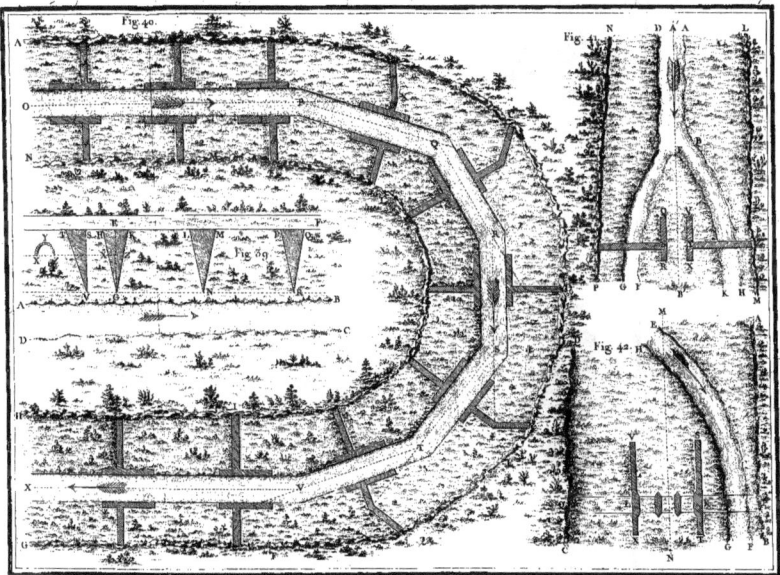

Fig. 40.

Fig. 59.

Fig. 41.

Fig. 42.

Pl. 8.

Fig. 43.

Fig. 44.

Fig. 45.

Fig. 46.

www.ingramcontent.com/pod-product-compliance
Lightning Source LLC
Chambersburg PA
CBHW060405200326
41518CB00009B/1257